普 通 高 等 教 育
人工智能专业系列教材

NATURAL LANGUAGE
PROCESSING

自然语言处理

主　编　冯建周

副主编　于浩洋　余　扬　魏永辉　王文龙

中国水利水电出版社
www.waterpub.com.cn
·北京·

内 容 提 要

自然语言处理是人工智能的重要分支，本书是一本自然语言处理的入门教材，主要面向高年级本科生和低年级研究生。本着理论结合实践的基本原则，本书共分为 11 章，其中第 1 章概述了自然语言处理的研究内容、发展历程、技术特色和当前现状，是概述性的一章。第 2 章是自然语言处理的编程基础，对 Python 语言及其相关模块进行了介绍。第 3 章是自然语言处理的算法基础，主要对常见的机器学习算法（分类算法、聚类算法、概率图模型、集成学习、人工神经网络等）进行了讲解。第 4～5 章从统计学方法入手讲解了自然语言处理的两个基础任务：分词和关键词抽取。第 6 章则讲解了当前流行的词向量技术，尤其是 Word2vec 和大规模预训练模型 BERT。第 7～11 章分别对当前自然语言处理的热门研究领域展开讲解，包括文本分类、信息抽取、机器阅读理解、文本生成和摘要抽取、对话和聊天系统等。

本书除了可以作为高等院校计算机、大数据和人工智能及其相关专业的本科生和研究生教材外，也可供对自然语言处理技术感兴趣的研究人员和工程技术人员参考。

本书配有电子教案，读者可以从中国水利水电出版社网站（www.waterpub.com.cn）或万水书苑网站（www.wsbookshow.com）免费下载。

图书在版编目（CIP）数据

自然语言处理 / 冯建周主编. -- 北京 ：中国水利水电出版社，2022.4（2024.4 重印）
普通高等教育人工智能专业系列教材
ISBN 978-7-5226-0527-2

Ⅰ．①自… Ⅱ．①冯… Ⅲ．①自然语言处理－高等学校－教材 Ⅳ．①TP391

中国版本图书馆CIP数据核字(2022)第037547号

策划编辑：石永峰　　责任编辑：张玉玲　　加工编辑：杜雨佳　　封面设计：梁　燕

书　　名	普通高等教育人工智能专业系列教材 自然语言处理 ZIRAN YUYAN CHULI
作　　者	主　编　冯建周 副主编　于浩洋　余　扬　魏永辉　王文龙
出版发行	中国水利水电出版社 （北京市海淀区玉渊潭南路 1 号 D 座　100038） 网址：www.waterpub.com.cn E-mail：mchannel@263.net（答疑） 　　　　sales@mwr.gov.cn 电话：(010) 68545888（营销中心）、82562819（组稿）
经　　售	北京科水图书销售有限公司 电话：(010) 68545874、63202643 全国各地新华书店和相关出版物销售网点
排　　版	北京万水电子信息有限公司
印　　刷	三河市德贤弘印务有限公司
规　　格	210mm×285mm　16 开本　16 印张　409 千字
版　　次	2022 年 4 月第 1 版　2024 年 4 月第 2 次印刷
印　　数	3001—5000 册
定　　价	48.00 元

前　言

党的二十大报告指出"坚持面向世界科技前沿、面向经济主战场、面向国家重大需求、面向人民生命健康，加快实现高水平科技自立自强"。在当今科技发展的大潮中，人工智能技术是发展最为迅猛、对整个社会产生巨大影响的前沿学科，是党和国家高度关注、具有深远影响的关键学科方向。自然语言处理作为人工智能的主要分支，是体现人工智能技术发展程度的一个重要衡量尺度。伴随着人工智能在几十年间的几度沉浮，自然语言处理技术的发展势头也同样经历着多次的高潮与低谷。当前，随着新一代人工智能技术的蓬勃发展，自然语言处理技术也迎来了一个前所未有的发展高峰期，尤其在 21 世纪前后，统计学习方法被作为主要技术手段应用在自然语言处理中，并在多个领域取得了革命性的进步。进入到 21 世纪的第二个十年以后，随着对深度学习的研究，以及新型的词向量技术的出现，尤其是大规模自监督预训练模型的出现，自然语言处理技术在很多领域得到了快速发展，并逐渐进入成熟的商业应用，先后在智能搜索引擎、信息抽取、对话与聊天系统以及文本生成等领域进入开花落地阶段。

随着自然语言处理技术的快速发展，自然语言处理得到业界越来越多的关注，越来越多的相关书籍纷纷问世，从笔者的角度来看，这些书籍可根据面向的人群分为两类：一类是面向行业从业人员，这类书籍更加注重实践环节，对理论着笔比重较低；另一类是面向研究生以上学历的学习者，这类书籍更加偏重理论部分的讲解，对实践环节着墨较少。笔者认为，随着自然语言处理技术的快速普及，也可以开设面向高年级本科生和低年级研究生的相关课程，而面向这类人群的教材应该做到理论和实践并重，同时理论部分又需要适当精简，做到深入浅出；而实践部分则需要紧扣理论，以验证性实践项目为主，不宜过于复杂，通过恰当的案例让学生加深对理论的理解，同时培养学生的实践动手能力。从这个角度出发，笔者开始酝酿并编写这样一本教材。

本书从四个层面介绍自然语言处理技术，首先对自然语言处理技术的发展历程、技术特点以及当前的研究现状进行概述。第二个层面主要是讲述自然语言处理技术的两个基础：编程基础和算法基础。在第 2 章讲解了自然语言处理技术的编程基础，由于当前 Python 语言已经成为自然语言处理技术的主流编程语言，因此在这一章主要对 Python 的语法特点和自然语言处理技术中常用的相关模块进行了讲解，对于不了解 Python 编程语言的学生，可以利用这一章补齐短板；对于已经具备编程基础的学生，则可以直接跳过。第 3 章系统介绍了自然语言处理技术的算法基础，包含常用的机器学习算法，例如分类算法、聚类算法、人工神经网络模型等。对于没有算法基础的学生来讲，这一章可以很好地补充基础算法知识，为下面进入自然语言处理相关领域奠定算法基础。对于已经掌握了这些基础算法的学生来讲，则可以直接跳过此章。第三个层面主要讲解了基于统计学习方法的自然语言处理技术的一些基础任务，例如分词技术、关键词抽取技术等。第四个层面则是从词向量模型开始讲起，从 Word2vec 到大规模预训练模型 BERT，以及在此基础上结合最新的深度学习算法的自然语言处理研究领域，例如文本分类技术、信息抽取技术、机器阅读理解技术、文本生成和摘要抽取技术以及对话和聊天系统等。在百度飞桨 AI Studio 上建有本教材配套的实验平台，该平台提供了丰富的课件、视频和实验资源，方便学生进行实践操作和学习。

在本书的筹备和编写过程中，冯建周负责全书的结构设计和统稿审校工作，具体章节负责人如下：第 1 章由冯建周编写，第 2 章由王文龙编写，第 3 章由于浩洋编写，第 4 ～ 6 章由余扬和王琴编写，第 7 章由冯建周和徐甘霖编写，第 8 章由冯建周、崔金满和魏启凯编写，第 9 章由魏永辉和刘锁阵编写，第 10 章由魏永辉和任重灿编写，第 11 章由魏永辉和龙景编写。

由于编写时间仓促和编者水平限制，书中难免存在错误、疏漏之处，望读者包涵，批评指正。

冯建周

2021 年 11 月于燕山大学

目　录

第 1 章　自然语言处理概述

本章导读

在本章中，将学习到自然语言处理（Natural Language Processing，NLP）的基本概念，了解其发展历程和主要技术，并展望其发展趋势。

本章要点

- 自然语言处理（NLP）的基础概念
- 自然语言处理（NLP）的发展历程及应用领域
- 自然语言处理（NLP）的展望

1.1　自然语言处理的定义

自然语言处理的定义

语言是人类大脑在高度进化之后的逻辑思维的综合体现，拥有语言能力是人类区别于其他动物的最大特性之一。人类的思维逻辑、知识的表示和记录都是以语言文字为载体和输出形式的。因此对人类语言的研究便成为了人工智能的核心任务之一，自然语言处理应运而生。

自然语言处理（NLP）是计算机科学、人工智能和计算语言学的一个交叉领域，关注计算机和人类（自然）语言之间的交互，特别是关注计算机编程以有效处理大型自然语言语料库。自然语言处理中的挑战通常涉及自然语言理解、自然语言生成、语言与机器感知的连接、对话系统或它们的某些组合。以上对自然语言处理的定义来自维基百科，通俗一点讲，自然语言处理就是利用计算机、人工智能甚至计算语言学等技术对人类语言进行处理的过程。在本书中，人类语言主要是指人类语言的文字形式，不包括语音部分。处理过程包括语言信息的抽取、理解、生成与运用等技术。

1.2　自然语言处理的应用领域

1. 机器翻译

机器翻译是自然语言处理中最为人所熟知的场景之一。国内外有很多比较成熟的机器翻译产品，例如百度翻译、Google 翻译（图 1-1）等，还有提供支持语音输入的多国语言即时互译产品。随着多年来理论和技术的不断进步，当前的机器翻译效果已经接近甚至达到了人类的专业水平，成为我们的常用工具之一。

2. 文本分类

文本分类是机器对文本按照一定的分类体系自动标注类别的过程，也是自然语言处理最早和最成熟的应用领域之一。例如，使用机器学习算法来实现垃圾邮件分类（图1-2），可以自动过滤邮箱中收到的垃圾邮件。对法律咨询问题经过文本分类算法自动分类到所属的法律领域，例如婚姻类、民间借贷类、工伤理赔类等。

图 1-1　谷歌翻译　　　　　　　　　　图 1-2　垃圾邮件分类

3. 情感分析

情感分析也可以认为是文本分类的一个子类型。情感分析往往应用于电商的用户评价分析，微博等自媒体的用户留言倾向分析，或者公共事件的舆情分析（图1-3）等。

图 1-3　新浪舆情通

4. 信息抽取

信息抽取是采用机器学习算法从非结构化文本中自动抽取出用户感兴趣的内容，并进行结构化处理。例如命名实体识别、实体关系抽取、事件抽取、因果关系抽取等。信息抽取技术在很多领域都有广泛的应用，例如用于知识库的自动构建（智能文档分析，图1-4）等。

图 1-4　百度智能文档分析中的信息抽取技术

5. 智能问答与聊天系统

智能问答往往是基于领域知识的单轮对话，即用户就某一领域的问题进行提问，机器基于领域知识给出答案的过程。而聊天系统则属于多轮对话过程，往往涉及领域知识的多轮对话或者闲聊等内容。当前各大电商推出的智能客服系统（图1-5）就是该技术的典型商业应用。

6. 文本生成

文本生成包括自动文章撰写、自动摘要生成等内容。现在很多公司推出的自动写诗机器人（图1-6）就是文章自动撰写的示范应用，除此之外，自动文本生成技术在很多领域已经有了商业应用，例如法律领域的判决书自动生成等。文摘生成是利用计算机自动地从原始文献中提取摘要，全面而准确地反映某一文献的中心内容。这个技术可以帮助人们节省大量的时间成本，提高效率。例如对科技文献的自动摘要技术可以让我们快速了解一篇科技文章的核心内容。

图1-5　京东智能客服

图1-6　微信自动作诗小程序

7. 信息检索

信息检索指信息按一定的方式组织起来，并根据用户的需要找出有关的信息的过程和技术。搜索引擎是当前主流的信息检索方式，Google、百度、搜狗（图1-7）等搜索引擎在信息检索方面已经取得了巨大的成就，从最初的关键词匹配算法到如今的语义检索技术，用户已经能够随心所欲地检索自己所需的信息。

图1-7　搜狗搜索引擎

除了以上列出的NLP应用领域，还有很多其他应用领域，例如机器阅读理解等，从以上介绍不难看出，自然语言处理的应用领域遍及社会的方方面面，对社会进步和改善我们的生活水平做出了卓越的贡献，将来必将起到更大的作用。

1.3 自然语言处理的发展历程

自然语言处理的发展历程大致经历了以下三个阶段。

1. 萌芽期（20世纪50—70年代）

20世纪50—70年代是自然语言处理的萌芽期，随着电子计算机的诞生和人工智能概念的产生，自然语言处理作为人工智能最早研究的一个主要方向登上了历史舞台。这个阶段人们主要采用符号主义和基于语言学规则的研究方法，将人类语言解释为符号以及基于规则的符号连接逻辑，要求研究人员不仅要精通计算机，并且要精通语言学。研究人员为其投入大量精力，但取得效果并不理想，无法从根本上将自然语言处理实用化。

人们最早对NLP的探索始于对机器翻译的研究。早在1947年，美国科学家韦弗（Weaver）博士和英国工程师布斯（Booth）就提出了利用计算机进行语言自动翻译的设想。在20世纪50年代人工智能这个概念诞生之后，人们对自然语言处理的解决方法倾向于让计算机读懂人类语言，并在此基础上开展机器翻译等工作。要想让计算机读懂人类语言，就需要让计算机理解人类语言中的语法规则、词性、构词法等。因此基于规则的方法成为当时的主流方法。在此期间，麻省理工学院的语言学教授诺姆·乔姆斯基（Noam Chomsky）的形式语言理论对自然语言处理影响巨大，诺姆·乔姆斯基提出了著名的乔姆斯基层级，包括四个层次的语法规则，并数学化地表述了每一层的语言表达能力，约翰·沃纳·巴克斯（John Warner Backus）据此第一次书写了ALGOL 58语法，并提出了可实现的计算机语法分析算法。此外，1964年，麻省理工学院人工智能实验室的计算机科学家约瑟夫·维岑鲍姆（Joseph Weizenbaum）使用一种名为MAD-SLIP的类LISP语言编写了首个自然语言对话程序ELIZA。由于当时的计算能力有限，ELIZA只是通过重新排列句子并遵循相对简单的语法规则来实现与人类的简单交流。

在这一阶段，虽然规则方法大行其道，但是也有人开始从统计的方法入手研究NLP，典型的代表就是布莱索（Bledsoe）和布朗尼（Browning）基于贝叶斯算法建立了早期文本识别系统。

在这一时期，NLP领域虽然取得了一些进展和初步成果，但是机器翻译的成本还是远高于人工翻译，也没有实现真正的人机对话。于是在1966年，美国国家研究委员会（NRC）和自动语言处理咨询委员会（ALPAC）停止了对自然语言处理和机器翻译相关项目的资金支持，AI和NLP的发展因此陷入停滞。此时，许多学者认为人工智能和自然语言处理的研究进入了死胡同，NLP领域的研究进入了长达十多年的寒冬期。

2. 发展期（20世纪80—90年代）

1980年，在美国的卡内基梅隆大学召开了第一届机器学习国际研讨会，标志着人工智能和自然语言处理的研究在全世界的重新兴起。在某种程度上来说，长达14年的寒冬期也让NLP界有时间冷静下来寻求新的突破。于是传统的基于规则的方法被推翻了，基于统计学的方法开始大行其道。20世纪80年代以前，NLP工作中的文法规则都是人工写的，科学家们认为随着NLP语法概括的越来越全面，同时随着计算机能力的不断提高，这种方法可以逐步解决计算机对自然语言的理解问题，但是这种想法在20世纪80年代以后逐渐被推翻了，人们发现要想通过文法规则覆盖哪怕20%的真实语句，文法规则的数量也至少是几万条，语言学家已经力不从心，而且这些文法规则写到后面还会出现自相矛盾的情况。另外，即使能够把所有的语言现象都用文法规则表达出来，也很难用计算机来解析，因为自然语言的文法是上下文相关的，而高级编程语言的文法却是上下文无关的。另外，除了句法分析，语义分析同样是基于规则的方法无法解决的。自然语言中词的多义性无法用规则来解释，严重依赖上下文，有些时候甚至仅仅基于上下文也无法做到，还需要知识推理。随着计算机能力的提高和数据量的不断增加，基于统计的方法开始越发显示出它的优越性，隐马尔可夫模型、朴素贝叶斯模型等统计模型开始逐渐兴起，大家发现通过统计得到的句法规则甚至比语言学家总结的更有说服力。推动这一技术转型的关键人物是弗里德里克·贾里尼克（Fred Jelinek）和他领导的 IBM 华生实验室，他们采用基于统计的方法将语音识别率从 70% 提高到 90%，从此以后，统计方法开始在 NLP 的其他领域得到重视，并逐渐成为 NLP 的主流技术。2005 年以后，Google 基于统计方法的翻译系统全面超过基于规则的 SysTran 翻译系统，标志着统计方法对规则方法的全面胜利。

3. 突飞猛进期（2000 年至今）

进入 21 世纪后，自然语言处理又有了突飞猛进的变化。尤其是 2010 年以后，随着深度学习的出现以及计算性能和存储性能的极大提高，NLP 研究进入了一个黄金期，在这一时期，先后出现的低维实值词嵌入技术、序列到序列模型、注意力机制、大规模预训练模型等技术对 NLP 研究起到了极大的推动作用，在机器翻译、信息抽取、阅读理解、文本生成和对话系统等多个领域取得了多个革命性的成果，其中，很多成果已经逐渐开始进入商业应用，进一步推动了产业界对 NLP 的关注和追捧。

以机器翻译为例，自然语言处理的技术突破似乎总是从机器翻译领域开始。作为 NLP 最早的研究领域，从最初的基于语法规则的机器翻译到后来的统计机器翻译，再到如今的神经网络机器翻译，机器翻译从来都是各种新技术的率先应用领域。2015 年以来，基于深度学习技术的神经网络机器翻译逐步替代之前的统计机器翻译成为主流技术。2016 年 Google 发布了神经机器翻译系统（GNMT），将注意力机制和序列到序列模型有机结合并成功运用到机器翻译中，2017 年又提出了单纯基于自注意力机制的 Transformer 模型架构，并在 2018 年在 Transformer 模型的基础上推出了大规模预训练模型 BERT，一举刷新了包括机器翻译在内的 NLP 领域的多项记录。

在文本生成领域，深度神经网络、自注意力机制和大规模预训练模型同样极大地推动了该领域的快速发展。2019 年 2 月，OpenAI 公司推出了大规模预训练语言生成模型 GPT-2。GPT-2 作为一个文本生成器，只要在开始输入只言片语，这个程序就会根据自己的判断，决定接下来应该如何写作，例如撰写小说、新闻、诗歌等，而且写出的作品能够达到非常高的水平，使人无法分辨到底是否是真人所写。为了防止被不法分子滥用，OpenAI 公司甚至一直不敢公开源码。2020 年 OpenAI 公司又发布了功能更加强大的 GPT-3，其模型参数达到 1750 亿个，是 GPT-2 的一百倍。

除此之外，智能问答和对话领域近几年也取得了突飞猛进的发展，仅从各大公司纷纷推出的智能客服、聊天机器人等产品就可见一斑。另外，智能问答和对话技术在智能汽车、智能家电等多个领域都取得了很快的发展，已经产生了巨大的商业市场和发展潜力。

1.4　自然语言处理的研究现状和发展趋势

自然语言处理经过几十年的发展，经历了无数学者和从业人员的不断探索和不懈坚持，走过了一条坎坷而不平凡的道路。从基于符号和语法规则的方法到统计学习方法，再到现在的基于深度学习的方法，当前的自然语言处理逐步接近人类水平，迈向认知智能，在很

自然语言处理的
发展趋势

多领域取得了巨大的成就。其在信息检索、机器翻译、文本分类等领域已经获得了重大突破，取得了很好的商业应用；在信息抽取、文本生成、智能问答和对话系统等领域也进入了快速发展阶段；在特定领域和行业开始了初步应用。随着 NLP 技术的不断发展和成熟，也诞生了一大批高科技企业，Google、Facebook、百度、科大讯飞等国内外高科技公司已经成为推动 NLP 研究和落地的中坚力量，并带动了相关产业的快速发展，随之而来的是 NLP 领域的人才竞争也进入了白热化阶段，各大公司对 NLP 人才的需求缺口越来越大，很多高校的计算机类专业都在研究生甚至本科阶段增设了自然语言处理相关课程，这也是编者编写本书的动力之一。

　　展望未来 10 年，随着人工智能技术的不断发展，伴随着大数据、云计算、物联网等技术的不断成熟，NLP 必将得到极大发展，并在多个领域达到商业应用的水平。其中文本的语义表示将会沿着当前分布表示的方向继续发展；学习模式从浅层学习迈向深层学习、推理学习；NLP 平台从封闭走向开放，与视觉技术、听觉技术、触觉技术和其他系统高度融合；语言知识从人工构建逐步迈向自动构建，知识工程得到极大发展；NLP 与领域深度融合，将为行业创造更大的价值。最后达到真正的"认知智能"。

1.5　自然语言处理的知识和技术储备

自然语言处理的知识和技术储备

　　自然语言处理是一门交叉学科，想要学好它则需要具备一定的理论和技术基础，包括数学、计算机、人工智能、语言学等。数学方面主要需要掌握概率论与数理统计，高等数学和线性代数等。计算机方面则主要是掌握计算机数据处理的相关理论和技术，尤其是程序设计能力，自然语言处理当前应用最多的编程语言包括 Python、R 语言、Java 等，但是占据主流的还是基于 Python 的编程技术。除了编程语言，像数据结构、算法原理等计算机专业知识也是必须要掌握的。人工智能方面主要是掌握机器学习的常见算法，尤其是基于人工神经网络发展起来的深度学习算法以及词向量技术等。语言学方面的知识则包括词法分析、词性分类、句法分析等。自然语言处理技术路线图如图 1-8 所示。

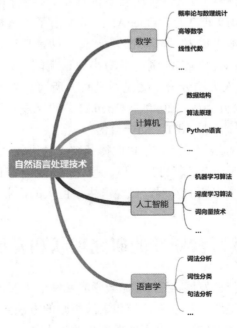

图 1-8　自然语言处理技术路线图

本章小结

本章首先对自然语言处理的相关概念进行阐述和说明，然后列举了当前自然语言处理的几个主流应用领域，并系统回顾了自然语言处理从诞生到现在经历的几个历史发展阶段及其技术变革经历，并分析了自然语言处理当前的研究现状和发展趋势，最后列出了学习自然语言处理需要具备的知识和技术基础。

第 2 章　自然语言处理编程基础

本章导读

　　自然语言处理（NLP）的目标是让计算机 / 机器在理解语言上像人类一样智能，最终目标是弥补人类交流（自然语言）和计算机理解（机器语言）之间的差距。Python 以其清晰简洁的语法、易用和可扩展性以及丰富庞大的库深受广大开发者喜爱。其内置的非常强大的机器学习代码库和数学库，使 Python 理所当然成为自然语言处理的开发利器。本章接下来分别介绍 Python 语言编程基础、NumPy 和 Pandas 以及深度学习框架 PyTorch，希望读者能够熟练掌握相应工具的使用。本章代码除特别声明外，其余代码均在 jupyter-notebook 中调试运行通过。

本章要点

- Python 语言语法基础
- NumPy、Pandas 第三方库
- 深度学习框架 PyTorch

2.1　Python 基础

　　Python 语言有强大的第三方库，可以很方便地完成很多自然语言处理（NLP）的任务，包括分词、词性标注、命名实体识别（NER）及句法分析。下面简要介绍 Python 语言。

2.1.1　Python 语言概述

1. Python 语言发展

　　Python 语言的创始人是吉多·范·罗苏姆（Guido Van Rossum）。1989 年圣诞节期间，吉多·范·罗苏姆为了打发圣诞节的无趣，决心开发一个新的脚本解释程序，作为 ABC 语言的一种继承，并且确定使用 Python（蟒蛇）作为该编程语言的名字。Python 2 于 2000 年 10 月发布，稳定版本是 Python 2.7。Python 3 于 2008 年 12 月发布，不完全兼容 Python 2。本章节下面文字及代码默认为 Python 3 版本。

2. Python 语言特点

　　Python 在设计上坚持了清晰划一的风格，这使得 Python 成为一门易读、易维护，并且被大量用户所欢迎的、用途广泛的语言，这里仅列出如下一些重要特点。

　　（1）易于学习：Python 关键字较少、结构简单、语法定义明确，学习起来更加简单。

　　（2）易于阅读：Python 代码定义得更清晰。

　　（3）易于维护：Python 的成功在于它的源代码是相当容易维护的。

（4）广泛的标准库：Python 的最大的优势之一是丰富的库。Python 的标准可跨平台，在 UNIX、Windows 和 Mac 系统中兼容性很好。

（5）交互模式：Python 对交互模式的支持使得程序员可以从终端输入执行代码并获得结果，交互地测试和调试代码片断。

（6）可移植：基于其开放源代码的特性，Python 可以被移植到许多平台。

（7）可扩展：如果程序员需要一段运行很快的关键代码，或者想要编写一些不愿开放的算法，可以使用 C 或 C++ 完成这部分程序，然后从 Python 程序中调用此段程序。

（8）数据库：Python 提供所有主要的商业数据库的接口。

（9）GUI 编程：Python 支持 GUI 并可以创建和移植到许多系统中调用。

（10）可嵌入：可以将 Python 嵌入 C/C++ 程序，让其用户获得"脚本化"的能力。

3. Python 语言执行

Python 在执行时，首先会将 .py 文件中的源代码编译成 Python 的字节码（byte code），然后再由 Python 虚拟机（Python Virtual Machine）来执行这些编译好的字节码。这种机制的基本思想与 Java、.NET 是一致的，然而 Python 的 Virtual Machine 的抽象层次更高。除此之外，Python 还可以以交互模式运行，例如主流操作系统 UNIX、Linux、Mac、Windows 都可以直接在命令模式下直接运行 Python 交互环境，直接下达操作指令即可实现交互操作。

2.1.2　Python 基础知识

1. 基础语法

（1）编码。默认情况下，Python 3 源码文件以 UTF-8 编码，所有字符串都是 unicode 字符串。如果需要为源码文件指定不同的编码，则此指定声明可以在代码的第一行或第二行，但是必须是在前两行。

声明的格式要满足一个正则表达式，即 "^[\t\v]*#.*?coding[:=][\t]*([-_.a-zA-Z0-9]+)"，常见的格式如下：

```
# -*- coding: <encoding name> -*-
# coding= <encoding name>
```

（2）标识符。在 Python 3 中，可以用中文或非 ASCII 标识符作为变量名。一般而言，第一个字符必须是字母表中的字母或下划线 "_"；标识符的其余部分由字母、数字和下划线组成。标识符对大小写敏感。

（3）关键字。关键字也被称为保留字，不能将其用作任何标识符名称。Python 的标准库提供了一个 keyword 模块，下面代码可以输出 Python 当前版本的所有关键字（注：Python 版本不同，其关键字也会有变化）：

```
import keyword
keyword.kwlist
['False', 'None', 'True', 'and', 'as', 'assert', 'break', 'class', 'continue', 'def', 'del', 'elif', 'else', 'except', 'finally',
 'for', 'from', 'global', 'if', 'import', 'in', 'is', 'lambda', 'nonlocal', 'not', 'or', 'pass', 'raise', 'return', 'try',
 'while', 'with', 'yield']
```

（4）注释。Python 中单行注释以 # 开头，当单行注释作为单独的一行放在被注释代码行之上时，为了保证代码的可读性，建议在 # 后面添加一个空格，再添加注释内容；当单行注释放在语句或表达式之后时，同样为了保证代码的可读性，建议注释和语句（或注释和表达式）之间至少添加两个空格。多行注释可以用多个 # 号或三引号（''' 和 """）。实例

函数简介

及运行结果如下：

```
# 第一个注释
print("Hello Python!") # 第二个注释
# 运行结果 #
Hello Python!
```

（5）行与缩进。Python 使用缩进（一般 4 个空格）来表示代码块，缩进的空格数是可变的，但是同一个代码块的语句必须包含相同的缩进空格数。实例如下：

```
if True:
    print("True")
else:
    print("False")
# 运行结果 #
True
```

（6）续行符。Python 通常在一行写完一条语句，但如果语句很长，可以使用续行符"\"来实现多行语句，实例如下：

```
var='One'\
    'Two'\
    'Three'
print(var)
# 运行结果 #
OneTwoThree
```

（7）import 与 from…import 语句。此语句用于将整个模块导入，格式如下：

```
import 模块名
```

从某个模块中导入某个或若干个函数的格式如下：

```
from 模块名 import 函数 1, 函数 2,...
```

from 模块名 import * 可以导入该模块中的全部函数。

使用"import 模块名"来导入的函数，其使用格式为"模块名 . 函数名"；使用 from…import 导入的函数，其使用格式为"函数名"。

2. 标准数据类型

Python 3 中有 6 个标准的数据类型：Number（数字）、String（字符串）、List（列表）、Tuple（元组）、Dictionary（字典）、Set（集合）。这些类型总体上分为不可变数据类型与可变数据类型两种，其中不可变数据类型有 Number、String、Tuple；可变数据类型有 List、Dictionary、Set。

上述 6 个数据类型中，有 3 个都属于序列类型，分别为字符串、列表、元组。它们都可以使用相同的索引体系，即正向递增索引序号和反向递减索引序号，如图 2-1 所示。

图 2-1　序列类型索引体系

序列类型有 12 个通用操作符和函数，见表 2-1。

表 2-1　序列类型通用操作符和函数

操作符 / 函数	说明
s+t	序列连接，连接 s 和 t 两个序列
s*n 或 n*s	序列重复，复制 n 次序列 s
s[i]	索引，返回序列 s 索引为 i 的元素
s[N:M]	切片，返回序列 s 索引第 N 到 M 的子序列，不包含 M
s[N:M:k]	步骤切片，以 k 为步数，返回序列 s 索引第 N 到 M 的子序列
x in s	成员运算符，如果序列 s 中包含 x 则返回 True，否则返回 False
x not in s	成员运算符，如果序列 s 中不包含 x 则返回 True，否则返回 False
len(s)	返回序列 s 的元素个数（长度）
min(s)	返回序列 s 中的最小元素
max(s)	返回序列 s 中的最大元素
s.index(x[,i[,j]])	返回序列 s 中从 i 开始到 j 位置中第一次出现元素 x 的位置
s.count(x)	返回序列 s 中出现 x 的总次数

（1）Number。Python 中整数可以使用多种进制来表示：

● 十进制形式。平时常见的整数就是十进制形式，它由 0 ～ 9 共十个数字排列组合而成。

● 二进制形式。由 0 和 1 两个数字组成，书写时以 0b 或 0B 开头。例如，0b100 对应十进制数是 4。

● 八进制形式。八进制整数由 0 ～ 7 共八个数字组成，以 0o 或 0O 开头。注意，第一个符号是数字 0，第二个符号是大写或小写的字母 O。

● 十六进制形式。由 0 ～ 9 十个数字以及 A ～ F（或 a ～ f）六个字母组成，书写时以 0x 或 0X 开头。

Python 中浮点数有两种书写形式：

● 十进制形式。书写小数时必须包含一个小数点，例如 314.0、.314，否则会被 Python 当作整数处理。

● 指数形式。Python 浮点数的指数形式的写法为 aEn 或 aen。

复数（Complex）是 Python 的内置类型，由实部（real）和虚部（image）构成。复数的虚部以 j 或者 J 作为后缀，格式为 a + bj。

Python 提供了 bool（布尔）类型来表示真（对）或假（错），其关键字名称为 True 和 False，它们的值分别是 1 和 0，布尔类型可以当作整数来对待，可以和数字相加。

（2）String。Python 3 版本中，字符串是以 Unicode 编码的，可以使用单引号、双引号或三引号来创建字符串。字符串常用的处理方法见表 2-2。

表 2-2　字符串常用的处理方法

方法	说明
s.lower()	返回字符串 s 的副本，全部小写
s.upper()	返回字符串 s 的副本，全部大写

方法	说明
s.islower()	当 s 所有字符都是小写时，返回 True，否则返回 False
s.isprintable()	当 s 所有字符都是可打印的，返回 True，否则返回 False
s.isnumeric()	当 s 所有字符都是数字时，返回 True，否则返回 False
s.isspace()	当 s 所有字符都是空格时，返回 True，否则返回 False
s.endswith(suffix[,start[,end]])	s [start:end] 以 suffix 结尾返回 True，否则返回 False
s.startswith(prefix[,start[,end]])	s [start:end] 以 prefix 开始返回 True，否则返回 False
s.split(sep=None,maxsplit=-1)	返回一个列表，由 s 根据 sep 被分割的部分构成
s.count(sub[,start[,end]])	返回 s [start:end] 中 sub 子串出现的次数
s.replace(old,new[,count])	返回 s 的副本，所有 old 子串被替换为 new，如果 count 给出，则前 count 次出现的 old 被替换
s.center(width[,fillchar])	字符串居中
s.strip([chars])	返回 s 的副本，在其左右两侧去掉 chars 中列出的字符
s.zfill(width)	返回 s 副本，长度为 width，不足部分在左侧添 0
s.format()	返回字符串 s 的一个排版格式
s.join(iterable)	返回一个新字符串，由组合数据类型 iterable 变量的每个元素组成，元素间用 s 分割

（3）List。序列类型中最重要也最基础的就是列表了，列表的数据项不需要具有相同的类型。列表类型的操作函数和方法见表 2-3。

表 2-3　列表类型的操作函数和方法

函数和方法	说明
ls.append(x)	在列表 ls 最后增加元素 x
ls.insert(i,x)	在列表 ls 索引为 i 的位置增加元素 x
ls.pop(i)	返回列表 ls 索引为 i 的元素，并删除该元素
ls.remove(x)	将列表 ls 中出现的第一个元素 x 删除
ls.reverse()	将列表 ls 中的元素反转
ls.clear()	清除列表 ls 中的所有元素
ls.copy()	生成一个新列表，复制 ls 中的所有元素
ls.sort(key=None, reverse=False)	依据指定的比较元素及排序规则对原列表进行排序

（4）Tuple。元组是 Python 中另一个重要的序列结构，和列表类似，元组也由一系列按特定顺序排序的元素组成。

元组和列表的不同之处在于：

● 列表的元素是可以更改的，包括修改元素值，删除和插入元素，所以列表是可变序列。

● 元组一旦被创建，它的元素就不可更改了，所以元组是不可变序列。

元组也可以看作不可变的列表，通常情况下，元组用于保存无须修改的内容。因为元组是不可变序列，所有元组都没有 append()、insert() 这样的方法，其余获取元素及删除元组的方法和列表是一样的。

（5）Dictionary。字典的数据类型为 dict，是一种无序的、可变的序列，它的元素以"键值对（key-value）"的形式存储。

字典类型是 Python 中唯一的映射类型。字典中，习惯将各元素对应的索引称为键（key），各个键对应的元素称为值（value），键及其关联的值称为"键值对"。字典类型的操作函数和方法见表 2-4。

表 2-4　字典类型的操作函数和方法

函数和方法	说明
<d>.keys()	返回所有的键信息
<d>.values()	返回所有的值信息
<d>.items()	返回所有的键值对
<d>.get(<key>,<default>)	若键存在，返回相应值，否则返回默认值
<d>.pop(<key>,<default>)	若键存在，返回相应值，同时删除键值对，否则返回默认值
<d>.popitem()	随机从字典中取出一个键值对，以元组 (key,value) 形式返还
<d>.clear()	删除所有键值对

（6）Set。从形式上看，集合和字典类似，将所有元素放在一对大括号 {} 中，相邻元素之间用逗号","分隔，如下所示：

{element1,element2,...,element$n$}

其中，element 表示集合中的元素，个数没有限制。

从内容上看，同一集合中只能存储不可变的数据类型，包括整型、浮点型、字符串、元组，无法存储列表、字典、集合这些可变数据类型，否则解释器会抛出 TypeError 错误。

集合在特定环境下会被用来做数据去重操作。集合类型的操作函数和方法见表 2-5。

表 2-5　集合类型的操作函数和方法

函数和方法	说明
S.add(x)	为集合添加元素 x
S.remove(x)	移除集合指定元素 x，不存在则抛出 KeyError 异常
S.discard(x)	删除集合指定元素 x
S.clear()	移除集合中的所有元素
S.copy()	复制一个集合
S.pop()	随机移除元素，若集合为空，抛出 KeyError 异常
S.difference(T)	返回多个集合的差集
S.difference_update(T)	移除集合中的元素，该元素在指定的集合也存在
S.intersection(T)	返回集合的交集
S.intersection_update(T)	用集合 S 与 T 的交集更新集合 S
S.isdisjoint(T)	判断两个集合是否包含相同元素，如果没有返回 True，否则返回 False
S.issubset(T)	判断指定集合是否为该方法参数集合的子集
S.issuperset(T)	判断该方法的参数集合是否为指定集合的子集
S.symmetric_difference(T)	返回两个集合中不重复的元素集合

函数和方法	说明
S.symmetric_difference_update(T)	移除当前集合中与另一个指定集合相同的元素，并将另外一个指定集合中不同的元素插入到当前集合中
S.union(T)	返回两个集合的并集
S.update(T)	给集合添加元素

3. Python I/O 操作

I/O 在计算机中指的是 Input/Output，也就是输入 / 输出。凡是用到数据交换的地方，都会涉及 I/O 编程。在 I/O 编程中流（Stream）是一个重要的概念。分为输入流和输出流，一个负责输入，一个负责输出，这样读写就可以实现同步。

（1）读取键盘输入。Python 提供了 input() 内置函数从标准输入读入一行文本，默认的标准输入是键盘，常被用于交互式的环境当中。

input() 语法格式如下：

```
input(prompt=None)
```

示例代码如下：

```
a=input()
print(type(a),a)
# 运行输入 #
100
# 运行输出 #
<class 'str'> 100
```

（2）读和写文件。文件读写之前需要打开文件，确定文件的读写模式。open() 函数用来打开文件，返回一个 file 对象，基本语法格式如下：

```
open(filename, mode)
```

这是最常用的语法格式，其中参数 filename 为强制性参数，包含了要访问的文件名称的字符串值；参数 mode 决定了打开文件的模式，包括只读、写入、追加等。所有可取值见表 2-6。

表 2-6　文件打开模式 mode

模式	说明
r	只读模式，如果文件不存在，返回异常 FileNotFoundError，默认值
w	覆盖写模式，如果文件存在，则原有内容会被删除；如果文件不存在，则创建新文件进行写入
a	追加写模式，如果文件存在，则在文件末尾追加内容；如果文件不存在，则创建新文件进行写入
x	独占模式创建文件，文件不存在则创建；存在则返回异常 FileExistsError
b	二进制文件模式，与 r/w/a/x 一同使用
t	文本文件模式，默认值
+	与 r/w/a/x 一同使用，在原有功能基础上增加同时读写功能

示例代码如下：

```
# 打开文件
f = open("v:\\test.txt", "w")
f.write( "Python 是一种非常好的语言。\n 我正在学习 Python\n" )
# 关闭打开的文件
f.close()
```

上述代码运行后将打开 test.txt 文件，显示内容如下：

Python 是一种非常好的语言。
我正在学习 Python

file 对象常用函数见表 2-7。

表 2-7　file 对象常用函数

函数	说明
file.close()	关闭文件
file.flush()	刷新文件内部缓冲，直接把内部缓冲区的数据立刻写入文件，而不是被动地等待输出缓冲区写入
file.fileno()	返回一个整型的文件描述符（file descriptor FD 整型），可以用在如 os 模块的 read 方法等一些底层操作上
file.read([size])	从文件读取指定的字节数，如果 size 未给定或为负则读取所有
file.readline([size])	读取整行，包括“\n”字符
file.readlines([sizeint])	读取所有行并返回列表，若给定 sizeint>0，返回总和大约为 sizeint 字节的行，实际读取值可能比 sizeint 较大，因为需要填充缓冲区
file.seek(offset[, whence])	移动文件读取指针到指定位置
file.tell()	返回文件当前位置
file.write(str)	将字符串写入文件，返回的是写入的字符长度
file.writelines(sequence)	向文件写入一个序列字符串列表，不换行

前面在介绍文件操作时，一直强调打开的文件最后一定要关闭，否则程序的运行会造成意想不到的隐患。为了更好地避免此类问题，Python 的解决方式是使用 with as 语句操作上下文管理器（同时包含 __enter__() 和 __exit__() 方法的对象），它有助于自动分配并且释放资源。with as 语句的基本语法格式如下：

```
with 表达式 [as target] :
    代码块
```

示例代码如下：

```
#with as 示例
with open("v:\\test.txt", "w") as f:
    f.write( "Python 是一种非常好的语言。\n 我正在学习 Python\n" )
```

通过使用 with as 语句，即使最终没有人为关闭文件，修改文件内容的操作也能成功。

2.2　NumPy 和 Pandas 的使用

在 Python 中，安装第三方模块是通过 setuptools 这个工具完成的。Python 有两个封装了 setuptools 的包管理工具：easy_install 和 pip。目前，官方推荐使用 pip。

如果正在使用的计算机系统是 Mac 或 Linux，安装 pip 本身这个步骤就可以跳过了。

如果计算机系统是 Windows，请确保在安装 Python 时勾选了 pip 和 Add python.exe to Path 复选框。在命令提示符窗口下尝试运行 pip，如果 Windows 提示未找到命令，可以重新运行安装程序添加 pip。

pip 命令的语法格式（注意要在命令行中运行！）如下：

```
pip install/uninstall 第三方库名
```

例如，要安装 Python 图像处理库 Pillow，则安装命令为 pip install pillow，命令行中运行该命令后，就可以等待系统自动完成安装了。

一般情况下，使用 pip 命令在下载第三方库时速度很慢，所以常常会出现因为超时而导致安装失败的状况。解决办法是更改 pip 镜像源，让 pip 从国内镜像源下载安装包，更改方法如下：

临时使用，只需要在安装第三方库时，使用下面代码完成安装即可。

```
pip install 第三方库 -i https://pypi.tuna.tsinghua.edu.cn/simple
```

注意：simple 不能少，是 https 而不是 http。

建议将国内镜像源设为默认，步骤如下：

（1）升级 pip 到最新的版本，代码如下。

```
pip install pip –U
```

如果到 pip 默认源的网络连接较差，临时更改镜像源来升级 pip，代码如下。

```
pip install -i https://pypi.tuna.tsinghua.edu.cn/simple pip -U
```

（2）默认镜像源配置如下。

```
pip config set global.index-url https://pypi.tuna.tsinghua.edu.cn/simple
```

执行上面配置后，在安装第三方库时，只需要使用"pip install 第三方库名"命令即可。

pip 国内镜像源列表如下：

- 豆瓣：http://pypi.douban.com/simple/。
- 清华大学：https://pypi.tuna.tsinghua.edu.cn/simple/。
- 阿里云：http://mirrors.aliyun.com/pypi/simple/。
- 中国科学技术大学：http://pypi.mirrors.ustc.edu.cn/simple/。

注意：新版 ubuntu 要求使用 https 源。

2.2.1　NumPy 的使用

NumPy 使用技巧

NumPy（Numerical Python）是 Python 语言的一个扩展程序库，支持大量的维度数组与矩阵运算，此外也针对数组运算提供大量的数学函数库。NumPy 主要用于数组计算，包含的函数及功能如下：

- 一个强大的 N 维数组对象 ndarray。
- 广播功能函数。
- 整合 C/C++/Fortran 代码的工具。
- 线性代数、傅里叶变换、随机数生成等功能。

NumPy 安装命令如下：

```
pip install numpy
```

1．NumPy ndarray 对象

NumPy 最重要的一个特点是其 N 维数组对象 ndarray，它是一系列同类型数据的集合，

以 0 下标为开始进行集合中元素的索引。ndarray 内部由以下内容组成：

- 一个指向数据（内存或内存映射文件中的一块数据）的指针。
- 数据类型或 dtype 属性，描述数组元素的数据类型对象。
- 一个表示数组形状（shape）的元组，表示各维度大小的元组。
- 一个跨度元组（stride），其中的整数指的是为了前进到当前维度，下一个元素需要"跨过"的字节数。跨度可以是负数，这样会使数组在内存中后向移动，切片中 obj[::-1] 就是如此。

创建一个 ndarray 只需调用 NumPy 的 array 函数即可，语法格式如下：

```
numpy.array(object, dtype = None, copy = True, order = None, subok = False, ndmin = 0)
```

参数说明：object 为数组或嵌套的数列；dtype 为数组元素的数据类型（可选）；copy 用来标识对象是否需要复制（可选）；order 代表创建数组的样式，其取值 C 为行方向，F 为列方向，A 为任意方向（默认）；subok 为逻辑值，默认返回一个与基类类型一致的数组；ndmin 用来指定生成数组的最小维度。

示例代码如下：

```
# 最小维度
import numpy as np
a = np.array([1, 2, 3, 4, 5], ndmin = 2)
print(a)
# dtype 参数
b = np.array([1, 2, 3, 4, 5], dtype = complex)
print(b)
# 运行输出 #
[[1 2 3 4 5]]
[1.+0.j 2.+0.j 3.+0.j 4.+0.j 5.+0.j]
```

2. NumPy 数据类型

NumPy 支持的数据类型比 Python 内置的类型要多很多，常用 NumPy 类型有 bool_、int_、intc、intp、int8、int16、int32、int64、uint8、uint16、uint32、uint64、float_、float16、float32、float64、complex_、complex64、complex128。

3. NumPy 数组属性及形态操作

NumPy 处理的最基础数据类型是由同种元素构成的多维数组，简称为数组。数组中所有元素的类型必须相同，元素可以用整数索引，序号从 0 开始。ndarray 类型的维度（dimensions）叫作轴（axis），轴的个数即维度数叫作秩（rank）。一维数组的秩为 1，二维数组的秩为 2，以此类推。ndarray 对象属性见表 2-8。

表 2-8　ndarray 对象属性

属性	说明
ndarray.ndim	秩，即轴的数量或维度的数量
ndarray.shape	数组的维度，对于矩阵即 n 行 m 列
ndarray.size	数组元素的总个数，相当于 .shape 中 $n \times m$ 的值
ndarray.dtype	ndarray 对象的元素类型
ndarray.itemsize	ndarray 对象中每个元素的大小，以字节为单位
ndarray.flags	ndarray 对象的内存信息

属性	说明
ndarray.real	ndarray 元素的实部
ndarray.image	ndarray 元素的虚部
ndarray.data	包含实际数组元素的缓冲区，通常不需要使用这个属性

ndarray 类的形态操作方法见表 2-9。

表 2-9　ndarray 类的形态操作方法

方法	说明
ndarray.reshape(n,m)	不改变数组，返回一个维度为（n,m）的数组
ndarray.resize(new_shape)	与 reshape() 相同，直接修改数组
ndarray.swapaxes(ax1,ax2)	将数组 n 个维度中任意两个维度进行调换
ndarray.flatten()	对数组进行降维，返回一个折叠后的一维数组
ndarray.ravel()	作用同 flatten()，返回数组的一个视图

4. NumPy 创建数组

ndarray 数组除了可以使用底层 ndarray 构造器来创建外，也可以通过以下几种方式来创建，见表 2-10。

表 2-10　NumPy 库的数组创建函数

函数	说明
numpy.empty((m,n), dtype, order)	创建类型为 dtype 的 m×n 未初始化数组
numpy.zeros((m,n), dtype, order)	创建类型为 dtype 的 m×n 全 0 数组
numpy.ones((m,n), dtype, order)	创建类型为 dtype 的 m×n 全 1 数组
numpy.asarray (a, dtype, order)	从已有的列表、元组或数组 a 来创建数组
numpy.frombuffer (buffer, dtype, count, offset)	从 buffer 中以流的形式读入数据，返回数组
numpy.fromiter (iterable, dtype, count)	从可迭代对象 iterable 中建立 ndarray 对象，返回一维数组
numpy.arange (start,stop, step, dtype)	根据 start 与 stop 指定的范围以及 step 设定的步长，生成数组
numpy.random.rand(m, n)	创建 m×n 的随机数组
numpy.random.normal(loc, scale=1.0, size)	根据给定均值、标准差、维度返回正态分布数组
np.random.randn(size)	返回标准正态分布数组
numpy.linspace (start, stop, num, endpoint, retstep, dtype)	创建由 start 到 stop，等分成 num 个元素的数组
numpy.logspace (start, stop, num, endpoint, base, dtype)	生成从 base 的 start 次方到 base 的 stop 次方之间按对数等分的 num 个元素的数组

5. NumPy 计算

假设一门课程的成绩构成为平时成绩 + 期末试卷成绩两部分，数据格式为 [平时成绩，期末成绩]，原始数据为 [[79,90], [72,50], [54,75], [81,95]]。下面来看一下 NumPy 的强大计算能力。

（1）条件运算。

```
#NumPy 计算
import numpy as np
score = np.array([[79,90], [72,50], [54,75], [81,95]])
a=score > 80
print(a)
# 运行输出 #
[[False  True]
 [False False]
 [False False]
 [True  True]]
```

上面的代码用来检查成绩是否超过 80 分，超过则输出 True，否则输出 False。

下面的代码进行成绩替换操作，小于 60 分的成绩被替换为 0，其余成绩被替换为 90。

```
#NumPy 计算 - 三目运算
import numpy as np
score = np.array([[79,90], [72,50], [54,75], [81,95]])
a=np.where(score < 60, 0, 90) # 小于 60 的成绩替换为 0，其余替换为 90
print(a)
# 运行输出 #
[[90 90]
 [90  0]
 [ 0 90]
 [90 90]]
```

（2）统计运算。

```
#NumPy 计算 - 统计运算
import numpy as np
score = np.array([[79,90], [72,50], [54,75], [81,95]])
result = np.amax(score, axis=0) # 求每一列的最大值
print(' 每一列的最大值为 : ',result)
result = np.amax(score, axis=1) # 求每一行的最大值
print(' 每一行的最大值为 : ',result)
# 运行输出 #
每一列的最大值为 : [81 95]
每一行的最大值为 : [90 72 75 95]
```

同理可以用 np.amin、np.mean、np.std 分别计算指定轴的最小值、平均值、方差。

（3）数组运算。下面的代码展示了数组与一个数的运算方法。

```
#NumPy 计算 - 数组运算
import numpy as np
score = np.array([[79,90], [72,50], [54,75], [81,95]])
score[:, 0] = score[:, 0]+5    # 将数组第 0 列所有分数加 5 分
print(' 第 0 列分数加 5 分 \n',score)
# 运行输出 #
第 0 列分数加 5 分
 [[84 90]
 [77 50]
 [59 75]
 [86 95]]
```

（4）矩阵运算。假设课程结课成绩百分比构成为 40% 平时成绩 +60% 期末成绩，下面的代码展示了如何利用 NumPy 计算最终的结课成绩。

```
#NumPy 计算 - 矩阵运算
import numpy as np
score = np.array([[79,90], [72,50], [54,75], [81,95]])
q = np.array([[0.4], [0.6]]) # 平时成绩占 40%，期末成绩占 60%
result = np.dot(stus_score, q)
print(result)
# 运行输出 #
 [[85.6]
  [58.8]
  [66.6]
  [89.4]]
```

还可以使用 np.vstack((v1, v2))、np.hstack((v1, v2)) 进行两个矩阵 v1 与 v2 的垂直拼接与水平拼接，代码如下：

```
#NumPy- 矩阵拼接
import numpy as np
v1=np.array([1,2,3,4])
v2=np.array([10,20,30,40])
result=np.vstack((v1,v2))
print('v1 v2 垂直拼接 \n',result)
result=np.hstack((v1,v2))
print('v1 v2 水平拼接 \n',result)
# 运行输出 #
v1 v2 垂直拼接
 [[ 1  2  3  4]
  [10 20 30 40]]
v1 v2 水平拼接
 [ 1  2  3  4 10 20 30 40]
```

2.2.2　Pandas 的使用

Pandas 名字衍生自术语 "panel data"（面板数据）和 "Python data analysis"（Python 数据分析），是一个强大的分析结构化数据的工具集，其基础是 NumPy。

Pandas 安装命令如下：

```
pip install pandas
```

Pandas 可以从各种文件格式例如 CSV、JSON、SQL、Microsoft Excel 导入数据，对数据进行运算操作，例如归并、再成形、选择，还有数据清洗和数据加工特征。下面通过几个实例展示 Pandas 的使用。

1. Pandas 数据结构

（1）Series。Pandas Series 类似表格中的一个列（column），可以保存任何数据类型。Series 由索引（index）和列组成，格式如下：

```
pandas.Series(data, index, dtype, name, copy)
```

参数说明：

- data：一组数据（ndarray 类型）。
- index：数据索引标签，如果不指定，默认从 0 开始。
- dtype：数据类型，默认会自行判断。
- name：设置名称。

● copy：复制数据，默认为 False。

创建一个简单的 Series 实例，代码如下：

```
#Series 创建 - 简单实例
import pandas as pd
import numpy as np
s=pd.Series(np.random.randn(4))
print(s)
# 运行输出 #
0   -1.672210
1   -0.499271
2    2.299825
3   -0.019878
dtype: float64
```

因为没有指定索引，索引值默认从 0 开始。此时如果要获取 –0.499271 元素值，可以通过索引下标 1 来完成，例如：s[1]。也可以人为指定特定索引值，代码如下：

```
#Series 创建 - 简单实例 - 指定索引值及 name
import pandas as pd
import numpy as np
s=pd.Series(np.random.randn(4),index=['a','b','c','d'],name=' 创建 Series')
print(s)
# 运行输出 #
a    0.675717
b    1.391969
c   -0.170715
d    0.449252
Name: 创建 Series, dtype: float64
```

因为已经重新指定了索引值，如果需要获取 1.391969 元素值，其访问方式为 s['b']。

Series 有相当多的方法可以调用，请读者运行下面代码查看具体的方法名称。

```
#Series 可调用的方法
print([attr for attr in dir(s) if not attr.startswith('_')])
# 请读者自行运行该程序并查看输出 #
```

（2）DataFrame。DataFrame 是一个表格型的数据结构，如图 2-2 所示。DataFrame 含有一组有序的列，每列可以是不同类型的值（数值、字符串、布尔型值）。DataFrame 既有行索引也有列索引，它可以被看作由 Series 组成的字典（共同用一个索引）。因此 DataFrame 可以通过类似字典的方式或者 columnname 的方式将列获取为一个 Series，行也可以通过位置或名称的方式进行获取。

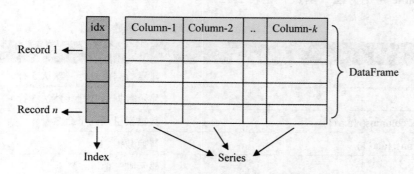

图 2-2　DataFrame 数据结构示意图

DataFrame 构造方法如下：

```
pandas.DataFrame( data, index, columns, dtype, copy)
```

参数说明：

- data：一组数据（ndarray、series、map、lists、dict 等类型）。
- index：索引值，或者可以称为行标签。
- columns：列标签，默认为 RangeIndex (0, 1, 2, ···, *n*)。
- dtype：数据类型。
- copy：复制数据，默认为 False。

下面的代码使用列表数据完成 DataFrame 的创建。

```
#pandas.DataFrame( data, index, columns, dtype, copy)
import pandas as pd
data = [[' 小明 ',20],[' 小红 ',23],[' 小芳 ',20],[' 小丽 ',22]]
index = ['001','002','003','004']
columns = [' 姓名 ',' 年龄 ']
df = pd.DataFrame(data,index,columns)
print(df)
# 运行输出 #
    姓名  年龄
001  小明  20
002  小红  23
003  小芳  20
004  小丽  22
```

DataFrame 常用属性见表 2-11。

表 2-11　DataFrame 常用属性

属性	说明
columns	获取 DataFrame 的列索引名
index	获取 DataFrame 的行索引名
axes	获取 DataFrame 的行、列索引名
dtypes	获取 DataFrame 的每列数据的属性
shape	获取 DataFrame 的行数和列数
size	获取 DataFrame 的总元素个数
T	获取 DataFrame 的转置矩阵

DataFrame 常用方法（函数）见表 2-12。

表 2-12　DataFrame 常用方法（函数）

名称	说明
head()	显示数据前几行（默认 5 行）
tail()	显示数据后几行（默认 5 行）
rename(index/columns={a:a1})	数据索引或列重命名
replace(columns:{a:a1})	替换数据
unique()	显示唯一值
sort_index()	索引排序

续表

名称	说明
sort_values()	值排序
value_counts()	统计每个值的数量
describe()	统计所有值的数据
max/min/sum/mean/median/mad/var/std/skew/kurt/cumsum/cummin/cummax/diff/pct_change	其他汇总统计函数
reindex()	创建新索引
drop/del/pop	删除列

2. Pandas 数据清洗

很多数据集存在数据缺失、数据格式错误、错误数据或重复数据的情况，要使数据分析更加准确，就需要先对这些没有用的数据进行数据清洗。可以通过下面的代码（本节代码运行环境为 jupter）先来看一下所要操作的数据集，查看到的数据集结果如图 2-3 所示。

```
# 查看数据集
import pandas as pd
import numpy as np
df = pd.read_csv('v:\\property-data.csv')
df
```

	PID	ST_NUM	ST_NAME	OWN_OCCUPIED	NUM_BEDROOMS	NUM_BATH	SQ_FT
0	100001000.0	104.0	PUTNAM	Y	3	1	1000
1	100002000.0	197.0	LEXINGTON	N	3	1.5	--
2	100003000.0	NaN	LEXINGTON	N	NaN	1	850
3	100004000.0	201.0	BERKELEY	12	1	NaN	700
4	NaN	203.0	BERKELEY	Y	3	2	1600
5	100006000.0	207.0	BERKELEY	Y	NaN	1	800
6	100007000.0	NaN	WASHINGTON	NaN	2	HURLEY	950
7	100008000.0	213.0	TREMONT	Y	1	1	NaN
8	100009000.0	215.0	TREMONT	Y	na	2	1800

图 2-3　数据清洗所需数据集示意图

数据的清洗很枯燥，但是很重要，根据 IBM 的研究，数据科学家 80% 的时间都在做数据清洗方面的工作。清洗工作主要包括对空值、重复值和异常值的处理。

（1）空值。

1）判断空值。可使用 isna() 或 isnull() 方法判断空值，二者等价。需注意对空值的界定：即 None 或 numpy.nan 才算空值，而空字符串、空列表等则不属于空值；类似地，notna() 和 notnull() 方法则用于判断是否非空。

2）填充空值。可使用 fillna() 方法按一定策略对空值进行填充，如常数填充、向前/向后填充等，也可通过 inplace 参数确定是否本地更改。

3）删除空值。可使用 dropna() 方法删除存在空值的整行或整列，可通过 axis 参数进行设置，也包括 inplace 参数。dropna() 方法的语法格式如下：

```
DataFrame.dropna(axis=0, how='any', thresh=None, subset=None, inplace=False)
```

参数说明：

● axis：默认 0，表示遇到空值就删整行，如果设置参数 axis=1 则表示遇到空值就删整列。

- how：默认为 any，如果一行（或一列）里任何一个数据出现 NA 就删除整行（或列），如果设置 how=all，则表示一行（或列）都是 NA 才删除整行（或列）。
- thresh：设置需要多少非空值的数据才可以保留此行（或列）。
- subset：设置想要检查的列。如果是多个列，可以使用列名的 list 作为参数。
- inplace：如果设置为 True，将计算得到的值直接覆盖之前的值并返回 None，注意此处修改的是源数据。

下面的代码直接调用 dropna，过滤掉了全部含有空值 NaN（即标准缺失）的行。

```
df.dropna()
```

运行结果如图 2-4 所示。

	PID	ST_NUM	ST_NAME	OWN_OCCUPIED	NUM_BEDROOMS	NUM_BATH	SQ_FT
0	100001000.0	104.0	PUTNAM	Y	3	1	1000
1	100002000.0	197.0	LEXINGTON	N	3	1.5	--
8	100009000.0	215.0	TREMONT	Y	na	2	1800

图 2-4　dropna 过滤 NaN 结果

可以看到，图 2-4 中有部分数据缺失，显示值为 NaN、na、-- 等。以 NUM_BEDROOMS 这一列为例，该列有 3 个数据缺失。Pandas 中可以用下面的代码将缺失值正确地识别出来。

```
# 标准缺失与非标准缺失
df['NUM_BEDROOMS'].isnull()
# 运行输出 #
0  False
1  False
2  True
3  False
4  False
5  True
6  False
7  False
8  False
Name: NUM_BEDROOMS, dtype: bool
```

对于大写的 NA 或者空白缺失，Pandas 都是可以正确地识别为缺失值的，这种缺失称为标准缺失，而小写的 na 在 Pandas 中会被认为是字符串输入而非缺失，这种 Pandas 识别不出来但人工可以判定认为的缺失，称为非标准缺失。对于非标准缺失，首先得将其转化为标准缺失数据才好处理，代码如下：

```
# 重新定义缺失值
mis_values = [ "na", "--"]
df = pd.read_csv("v:\\property-data.csv", na_values = mis_values)
df
```

上面代码中的 mis_values 重新定义了缺失值后再次读入数据集，Pandas 正确标识了缺失值，如图 2-5 所示。

当缺失数据全部被标识出来后，再次调用下面的代码：

```
new_df = df.dropna()
print(new_df)
```

可以看到数据被进一步过滤了，如图 2-6 所示。

	PID	ST_NUM	ST_NAME	OWN_OCCUPIED	NUM_BEDROOMS	NUM_BATH	SQ_FT
0	100001000.0	104.0	PUTNAM	Y	3.0	1	1000.0
1	100002000.0	197.0	LEXINGTON	N	3.0	1.5	NaN
2	100003000.0	NaN	LEXINGTON	N	NaN	1	850.0
3	100004000.0	201.0	BERKELEY	12	1.0	NaN	700.0
4	NaN	203.0	BERKELEY	Y	3.0	2	1600.0
5	100006000.0	207.0	BERKELEY	Y	NaN	1	800.0
6	100007000.0	NaN	WASHINGTON	NaN	2.0	HURLEY	950.0
7	100008000.0	213.0	TREMONT	Y	1.0	1	NaN
8	100009000.0	215.0	TREMONT	Y	NaN	2	1800.0

图 2-5　Pandas 标识缺失值结果

	PID	ST_NUM	ST_NAME	OWN_OCCUPIED	NUM_BEDROOMS	NUM_BATH	SQ_FT
0	100001000.0	104.0	PUTNAM	Y	3.0	1	1000.0

图 2-6　标识全部缺失数据后 dropna 结果

（2）重复值。

1）检测重复值。可使用 duplicated() 方法检测各行是否重复，返回一个行索引的 bool 结果，可通过 keep 参数设置保留第一行 / 最后一行 / 无保留。duplicated() 方法的语法格式如下：

```
DataFrame.duplicated(subset=None, keep='first')
```

参数说明：

- subset：取得一列或列标签列表。默认值为无。传递列后，仅将传递的列视为重复项。
- keep：控制如何考虑重复值，它只有三个不同的值。
  - first（默认值），将第一个出现的值视为唯一值，并将其余相同的值视为重复值。
  - last，将最后一个出现的值视为唯一值，并将其余相同的值视为重复值。
  - False，将所有相同的值视为重复项。

下面的代码运行结果分别展示了 keep 取值为 first、last 及 False 的区别。

```
# 检测 / 删除重复值 keep='first'
import pandas as pd
person = {
    'brand': ['Yum Yum','Yum Yum','Indomie','Indomie','Indomie'],
    'style': ['cup', 'cup', 'cup', 'pack', 'pack'],
    'rating': [4, 4, 3.5, 15, 5]  }
df = pd.DataFrame(person)
df
# 运行输出 #
      brand        style     rating
0     Yum Yum      cup       4.0
1     Yum Yum      cup       4.0
2     Indomie      cup       3.5
3     Indomie      pack      15.0
4     Indomie      pack      5.0
# 检测 / 删除重复值 keep='last' 及 keep=False
print(df.duplicated())
print(df.duplicated(keep='last'))
print(df.duplicated(keep=False))
# 运行输出 #
0    False
```

```
1    True
2    False
3    False
4    False
dtype: bool
0    True
1    False
2    False
3    False
4    False
dtype: bool
0    True
1    True
2    False
3    False
4    False
dtype: bool
```

2）删除重复值。可使用 drop_duplicates() 方法按行检测并删除重复的记录，也可通过 keep 参数设置保留项。由于该方法默认方法按行进行检测，如果需要按列删除，则可以先转置再执行该方法。drop_duplicates () 方法的语法格式如下：

```
DataFrame.drop_duplicates(subset=None, keep='first', inplace=False, ignore_index=False)
```

实例代码如下：

```
# 接续上面代码
df.drop_duplicates()
# 运行输出 #
       brand       style     rating
0      Yum Yum     cup       4.0
2      Indomie     cup       3.5
3      Indomie     pack      15.0
4      Indomie     pack      5.0
# 接续上面代码
df.drop_duplicates(subset=['brand'])
# 运行输出 #
       brand       style     rating
0      Yum Yum     cup       4.0
2      Indomie     cup       3.5
```

（3）异常值。判断异常值的标准依赖具体分析数据，这里仅给出两种处理异常值的可选方法。

1）删除。drop() 方法接受参数在特定轴线删除一条或多条记录，可通过 axis 参数设置是按行删除还是按列删除，drop() 语法格式如下：

```
DataFrame.drop(labels=None, axis=0, index=None, columns=None, level=None, inplace=False,
        errors='raise')
```

2）替换。可使用 replace() 方法对 series 或 dataframe 中的每个元素执行按条件替换操作，还可开启正则表达式功能，replace() 语法格式如下：

```
DataFrame.replace(to_replace=None, value=None, inplace=False, limit=None, regex=False, method='pad')
```

下面的代码分别展示了针对异常值如何进行删除与替换。

```
# 异常值删除
df.drop(columns=['style'])    # 删除 style 列
# 运行输出 #
        brand       rating
0       Yum Yum     4.0
1       Yum Yum     4.0
2       Indomie     3.5
3       Indomie     15.0
4       Indomie     5.0
# 异常值替换
df.replace('Indomie','xyz')
# 运行输出 #
        brand       style    rating
0       Yum Yum     cup      4.0
1       Yum Yum     cup      4.0
2       xyz         cup      3.5
3       xyz         pack     15.0
4       xyz         pack     5.0
```

2.3　深度学习框架 PyTorch

2.3.1　PyTorch 简介及环境搭建

1. PyTorch 简介

PyTorch 是一个基于 Torch 的 Python 开源机器学习库，用于自然语言处理等应用程序。它主要由 Facebook 的人工智能小组开发，不仅能够实现强大的 GPU 加速，同时还支持动态神经网络，这一点是现在很多主流框架如 TensorFlow 都不支持的。本节内容主要参考 PyTorch 官网：https://pytorch.org/tutorials/。

PyTorch 提供了两个高级功能：

● 强大的 GPU 加速 Tensor 计算（类似 NumPy）。

● 自动求导系统的深度神经网络。

PyTorch 库常用组件见表 2-13。

PyTorch 环境搭建

表 2-13　PyTorch 库常用组件

组件	说明
torch	GPU 支持的张量运算模块
torch.autograd	提供 Tensor 所有操作的自动求导方法的模块
torch.nn	包含搭建神经网络层的模块（Modules）和一系列 loss 函数
torch.optim	各种参数优化方法
torch.multiprocessing	开启子进程的模块
torch.utils.data	用于加载数据的模块

2. PyTorch 环境搭建

进入 PyTorch 官网（https://pytorch.org/），依次选择好系统、包管理工具、Python 的版本、是否支持 CUDA，如图 2-7 所示。

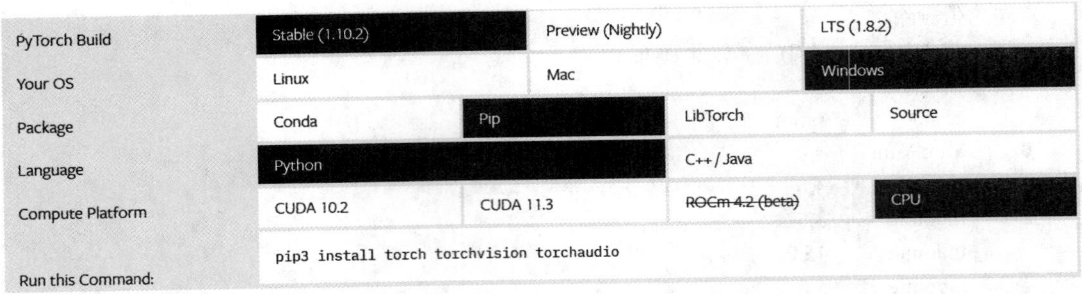

图 2-7　PyTorch 官网安装示意图

复制图 2-7 下方 Run this Command 给出的命令，在 cmd 下运行即可（为确保顺利安装，请读者参考 2.2 节中关于 pip 更改国内镜像源的内容）。安装完成后，可以用下面的代码验证 PyTorch 是否安装成功。如果没有报错，输出了类似下面的数据，则证明 PyTorch 已经安装成功。

```
# 验证 PyTorch 是否安装成功
import torch
x = torch.rand(5, 3)
print(x)
# 运行输出 #
tensor([[0.6086, 0.8223, 0.0502],
        [0.4282, 0.1601, 0.5135],
        [0.2823, 0.5121, 0.8994],
        [0.6294, 0.9395, 0.0734],
        [0.2636, 0.7694, 0.5782]])
```

另外可以利用下面的代码检测计算机上的 GPU 及 CUDA 是否可用。

```
# 检测 GPU 及 CUDA 是否可用
import torch
torch.cuda.is_available()
# 运行输出 #
False
```

可以看到，当前计算机 GPU 及 CUDA 不可用。

2.3.2　PyTorch 入门

1. Tensors

Tensors（张量）类似于 NumPy 的 ndarrays，同时 Tensors 可以使用 GPU 来加速计算。下面的代码构建了一个 5×3 的矩阵（未初始化）。

```
#Tensor
import torch
x = torch.empty(5, 3)
print(x)
# 运行输出 #
tensor([[0., 0., 0.],
        [0., 0., 0.],
        [0., 0., 0.],
        [0., 0., 0.],
        [0., 0., 0.]])
```

可以使用 torch.rand(5, 3) 来创建一个随机初始化矩阵，请参考前面 2.3.1 安装 PyTorch 中的代码。

下面的代码构造了一个全为 0，且数据类型是 long 的矩阵。

```
x = torch.zeros(5, 3, dtype=torch.long)
print(x)
# 运行输出 #
tensor([[0, 0, 0],
        [0, 0, 0],
        [0, 0, 0],
        [0, 0, 0],
        [0, 0, 0]])
```

也可以根据已有数据直接构造张量，代码如下：

```
# 根据已有数据构造张量
x = torch.tensor([[4, 3],[1,2]])
print(x)
# 运行输出 #
tensor([[4, 3],
        [1, 2]])
```

Tensors（张量）支持多种加法运算，首先初始化两个张量 x 与 y，代码如下：

```
#Tensor 两个张量
x=torch.randint(1,10,(3,5))
y=torch.randint(1,10,(3,5))
print(x)
print(y)
# 运行输出 #
tensor([[3, 7, 8, 1, 7],
        [2, 6, 1, 9, 6],
        [2, 4, 4, 5, 7]])
tensor([[6, 6, 2, 6, 1],
        [2, 7, 5, 6, 6],
        [3, 1, 8, 7, 4]])
```

接下来是 Tensors 支持的四种加法运算：

```
# 第一种加法运算
x+y
# 运行输出 #
tensor([[9, 13, 10, 7, 8],
        [4, 13, 6, 15, 12],
        [5, 5, 12, 12, 11]])
# 第二种加法运算
torch.add(x,y)
# 运行输出 #
tensor([[9, 13, 10, 7, 8],
        [4, 13, 6, 15, 12],
        [5, 5, 12, 12, 11]])
# 第三种加法运算
result=torch.Tensor(3,5)
torch.add(x,y,out=result)
# 运行输出 #
```

```
tensor([[9., 13., 10., 7., 8.],
        [4.,13., 6., 15., 12.],
        [5., 5., 12., 12., 11.]])
# 第四种加法运算
y.add_(x)
# 运行输出 #
tensor([[9, 13, 10, 7, 8],
        [4, 13, 6, 15, 12],
        [5, 5, 12, 12, 11]])
```

需要注意的是，第四种加法运算结果直接覆盖了张量 y。

假如当前计算机安装有 nvidia 显卡（如 GTX 1080）并支持 CUDA（是否支持，可以利用代码 torch.cuda.is_available() 来验证），那么可以使用显卡 GPU 进行 Tensor 的运算。只要增加代码 x = x.cuda() 及 y= y.cuda()，接下来的 x+y 运算就可以在 GPU 上进行了。

2. autograd 自动求导

在 PyTorch 中，神经网络的核心是 autograd 包，autograd 包为张量上的所有操作提供了自动求导机制。torch.Tensor 是这个包的核心类。如果设置它的属性 .requires_grad 为 True，那么它将会追踪对于该张量的所有操作。当完成计算后可以通过调用 backward() 方法来自动计算所有的梯度。这个张量的所有梯度将会自动累加到 grad 属性。

要阻止一个张量被跟踪，可以调用 detach() 方法将其与计算历史分离，并阻止它未来的计算记录被跟踪。为了防止跟踪历史记录（和使用内存），可以将代码块包装在 with torch.no_grad(): 中。这种方法在评估模型时特别有用，因为模型可能具有 requires_grad = True 的可训练的参数，但是我们不需要在此过程中对它们进行梯度计算。

还有一个类对于 autograd 实现非常重要，那就是 Function。Tensor 和 Function 互相连接并构建一个非循环图，它保存完整计算过程的历史信息。每个张量都有一个 grad_fn 属性保存着创建了张量的 Function 的引用（如果用户自己创建张量，则 grad_fn 是 None）。

如果需要计算导数，可以在 Tensor 上调用 backward() 方法。如果 Tensor 是一个标量（即它包含一个元素的数据），则不需要为 backward() 指定任何参数，但是如果它有更多的元素，则需要指定一个 gradient 参数，该参数是形状匹配的张量。

请自行阅读下面的代码：

```
import torch
# 创建张量 x，并设置 requires_grad=True 用来追踪计算历史
x = torch.ones(2, 2, requires_grad=True)
print(x)
# 对张量做一次运算
y = x + 3
print(y)
#y 结果有 grad_fn 属性
print(y.grad_fn)
# 对 y 进行更多操作
z = y * y * 5
out = z.mean()
print(z, out)
a = torch.randn(2, 2)
b = ((a * 5) / (a - 1))
print(b.requires_grad)                    # requires_grad 没有指定，默认标志是 False
b.requires_grad_(True)                    #requires_grad_() 改变了现有张量的 requires_grad 标志
```

```
print(b.requires_grad)
c = (b * b).sum()
print(c.grad_fn)
# 运行输出 #
tensor([[1., 1.],
        [1., 1.]], requires_grad=True)
tensor([[4., 4.],
        [4., 4.]], grad_fn=<AddBackward0>)
<AddBackward0 object at 0x0000023204FC2CA0>
tensor([[80., 80.],
        [80., 80.]], grad_fn=<MulBackward0>) tensor(80., grad_fn=<MeanBackward0>)
False
True
<SumBackward0 object at 0x0000023204FC2BB0>
```

3. 神经网络

神经网络可以通过 torch.nn 包来构建。神经网络是基于自动梯度（autograd）来定义一些模型。一个 nn.Module 包括层和一个方法 forward（input），它会返回输出（output）。

一个典型的神经网络训练过程包括以下几点：

- 定义一个包含可训练参数的神经网络。
- 迭代整个输入。
- 通过神经网络处理输入。
- 计算损失（loss）。
- 反向传播梯度到神经网络的参数。
- 更新网络参数，典型的更新方法：weight = weight - learning_rate *gradient。

（1）定义神经网络。让我们定义这样一个网络，代码如下：

```
import torch
import torch.nn as nn
import torch.nn.functional as F
class Net(nn.Module):
    def __init__(self):
        super(Net, self).__init__()
        self.conv1 = nn.Conv2d(1, 6, 5)
        self.conv2 = nn.Conv2d(6, 16, 5)
        self.fc1 = nn.Linear(16 * 5 * 5, 120)
        self.fc2 = nn.Linear(120, 84)
        self.fc3 = nn.Linear(84, 10)
    def forward(self, x):
        x = F.max_pool2d(F.relu(self.conv1(x)), (2, 2))
        x = F.max_pool2d(F.relu(self.conv2(x)), 2)
        x = torch.flatten(x, 1)
        x = F.relu(self.fc1(x))
        x = F.relu(self.fc2(x))
        x = self.fc3(x)
        return x
net = Net()
print(net)
# 运行输出 #
Net(
  (conv1): Conv2d(1, 6, kernel_size=(5, 5), stride=(1, 1))
```

```
    (conv2): Conv2d(6, 16, kernel_size=(5, 5), stride=(1, 1))
    (fc1): Linear(in_features=400, out_features=120, bias=True)
    (fc2): Linear(in_features=120, out_features=84, bias=True)
    (fc3): Linear(in_features=84, out_features=10, bias=True)
)
```

torch.nn.Conv2d 语法格式如下：

```
torch.nn.Conv2d(in_channels, out_channels, kernel_size, stride=1, padding=0, dilation=1, groups=1,
    bias=True)
```

torch.nn.Linear 语法格式如下：

```
torch.nn.Linear(in_features, out_features, bias=True)
```

torch.nn.functional.max_pool2d 语法格式如下：

```
torch.nn.functional.max_pool2d(input,kernel_size,stride=None,padding=0,dilation=1,ceil_mode=False,
    return_indices=False)
```

net.parameters() 可以返回一个模型的学习参数，代码如下：

```
# 可以通过 net.parameters() 返回模型的学习参数
params = list(net.parameters())
print(len(params))
print(params[0].size())
# 运行输出 #
10
torch.Size([6, 1, 5, 5])
```

这个网络的输入要求是 32×32 的张量。如果使用其他数据集来训练这个网络，要把图片大小重新调整到 32×32。一个随机的 32×32 的输入的代码如下：

```
input = torch.randn(1, 1, 32, 32)
out = net(input)
print(out)
# 运行输出 #
tensor([[-0.0071, -0.0688, -0.0135,  0.1443,  0.0529,  0.0663,  0.0554, -0.0737,
    -0.0125, -0.0004]], grad_fn=<AddmmBackward>)
```

清零所有参数的梯度缓存，之后进行随机梯度的反向传播，代码如下：

```
net.zero_grad()
out.backward(torch.randn(1, 10))
```

（2）损失函数。损失函数接受 (output, target) 作为输入，通过计算一个值来估计网络的输出和目标值相差多少。nn 包中有很多损失函数。其中 nn.MSELoss 是比较简单的一种，它计算输出和目标的均方误差，示例代码如下：

```
output = net(input)
target = torch.randn(10)              # 使用模拟数据
target = target.view(1, -1)           # 使目标值与数据值尺寸一致
criterion = nn.MSELoss()
loss = criterion(output, target)
print(loss)
# 运行输出 #
tensor(1.5106, grad_fn=<MseLossBackward>)
```

此时如果使用 loss 的 grad_fn 属性来跟踪反向传播过程，会看到如下的计算次序：

```
input -> conv2d -> relu -> maxpool2d -> conv2d -> relu -> maxpool2d
    -> view -> linear -> relu -> linear -> relu -> linear
```

```
    -> MSELoss
    -> loss
```

所以，当调用 loss.backward() 时，整张图开始关于 loss 进行微分。图中所有设置了 requires_grad=True 的张量的 grad 属性累积着梯度张量，尝试向后跟踪几步，代码如下：

```
print(loss.grad_fn)
print(loss.grad_fn.next_functions[0][0])
print(loss.grad_fn.next_functions[0][0].next_functions[0][0])
# 运行输出 #
<MseLossBackward object at 0x0000023204FC2F10>
<AddmmBackward object at 0x0000023204FC2BE0>
<AccumulateGrad object at 0x0000023204FC2F10>
```

（3）反向传播。调用 loss.backward() 来反向传播误差前，需要清零现有的梯度，否则梯度将会与已有的梯度累加。接下来将调用 loss.backward()，并查看 conv1 层的偏置（bias）在反向传播前后的梯度，代码如下：

```
net.zero_grad() # 清零所有参数（parameter）的梯度缓存
print(' 反向传播前 conv1.bias.grad:{}'.format(net.conv1.bias.grad))
loss.backward()
print(' 反向传播后 conv1.bias.grad:{}'.format(net.conv1.bias.grad))
# 运行输出 #
反向传播前 conv1.bias.grad:tensor([0., 0., 0., 0., 0., 0.])
反向传播后 conv1.bias.grad:tensor([-0.0009, 0.0023, -0.0092, 0.0013, 0.0023, 0.0022])
```

（4）更新权重。最简单的更新规则是随机梯度下降法（SGD）：

```
weight = weight - learning_rate * gradient
```

然而，在使用神经网络时，可能希望使用各种不同的更新规则，如 SGD、Nesterov-SGD、Adam、RMSProp 等。为此，PyTorch 构建了一个较小的包 torch.optim 来实现这些方法。代码如下：

```
import torch.optim as optim
# 创建优化器
optimizer = optim.SGD(net.parameters(), lr=0.01)
# 在训练的迭代中
optimizer.zero_grad()                    # 清零梯度缓存
output = net(input)
loss = criterion(output, target)
loss.backward()
optimizer.step()                         # 更新参数
```

4．数据并行处理

通过 PyTorch 使用多个 GPU 非常简单，下面的代码可以实现将模型放在一个 GPU 中运行：

```
device = torch.device("cuda:0")
model.to(device)
```

之后可以利用与下面的代码类似代码复制所有的张量到 GPU 中：

```
mytensor = my_tensor.to(device)
```

注意：调用 my_tensor.to(device) 返回的是在 GPU 上的 my_tensor 副本，而不是重写 my_tensor。实际操作中，需要把它赋值给一个新的张量并在 GPU 上使用这个张量。

通过使用 DataParallel 可实现让模型在多个 GPU 并行运行，代码如下：

```
model = nn.DataParallel(model)
```

因篇幅所限，更加详细的使用方法请读者自行搜索学习。

本章小结

  Python 编程语言入门简单、功能强大，是人工智能时代最佳的编程语言。自然语言处理是人工智能领域的前沿技术之一，因此 Python 成为了其首选编程语言。利用 Python 进行自然语言处理主要依赖于 Python 所涵盖的丰富而强大的第三方库。NumPy 是 Python 科学计算的基础包，用来支持大数据量的高维数组和矩阵运算，比 Python 自身的嵌套列表结构要高效得多，同时 NumPy 模拟了 MATLAB 的常用功能。Pandas 是基于 NumPy 的为解决数据分析任务而创建的一种工具。Pandas 纳入了大量库和一些标准的数据模型，提供了高效地操作大型数据集所需的工具，是使 Python 成为强大而高效的数据分析环境的重要因素之一。PyTorch 是基于 Python 和 Torch 库构建的，支持在图形处理单元上计算张量，目前是深度学习和人工智能研究界最喜欢使用的库。

第 3 章　机器学习算法基础

本章导读

在这一章中将引入 NLP 的算法体系。当前的主流算法体系可以分为两类：①传统的基于统计学的机器学习算法体系；②人工神经网络算法体系。很多机器学习算法经常被应用到 NLP 相关的任务中，例如用朴素贝叶斯、支持向量机、逻辑回归等方法进行文本分类，用 k-means 方法进行文本聚类等。近年来，人们对大脑和语言的内在机制了解得越来越多，也能够从更高的层次上观察和认知思维现象，由此形成了一套人工神经网络的算法体系。本章将介绍机器学习算法和人工神经网络算法的概念、原理和方法。

本章要点

- 分类算法、聚类算法与集成学习
- 概率模型图及模型评估与选择
- 人工神经网络与深度学习

分类算法摘要

3.1　分类算法

生活中很多场合需要用到分类，例如新闻分类、病人分类等。简单来说分类算法就是根据文本的特征或属性，将其划分到已有的类别中。常用的分类算法包括决策树分类算法、朴素的贝叶斯分类算法（Native Bayesian Classifier）、基于支持向量机（SVM）的分类算法、神经网络算法、k- 最近邻算法（k-Nearest Neighbor，kNN）、模糊分类算法等。

3.1.1　朴素贝叶斯模型

朴素贝叶斯算法是基于贝叶斯定理与特征条件独立假设的分类方法，对于给定的训练集合，首先基于特征条件独立学习输入、输出的联合概率分布；然后基于此模型，对给定的输入 x，利用贝叶斯定理求出后验概率最大的输出 y。朴素贝叶斯算法简单，学习与预测的效率都很高，是常用的方法。

朴素贝叶斯算法有稳定的分类效率，在大量样本和小规模的数据下都有较好的表现，能够处理多分类任务。并且，朴素贝叶斯算法适合增量式训练，即可以实时对新增样本进行训练。朴素贝叶斯算法对缺失数据不太敏感，通常用于文本分类识别、欺诈检测、垃圾邮件过滤和拼写检查等。基本方法如下：

（1）确定特征属性 x_j，获取训练样本集合 y_i。该步骤的主要工作是根据具体情况确定特征属性，并对每个特征属性进行适当划分，然后人工对一部分待分类项进行分类，形成训练样本集合。这一阶段的输入是所有待分类数据，输出是特征属性和训练样本。这一步是整个朴素贝叶斯分类中唯一需要人工完成的阶段。

对所有待分类数据，确定其特征属性 x_j，获取训练样本集合 y_i：

$$D = \{(x_1^{(1)}, x_2^{(1)}, \cdots, x_n^{(1)}, y_1), (x_1^{(2)}, x_2^{(2)}, \cdots, x_n^{(2)}, y_2), \cdots, (x_1^{(m)}, x_2^{(m)}, \cdots, x_n^{(m)}, y_m)\} \tag{3.1}$$

其中，m 表示样本数量；n 表示特征数量；y_i 表示训练样本，取值为 $\{C_1, C_2, \cdots, C_k\}$。

（2）计算各类别的先验概率 $P(Y = C_k)$。针对训练样本集，我们可以利用极大似然估计计算先验概率。但为了弥补极大似然估计中可能出现概率值为 0 的情况，也就是某个事件出现的次数为 0，我们使用贝叶斯估计计算先验概率：

$$P(Y = C_k) = \frac{\sum_{i=1}^{m} I(y_i = C_k) + \lambda}{m + K\lambda}, k = 1, 2, \cdots, K \tag{3.2}$$

其中，$\sum_{i=1}^{m} I(y_i = C_k)$ 计算的是样本类别为 C_k 的总数，K 为类别的个数。先验概率计算的是类别 C_k 在训练样本集中的频率。

（3）计算各类别下各特征属性 x_j 的条件概率 $P(X_j = x_j | Y = C_k)(j = 1, 2, \cdots, n)$。

1）如果 x_j 是离散值，我们可以假设 x_j 符合多项式分布，这样得到的条件概率是在样本类别 C_k 中特征 x_j 出现的频率，即：

$$P(X_j = x_j | Y = C_k) = \frac{\sum_{i=1}^{m} I(X_j = x_j, y_i = C_k)}{\sum_{i=1}^{m} I(y_i = C_k)} \tag{3.3}$$

其中，$\sum_{i=1}^{m} I(X_j = x_j, y_i = C_k)$ 为样本类别 C_k 中特征 x_j 出现的频率。某些时候，可能某些类别在样本中没有出现，这可能导致条件概率为 0，这样会影响后验概率估计。

为了避免出现这种情况，我们引入拉普拉斯平滑，即此时有

$$P(X_j = x_j | Y = C_k) = \frac{\sum_{i=1}^{m} I(X_j = x_j, y_i = C_k) + \lambda}{\sum_{i=1}^{m} I(y_i = C_k) + O_j\lambda} \tag{3.4}$$

其中，λ 为大于 0 的常数，通常取 1。O_j 为第 j 个特征属性的取值总数。

2）如果 x_j 是稀疏二项离散值，即各个特征出现的频率很低，我们可以假设 x_j 符合伯努利分布，即特征 x_j 出现记为 1，不出现记为 0。我们不关注 x_j 出现的次数，这样得到的条件概率是在样本类别 C_k 中 x_j 出现的频率。此时有

$$P(X_j = x_j | Y = C_k) = P(X_j | Y = C_k)x_j + (1 - P(X_j | Y = C_k))(1 - x_j) \tag{3.5}$$

其中，x_j 取值为 0 和 1。

3）如果 x_j 是连续值，我们通常取 x_j 的先验概率为正态分布，即在样本类别 C_k 中，x_j 的值符合正态分布。这样得到的条件概率分布如下：

$$P(X_j = x_j | Y = C_k) = \frac{1}{\sqrt{2\pi\sigma_k^2}} \exp\left(-\frac{(x_j - \mu_k)^2}{2\sigma_k^2}\right) \tag{3.6}$$

其中，μ_k 和 σ_k^2 是正态分布的期望和方差，可以通过极大似然估计得到。μ_k 为在样本类别 C_k 中所有 X_j 的平均值。σ_k^2 为在样本类别 C_k 中所有 X_j 的方差。对于一个连续的样本值，代入正态分布的公式，就可以求得概率分布。

（4）计算各类别的后验概率 $P(Y = C_k | X = x)$。由于假设各特征属性是条件独立的，

则根据贝叶斯定理，各类别的后验概率如下：

$$P(Y = C_k \mid X = x) = \frac{P(X_j = x_j \mid Y = C_k)P(Y = C_k)}{P(X = x)} \tag{3.7}$$

（5）以后验概率的最大项作为样本所属类别。我们预测的样本所属类别 C_{result} 是使得后验概率 $P(Y = C_k \mid X = x)$ 最大化的类别，如下：

$$C_{\text{result}} = \arg\max_{c_k} P(Y = C_k)\prod_{j=1}^{n} P(X_j = x_j \mid Y = C_k) \tag{3.8}$$

3.1.2　决策树模型

决策树算法是一种逼近离散函数值的方法。它是一种典型的分类方法，首先对数据进行处理，利用归纳算法生成可读的规则和决策树，然后使用决策对新数据进行分析。本质上决策树是通过一系列规则对数据进行分类的过程。由于这种决策分支画成图形很像一棵树的枝干，故称为决策树。决策树的生成算法主要有 ID3、C4.5 和 C5.0 算法。

在机器学习中，决策树是一个预测模型，它代表的是对象属性与对象值之间的一种映射关系。决策树是一种十分常用的分类方法，属于有监督学习。决策树的目的是拟合一个可以通过指定输入值预测最终输出值的模型。

选择属性是构建一棵决策树非常关键的一步。被选择的属性会成为决策树的一个节点，并且不断递归地选择最优属性就可以最终构建决策树。在这里需要了解两个重要的概念。

（1）熵。熵是接收的每条信息中所包含信息的平均量，是不确定性的量度，因为越随机的信源的熵越大。熵被定义为概率分布的对数的相反数。依据波尔茨曼 H 定理（Boltzmann's H-theorem），香农把随机变量 X 的熵值 $H(X)$ 定义如下（其值域为 $\{x_1, \cdots, x_n\}$）：

$$H(X) = E[I(X)] = E[-\ln(P(X))] \tag{3.9}$$

其中，P 为 X 的概率质量函数，E 为期望函数，而 $I(X)$ 是 X 的信息量。$I(X)$ 本身是个随机变量。

当样本取自有限的样本集时，熵的公式如下：

$$H(X) = \sum_i P(x_i)I(x_i) = -\sum_i P(x_i)\log_b P(x_i) \tag{3.10}$$

其中，b 是对数所使用的底，通常是 2、自然常数 e 或 10。当 $b=2$ 时，熵的单位是 bit；当 $b=e$ 时，熵的单位是 nat；而当 $b=10$ 时，熵的单位是 Hart。

如果有一个系统 S 内存在多个事件，$S = \{E_1, E_2, \cdots, E_n\}$，每个事件的概率分布 $P = \{p_1, p_2, \cdots, p_n\}$，则每个事件本身的信息量如下：

$$I_e = -\log_2 p_i \tag{3.11}$$

如英语有 26 个字母，假如每个字母在文章中出现次数平均的话，每个字母的信息量为 $I_e = -\log_2 \frac{1}{26} = 4.7$。

实际上每个字母和每个汉字在文章中出现的次数并不平均，例如少见的字母和罕用汉字就具有相对高的信息量。但上述计算表明：使用书写单元越多的文字，每个单元所包含的信息量越大，因为熵是整个系统的平均信息量。

（2）信息增益。信息增益用来衡量一个属性区分数据样本的能力。当使用某一个属性作为一棵决策树的根节点时，该属性的信息增益量越大，这棵决策树也就越简洁。例如一棵决策树可以定义为"如果风力弱，就去玩；风力强，再按天气、温度等分情况讨论"，此时用风力作为这棵树的根节点就很有价值。如果这棵决策树被定义为"风力弱，并且天气晴朗，就去玩；如果风力强，则分情况讨论"，那么这颗决策树相对就不够简洁。

信息增益是信息熵 H 的变形，定义如下：

$$IG(T,a) = H(T) - H(T \mid a) = H(T) - \sum_{v \in vals(a)} P_a(v) H(S_a(v))$$

$$= H(T) - \sum_{v \in vals(a)} \frac{|S_a(v)|}{|T|} H(S_a(v))$$

（3.12）

其中，T 是所有样本集，S_a 是样本集 T 中属性 a 等于值 v 的样本集，即 $S_a = \{x_a \in T \mid x_a = v\}$。

决策树构建步骤如下：

（1）计算数据集 S 中每个属性的熵 $H(x_i)$。

（2）选取数据集 S 中熵值最小（或者信息增益最大，两者等价）的属性。

（3）在决策树上生成该属性节点。

（4）使用剩余节点重复以上步骤生成决策树的属性节点。

3.1.3　支持向量机模型

作为数据挖掘领域中一项非常重要的任务，分类目前在商业上应用最多。而分类的目的是构造一个分类任务或分类模型，该模型能把数据库中的数据项映射到给定类别中的某一个，从而可以用于预测未知类别。支持向量机（SVM）就是用来解决分类问题的模型。

通俗地说，支持向量机的最终目的是在特征空间中寻找到一个尽可能将两个数据集合分开的超级平面。之所以名字里面加上了前缀"超级"，是因为我们的数据特征空间很有可能是高维度空间，而且我们希望这个超级平面能够尽可能大地将两类数据分开。

支持向量机可以分为线性可分支持向量机（硬间隔支持向量机）和非线性可分支持向量机（软间隔支持向量机）。支持向量机算法已经应用在很多领域，例如文本分类、图像分类、数据挖掘、手写数字识别、行人检测等，且其可应用的领域还远远不止这些。

要理解 SVM，必须先弄清楚一个概念——线性分类器。给定一些数据点，它们分别属于两个不同的类，现在要找到一个线性分类器把这些数据分成两类。如果用 x 表示数据点，用 y 表示类别（y 可以取 1 或者 –1，分别代表两个不同的类），线性分类器的学习目标便是在 n 维空间中找到一个超平面（hyper plane），这个超平面的方程可以表示为 $w^{\mathrm{T}}x+b=0$。

下面举例说明，如图 3-1 所示，现在有一个二维平面，该平面上有两种不同的数据，分别用实心圆和空心圆表示。由于这些数据是线性可分的，所以可以用一条直线将这两类数据分开，这条直线就相当于一个超平面，超平面两侧的数据点分别对应 –1 和 1。

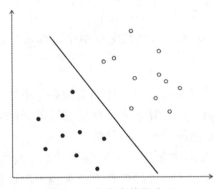

图 3-1　直线将数据分开

这个超平面可以用分类函数 $f(x) = w^{\mathrm{T}}x + b = 0$ 表示,当 $f(x)$ 等于 0 的时候,x 便是位于超平面上的点,而 $f(x)$ 大于 0 的点对应 $y=1$ 的数据点,$f(x)$ 小于 0 的点对应 $y = -1$ 的点,如图 3-2 所示。

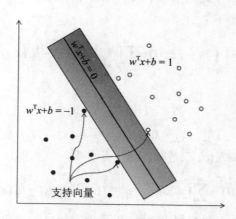

图 3-2　超平面将数据分开

为了方便起见,我们直接推出优化方程:

$$\min_{w,b} \frac{1}{2} w^{\mathrm{T}} w \tag{3.13}$$

$$s.t. y_i(w^{\mathrm{T}} x_i + b) \geqslant 1, i = 1, 2, \cdots, n \tag{3.14}$$

通过拉格朗日法以及求导之后,原有的方程可以转化为如下的对偶问题:

$$\min \frac{1}{2} \sum_{i=1}^{n} \sum_{j=1}^{n} y_i y_j (x_i \cdot x_j) \alpha_i \alpha_j - \sum_{j=1}^{n} \alpha_j \tag{3.15}$$

$$s.t. \sum_{i=1}^{n} y_i \alpha_i = 0, 0 \leqslant \alpha \leqslant C, i = 1, \cdots, n \tag{3.16}$$

其中,$\alpha_i \in \mathbf{R}^m$ 为拉格朗日乘子,而 C 为惩罚因子。

SVM 算法的优点:可用于线性分类,也可以用于回归;低泛化误差;推导过程优美,容易理解;计算复杂度低。SVM 算法的缺点:对参数的选择比较敏感;原始的 SVM 只擅长处理二分类问题。

以上的方法只能解决线性可分的问题,遇到线性不可分的问题需要引入核函数,将问题转化到高维空间中,感兴趣的读者可自行查阅相关资料。

3.1.4　逻辑回归模型

逻辑回归算法常用于数据挖掘、疾病自动诊断、经济预测等领域。逻辑回归算法是一种广义的线性回归方法,其仅在线性回归算法的基础上套用了一个逻辑函数,从而对事件发生的概率进行预测。

逻辑回归算法的步骤如下所示:

(1)加载数据文件。

(2)数据预处理,生成多项式特征。由于最简单的二分类问题只有一阶特征,决策边界为一条直线,可以不考虑本步骤。而现实中的样本,往往需要拟合一条曲线来划分数据,即多项式拟合。多边形边界需要将特征转换为多项式,进而更改样本的分布状态,使之能拟合更复杂的边界,例如圆或者其他不规则图形。

（3）初始化参数 θ，构建代价函数 $J(\theta)$。逻辑回归算法主要是使用最大似然估计的方法来学习，所以单个样本的后验概率如下：

$$P(y\,|\,x;\theta) = (h_\theta(x))^y(1-h_\theta(x))^{1-y} \tag{3.17}$$

整个样本的后验概率如下：

$$L(\theta) = \prod_{i=1}^{m} p(y_i\,|\,x_i;\theta) = \prod_{i=1}^{m} (h_\theta(x_i))^{y_i}(1-h_\theta(x_i))^{1-y_i} \tag{3.18}$$

其中，

$$P(y=1\,|\,x;\theta) = h_\theta(x) \tag{3.19}$$

$$P(y=0\,|\,x;\theta) = 1-h_\theta(x) \tag{3.20}$$

为了便于计算，我们对 $L(\theta)$ 取对数，进一步化简：

$$\log L(\theta) = \sum_{i=1}^{m} [y_i \log h_\theta(x_i) + (1-y_i)\log(1-h_\theta(x_i))] \tag{3.21}$$

式（3.21）即为逻辑回归算法的损失函数，我们的目标是求最大 $L(\theta)$ 时的 θ，该损失函数是一个上凸函数，可以使用梯度上升法求得最大值，或者乘以 –1，变成下凸函数，就可以用梯度下降法求最小值，即使用下式：

$$J(\theta) = -\frac{1}{m} [\sum_{i=1}^{m} y_i \log h_\theta(x_i) + (1-y_i)\log(1-h_\theta(x_i))] \tag{3.22}$$

（4）用梯度下降法优化代价函数 $J(\theta)$，确定参数 θ。梯度下降法公式如下：

$$\begin{aligned}
\frac{\partial}{\partial \theta_j} J(\theta) &= -\frac{1}{m} (\sum_{i=1}^{m} y_i \frac{1}{g(\theta^{\mathrm{T}}x_i)} - (1-y_i)\frac{1}{1-g(\theta^{\mathrm{T}}x_i)}) \frac{\partial}{\partial \theta_j} h_\theta(x_i) \\
&= -\frac{1}{m} \sum_{i=1}^{m} (y_i(1-g(\theta^{\mathrm{T}}x_i)) - (1-y_i)g(\theta^{\mathrm{T}}x_i))x_i^j \\
&= -\frac{1}{m} \sum_{i=1}^{m} (y_i - g(\theta^{\mathrm{T}}x_i))x_i^j = -\frac{1}{m} \sum_{i=1}^{m} (h_\theta(x_i) - y_i)x_i^j
\end{aligned} \tag{3.23}$$

θ 的更新过程如下：

$$\theta_j := \theta_j - \alpha \frac{1}{m} \sum_{i=1}^{m} (h_\theta(x_i) - y_i)x_i^j \tag{3.24}$$

（5）构建预测函数 $h_\theta(x)$，求概率值。逻辑回归算法通过拟合一个逻辑函数，即 Sigmoid 函数，将任意的输入映射到 [0,1] 内。Sigmoid 函数定义如下：

$$g(z) = \frac{1}{1+\mathrm{e}^{-z}} \tag{3.25}$$

将 Sigmoid 函数应用到逻辑回归算法中，形式如下：

$$z = \theta^{\mathrm{T}}x = \theta_0 + \theta_1 x_1 + \cdots + \theta_n x_n \tag{3.26}$$

结合式（3.25）和式（3.26），可以得到

$$h_\theta(x) = g(\theta^{\mathrm{T}}x) = \frac{1}{1+e^{-\theta^{\mathrm{T}}x}} \tag{3.27}$$

应当注意，$h_\theta(x)$ 的输出值有特殊含义，它表示 $y=1$ 的概率。

（6）根据概率值画决策边界。所谓决策边界，就是能够把样本正确分类的一条边界，主要有线性决策边界和非线性决策边界两种。决策边界的构建使得分类结果更加直观。

3.2 聚类算法

聚类算法是无监督学习的典型算法,不需要标记结果。聚类算法试图探索和发现一定的模式,用于发现共同的群体,按照内在相似性将数据划分为多个类别使得类内相似性大,类间相似性小。应用场景包括新闻聚类、用户购买模式、图像与基因技术等。

3.2.1 原型聚类

原型聚类亦称为"基于原型的聚类",此类算法假设聚类结构能通过一组原型刻画,在现实聚类任务中极为常用。通常情形下,算法先对原型进行初始化,然后对原型进行迭代更新求解。采用不同的原型表示、不同的求解方式,将产生不同的算法。下面介绍经典的原型聚类算法 k-means(也称为 k 均值法)。

此算法思想就是首先随机确定 k 个中心点作为聚类中心,然后把各个数据点分配给最邻近的中心点,分配完成后将中心点移动到所表示的聚类的平均中心位置处,然后重复迭代上述步骤,直到分配过程不再产生变化位置。

k-means 算法采用距离作为相似性指标,认为簇由靠近的对象组成,因此两个对象的距离越近,则其相似度越大。而不同的距离量度会对聚类的结果产生影响,常见的距离量度如下。

(1)欧氏距离:

$$d_{12} = \sqrt{(x_1 - x_2)^2 + (y_1 - y_2)^2} \tag{3.28}$$

(2)曼哈顿距离:

$$d_{12} = |x_1 - x_2| + |y_1 - y_2| \tag{3.29}$$

(3)切比雪夫距离:

$$d_{12} = \max(|x_1 - x_2|, |y_1 - y_2|) \tag{3.30}$$

(4)余弦距离:

$$\cos\theta = \frac{x_1 x_2 + y_1 y_2}{\sqrt{x_1^2 + y_1^2}\sqrt{x_2^2 + y_2^2}} \tag{3.31}$$

(5)Jaccard 相关系数:

$$J(A,B) = \frac{|A \cap B|}{A \cup B} \tag{3.32}$$

(6)相关系数:

$$\rho_{XY} = \frac{Cov(X,Y)}{\sqrt{D(X)}\sqrt{D(Y)}} = \frac{E((X-EX)(Y-EY))}{\sqrt{D(X)}\sqrt{D(Y)}} \tag{3.33}$$

本书采用欧氏距离计算数据点之间的距离,使用误差平方和(SSE)作为聚类的目标函数。该算法的最终目的是得到紧凑且独立的簇,因此两次运行 k-means 算法产生的两个不同的簇类中,SSE 较小的那个簇类更优,计算公式如下:

$$SSE = \sum_{i=1}^{k} \sum_{x \in C_i} dist(c_i, x)^2 \tag{3.34}$$

其中,k 表示聚类中心的个数,c_i 表示第几个聚类中心点,dist 表示欧氏距离。

k-means 算法流程：

（1）随机选择 k 个随机的点（称为聚类中心）。

（2）对于数据集中的每个数据点，按照距离 k 个中心点的距离，将其与距离最近的中心点关联起来，与同一中心点关联的所有点聚成一类。

（3）计算每一组的均值，将该组所关联的中心点移动到平均值的位置。

（4）重复执行（2）～（3）步，直至中心点不再变化。

算法执行过程如图 3-3 所示。

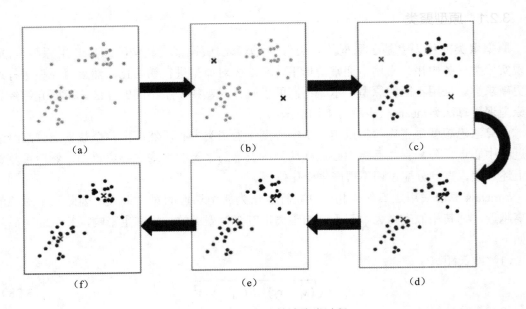

图 3-3　*k*-means 算法聚类过程

k-means 的主要优点：原理比较简单，实现也是很容易，收敛速度快，聚类效果较优；算法的可解释度比较强；主要需要调整的参数仅仅是簇数 k。

k-means 的主要缺点：k 值的选取不好把握；不平衡数据集的聚类效果不佳；采用迭代方法得到的结果只是局部最优；对噪声和异常点比较敏感。

3.2.2　密度聚类

密度聚类亦称为"基于密度的聚类"，此类算法假设聚类结构能通过样本分布的紧密程度确定。通常情形下，密度聚类算法从样本密度的角度来考查样本之间的可连续性，并基于可连续样本不断扩展聚类簇以获得最终的聚类结果。

基于密度的噪声应用空间聚类（DBSCAN）是一种著名的密度聚类算法，它基于一组"邻域"参数来刻画样本分布的紧密程度。给定数据集 $D = \{x_1, x_2, \cdots, x_m\}$，定义如下概念：

（1）ε- 邻域：对 $x_j \in D$，其 ε- 邻域包含样本集 D 中与 x_j 的距离不大于 ε 的样本，即 $N_{\varepsilon}(x_j) = \{x_i \in D \mid dist(x_i, x_j) \leqslant \varepsilon\}$。

（2）核心对象：若 x_j 的 ε- 邻域至少包含 *MinPts* 个样本，即 $|N_{\varepsilon}(x_j)| \geqslant MinPts$，则 x_j 是一个核心对象。

（3）密度直达：若 x_j 位于 x_i 的的 ε- 邻域中，且 x_i 是核心对象，则称 x_j 由 x_i 密度直达。

（4）密度可达：对 x_j 与 x_i，若存在样本序列 $p_1, p_2, \cdots, p_n$，其中 $p_1 = x_i$，$p_n = x_j$ 且 p_{i+1} 由 p_i 密度直达，则称 x_j 由 x_i 密度可达。

（5）密度相连：对 x_j 与 x_i，若存在 x_k 使得 x_j 与 x_i 均由 x_k 密度可达，则称 x_j 与 x_i 密度相连。

基于这些概念，DBSCAN 将"簇"定义为由密度可达关系导出的最大的密度相连样本集合。形式化说，即给定邻域参数，簇 $C \subseteq D$ 是满足以下性质的非空样本子集：

- 连接性。$x_i \in C$，$x_j \in C \Rightarrow x_i$ 与 x_j 密度相连。
- 最大性。$x_i \in C$，x_j 由 x_i 密度可达 $\Rightarrow x_j \in C$。

DBSCAN 算法流程：

- 先任选数据集中的一个核心对象为"种子"。
- 由此出发确定相应的聚类簇。
- 根据给定的邻域参数找出所有的核心对象。
- 以任一核心对象为出发点，找出由其密度可达的样本生成聚类簇，直到所有核心对象均被访问过为止。

3.2.3 层次聚类

层次聚类算法试图在不同层次对数据集进行划分，从而形成树形的聚类结构。数据集的划分可采用"自底向上"的聚合策略，也可采用"自顶向下"的分拆策略。

凝聚的层次聚类（Agglomerative Nesting，AGNES）是一种采用自底向上聚合策略的层次聚类算法。它先将数据集中的每个样本看作一个初始聚类簇，然后在算法运行的每一步中找出距离最近的两个聚类簇进行合并，该过程不断重复，直至达到预设的聚类簇个数。这里的关键是如何计算聚类簇之间的距离。实际上，每个簇是一个样本集合，因此，只需采用关于集合的某种距离即可。例如，给定聚类簇 C_i 与 C_j，可通过下面的式子来计算距离。

最小距离：

$$d_{\min}(C_i, C_j) = \min_{x \in C_i, z \in C_j} dist(x, z) \tag{3.35}$$

最大距离：

$$d_{\max}(C_i, C_j) = \max_{x \in C_i, z \in C_j} dist(x, z) \tag{3.36}$$

平均距离：

$$d_{\text{avg}}(C_i, C_j) = \frac{1}{|C_i||C_j|} \sum_{x \in C_i} \sum_{z \in C_j} dist(x, z) \tag{3.37}$$

显然，最小距离由两个簇的最近样本决定，最大距离由两个簇的最远样本决定，而平均距离则由两个簇的所有样本共同决定。

AGNES 算法流程：

（1）AGNES 算法最初将每个对象作为一个簇，然后这些簇根据某些准则，使用单链接方法一步步合并。

（2）两个簇间的相似度由这两个不同簇中距离最近的数据点对的相似度来确定。此外当两个簇最近距离超过用户给定的阈值时聚类过程就会终止。

（3）聚类的合并过程反复进行直到所有的对象满足簇数据。AGNES 算法生成的树状图如图 3-4 所示。

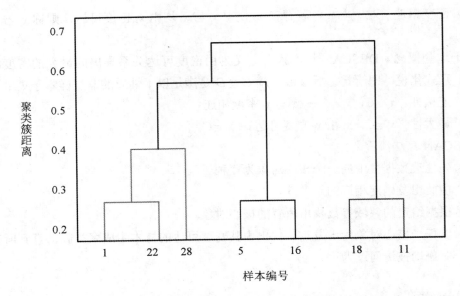

图 3-4   AGNES 算法生成的树状图

3.3   模型评估与选择

3.3.1   经验误差与过拟合

一般在分类问题中，我们把分类错误的样本数占样本总数的比例称作错误率（error rate），将 1 与错误率的差值称作精度，即精度 =1- 错误率。更一般地，我们把模型的预测输出与样本的真实输出之间的差异称作误差（error），模型在训练集上的误差称作训练误差，也叫经验误差；在新样本上的误差称作泛化误差。

我们希望能得到泛化误差小的模型，不过我们实际能做的是努力使经验误差最小化，我们实际希望得到的是在新样本上能表现得很好的模型，这就要求模型应该学到适用于所有潜在样本的"普遍规律"，这样才能对新样本进行好的判别。

不过，当模型把训练样本学得"太好"时，很可能已经把训练样本自身的一些特点当作所有潜在样本都会具有的一般性质，这样会致使泛化性能下降，这种现象在机器学习中称作过拟合（overfitting），与过拟合相对的是欠拟合（underfitting），欠拟合是指对训练样本的一般性质尚未学好。

导致过拟合的原因中最常见的情况是由于学习能力过于强大，以至于把训练样本包含的不太一般的特性都学到了，而欠拟合通常是由于学习能力不足造成的。

欠拟合较为容易克服，例如在决策树学习中扩展分支、在神经网络学习中增加训练轮数等，而过拟合问题的解决较为麻烦，也是机器学习面临的关键障碍，各类学习算法都会有针对过拟合的措施，但是过拟合是无法完全避免的，我们能做的只是"缓解"。

图 3-5 给出了关于过拟合和欠拟合的一个便于直观理解的对比。

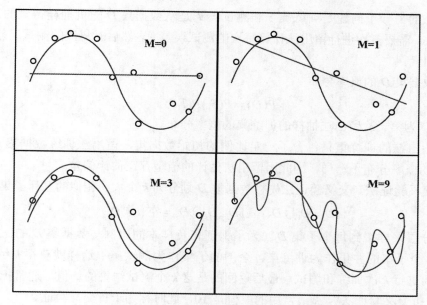

图 3-5　过拟合、欠拟合的直观对比

3.3.2　评估方法

对于模型来说，其在训练集上面的误差称为训练误差或者经验误差，而在测试集上的误差称之为测试误差。因为测试集是用来测试学习期对于新样本的学习能力的，因此可以把测试误差作为泛化误差的近似（泛化误差：在新样本上的误差）。我们更关心的是模型对于新样本的学习能力，即希望通过对已有样本的学习，尽可能地将所有潜在样本的普遍规律学到手，而如果模型对训练样本学得太好，则有可能把训练样本自身所具有的一些特点当作所有潜在样本的普遍特点，这时候我们就会出现过拟合的问题。

因此通常将已有的数据集划分为训练集和测试集两部分，其中训练集用来训练模型，而测试集则用来评估模型对于新样本的判别能力。对于数据集的划分，通常要保证满足以下两个条件：

- 训练集和测试集的分布要与样本真实分布一致，即训练集和测试集都要保证是从样本真实分布中独立同分布采样而得的。
- 训练集和测试集要互斥。

基于以上两个条件主要有三种划分数据集的方式：留出法（hold-out）、交叉验证法（cross validation）和自助法（bootstrapping）。

（1）留出法。留出法直接将数据集 D 划分为两个互斥集合，其中一个集合为训练集 S，另一个为测试集 T，即 $D = S \cup T$，$S \cap T = $ 空。

训练集 S 具体划分为训练集和验证集，训练集构建模型，验证集对该模型进行参数择优，选择最优模型，测试集 T 测试最优模型的泛化能力。

训练集和测试集的划分要尽可能保持数据分布的一致性，避免因数据划分过程引入额外的偏差而对最终结果产生影响。如数据集 D 包含 1000 个正样本，1000 个负样本，数据集 D 划分为 70% 样本的训练集和 30% 样本的测试集，为了保证训练集和测试集正负样本的比例与数据 D 比例相同，采用分层抽样的方法，先从 1000 个正样本随机抽取 700 次，1000 个负样本随机抽取 700 次，然后剩下的样本集作为测试集，分层抽样保证了训练集的正负样本的比例与数据集 D 的正负样本比例相同。

留出法的另一个问题是训练集 S 和测试集 T 是从数据集 D 随机抽样得到的，因此偶然因素较大，需要多次进行留出法计算每次的测试误差率，然后对每次的测试误差求平均，减小偶然因素。

初始数据集 D 的概率分布：

$$P(D) = P(S_1)P(T_1) \tag{3.38}$$

其中，$P(S_1)$ 为第一次留出法抽样的训练集的概率分布。

由于留出法的训练集只包含了一定比例的初始数据集，留出法训练数据集 S_1 和初始数据集 D 的概率分布不一样，因此用留出法估计的模型存在估计偏差。

（2）交叉验证法。交叉验证法先将数据集 D 划分为 k 个大小相似的互斥子集，如下：

$$D = D_1 \bigcup D_2 \cdots \bigcup D_k, D_i \bigcap D_j = 空 (i \neq j) \tag{3.39}$$

通过分层采样得到每个子集 D_i（为了保证正负样本的比例与数据集 D 的比例相同），然后用 $k\text{-}1$ 个子集的并集作为训练集，余下的子集作为测试集；这样就获得 k 组训练/测试集，从而进行 k 次训练和测试，最后返回的是这 k 个测试结果的均值。通常把交叉验证法称为"k 折交叉验证法"，k 最常用的取值是 10，此时称为十折交叉验证。

初始数据集的概率分布：

$$P(D) = P(D_1)P(D_2)P(D_3)\cdots P(D_{10}) \tag{3.40}$$

十折交叉验证的第一折的训练集的概率分布：

$$P(D') = P(D_1)P(D_2)P(D_3)\cdots P(D_9) \tag{3.41}$$

由于十折交叉验证的训练集只包含了初始数据集的 90%，训练数据集 D' 和初始数据集 D 的概率分布不一样，因此用十折交叉验证估计的模型存在估计偏差。

若数据集 D 包含 m 个样本，先将数据集 D 划分为 m 个大小相似的子集，每个子集只有一个样本数据，则得到了交叉验证法的一个特例——留一法（Leave-One-Out，LOO）。因为留一法的训练数据集相比原始样本数据集 D 只少了一个样本，因此留一法的评估结果比较准确。但是留一法在训练数据比较大时，训练 m 个模型的计算开销会很大（例如数据集包含 100 万个样本，则需训练 100 万个模型）；若考虑模型参数优化，计算量则会成倍增加。

（3）自助法。我们希望评估的是用原始数据集 D 训练出的模型，但是留出法和交叉验证法训练的数据集比原始的数据集 D 小，这必然会引入因训练数据集不同导致的估计偏差，留一法受训练样本规模变化的影响较小，但是计算复杂度太高。

自助法是有放回抽样，给定包含 m 个样本的数据集 D，对它进行采样产生数据集 D'：每次随机从 D 中挑选一个样本，将该样本复制放入 D'，然后再将该样本放回初始数据集 D 中，下次抽样时仍然有可能被抽到；重复执行 m 次该过程，就得到了包含 m 个样本数据集 D'，这就是自助采样的结果。初始数据集 D 中有一部分样本会在数据集 D' 中多次出现，也有一部分样本不会在数据集 D' 中出现。

样本在 m 次采样中始终不被采到的概率：

$$P（一次都未被采样到）= (1-\frac{1}{m})^m \tag{3.42}$$

对 m 取极限得到

$$\lim_{m \to \infty}(1-\frac{1}{m})^m = \frac{1}{e} \approx 0.368 \tag{3.43}$$

通过上式可知，通过自助采样，初始数据集 D 中约有 36.8% 的样本未出现在采样数

据集 D' 中，于是可以将 D' 用作训练集，实际评估的模型与期望评估的模型都使用 m 个训练样本，此时仍有约数据总量 1/3 的，没在训练集中出现的样本作为测试集用于测试，这样的测试结果，亦被称为"包外估计"（out-of-bag estimate）。

自助法在数据集较小，难以有效划分训练 / 测试集时很有用；此外，自助法能从初始数据集中产生多个不同的训练集，这对集成学习（强学习分类器）等方法有很大的好处，然而，自助法产生的数据集改变了初始数据集的分布，这会引入估计偏差。

数据集 D 分为 D_1、D_2、D_3、D_4 数据集，假设已知自助采样的数据集结果，比较自助法采样产生的数据集分布和初始数据集的分布。

初始数据集 D 的概率分布：

$$P(D) = P(D_1)P(D_2)P(D_3)P(D_4) \tag{3.44}$$

第一次自助采样 D'_1 的概率分布：

$$P(D'_1) = P(D_1)P(D_1)P(D_2)P(D_2) \tag{3.45}$$

第二次自助采样 D'_2 的概率分布：

$$P(D'_2) = P(D_2)P(D_3)P(D_3)P(D_4) \tag{3.46}$$

由上述表达式可知，初始数据集 D 与自助采样数据集 D'_1、自助采样数据集 D'_2 的概率分布不一样，且自助法采样的数据集正负类别比例与原始数据集不同，因此用自助法采样的数据集代替初始数据集来构建模型存在估计偏差。

本小节讨论了三种机器学习模型评估方法：留出法、交叉验证法、自助法。留出法和交叉验证法虽然通过分层抽样的方法没有改变初始数据集正负类别的比例，但是训练数据集的样本数少于原始数据集，训练数据集的概率分布与原始数据集的概率分布不一样，因此留出法和交叉验证法在构建模型时存在估计偏差；自助法虽然样本总量和初始数据集一样，但是改变了初始数据集的分布和正负类别比例，用自助法抽样的数据集分布来代替初始数据集的分布，同样存在估计偏差。

因此，对于小样本的数据集，建议采用自助法抽样，然后用强训练分类器构建模型；对于大一点的样本数据集则建议采用十折交叉验证法，超大样本数据则建议采用留出法构建模型。

3.3.3　性能度量

对学习器的泛化性能进行评估，不仅需要有效可行的实验评估方法，还需要有衡量模型泛化能力的评价标准，这就是性能度量。性能度量反映了任务需求，在对比不同模型的能力时，使用不同的性能度量往往会导致不同的评判结果；这意味着模型的"好"与"坏"是相对的，什么样的模型是好的，不仅取决于算法和数据，还取决于任务需求。本小节主要介绍分类任务中常用的性能度量。

（1）错误率与精度。错误率和精度是分类任务中最常用的两种性能度量。错误率是指分类错误的样本数占样本总数的比例。精度是指分类正确的样本数占样本总数的比例。对样例集 D，分类错误率定义如下：

$$E(f;D) = \frac{1}{m}\sum_{i=1}^{m} I(f(x_i) \neq y_i) \tag{3.47}$$

精度定义如下：

$$acc(f;D) = \frac{1}{m}\sum_{i=1}^{m} I(f(x_i) = y_i) = 1 - E(f;D) \tag{3.48}$$

更一般地，对于数据分布 D 和概率密度函数 $p(\cdot)$，错误率和精度可分别描述如下：

$$E(f;D) = \int_{x \to D} I(f(x) \neq y)p(x)\mathrm{d}x \tag{3.49}$$

$$acc(f;D) = \int_{x \to D} I(f(x) = y)p(x)\mathrm{d}x = 1 - E(f;D) \tag{3.50}$$

（2）查准率（P）、查全率（R）与 $F1$。对于二分类问题，可将样例根据其真实类别与学习器预测类别的组合划分为真正例（TP）、假正例（FP）、真反例（TN）和假反例（FN）四种情形，令 TP、FP、TN、FN 分别表示其对应的样例数，则显然有 $TP+FP+TN+FN=$ 样例总数。分类结果的混淆矩阵见表 3-1。

表 3-1　混淆矩阵

真实情况	预测结果	
	正例	反例
正例	TP（真正例）	FN（假反例）
反例	FP（假正例）	TN（真反例）

查准率（P）与查全率（R）分别定义如下：

$$P = \frac{TP}{TP + FP} \tag{3.51}$$

$$R = \frac{TP}{TP + FN} \tag{3.52}$$

可以看到查准率和查全率反映了分类器性能的两个方面，而且二者是相互矛盾的。如果模型很贪婪，想要覆盖更多的样本，那么它就更有可能犯错，在这种情况下，会有很高的 R，但是 P 较低。如果模型很保守，只对它很确定的样本进行预测，那么 P 会很高，但是 R 会相对低。

如果综合考虑查准率与查全率，可以得到新的评价指标 $F1$，也称为综合分类率。它的公式如下：

$$F1 = \frac{2}{\frac{1}{P} + \frac{1}{R}} \tag{3.53}$$

$F1$ 平衡了查准率与查全率，而且采用调和平均，原因是调和平均会在 P 和 R 相差较大时偏向较小的值，得到最后的结果偏差，比较符合人的主观感受。

（3）ROC 与 AUC。ROC 曲线全称"受试者工作特征曲线"（Receiver Operating Characteristic Curve）。ROC 曲线是以真正例率（True Positive Rate，TPR）和假正例率（False Positive Rate，FPR）为轴，取不同的阈值点画的。它源于"二战"中用于敌机检测的雷达信号分析技术，20 世纪 60—70 年代开始被用于一些心理学、医学检测中，此后被引入机器学习领域。ROC 的纵轴是真正例率 TPR；横轴是假正例率 FPR。

AUC 是 ROC 曲线下的面积。一般来说，如果 ROC 是光滑的，那么基本可以判断没有太大的过拟合，这个时候可以只根据 AUC 调整模型，面积越大一般认为模型越好。

ROC 曲线与 AUC 示意图如图 3-6 所示。

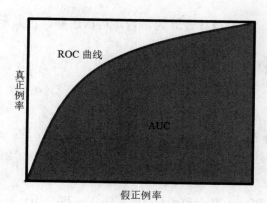

图 3-6　ROC 曲线与 AUC 示意图

概率图模型概述

3.4　概率图模型

3.4.1　隐马尔可夫模型（HMM）

隐马尔可夫模型（Hidden Markov Model，HMM）是将分词作为字在字符串中的序列标注任务来实现的。其基本思路是，每个字在构造一个特定的词语时都占据着一个确定的构词位置，现规定每个字有 4 个构词位置，即 B（词首）、M（词中）、E（词尾）、S（单独成词），那么下面句子（1）的分词结果就可以直接表示成（2）所示的逐字标注形式：

（1）中文 / 分词 / 是 / 文本处理 / 不可或缺 / 的 / 一步！

（2）中 /B 文 /E/ 分 /B 词 /E 是 /S 文 /B 本 /M 处 /M 理 /E 不 /B 可 /M 或 /M 缺 /E 的 /S 一 /B 步 /E！ /S。

用数学抽象表示如下：

$$\lambda = \lambda_1 \lambda_2 \cdots \lambda_n \qquad (3.54)$$

其中，n 为句子的长度，λ_i 表示每个字，$o = o_1 o_2 \cdots o_n$ 代表输出的标签，那么理想的输出如下：

$$\max = \max P(o_1 o_2 \cdots | \lambda = \lambda_1 \lambda_2 \cdots \lambda_n) \qquad (3.55)$$

在分词任务上，o 即为 B、M、E、S 这 4 种标记，λ 为诸如"中""文"等句子中的每个字（包括标点等非中文字符）。

需要注意的是，$P(o \mid \lambda)$ 是关于 $2n$ 个变量的条件概率，且 n 不固定。因此，几乎无法对 $P(o \mid \lambda)$ 进行精确计算。这里引入观测独立性假设，即每个字的输出仅仅与当前字有关，于是就能够得到下式：

$$P(o_1 o_2 \cdots | \lambda = \lambda_1 \lambda_2 \cdots \lambda_n) = P(o_1 | \lambda_1) P(o_2 | \lambda_2) \cdots P(o_n | \lambda_n) \qquad (3.56)$$

事实上，$P(o_k \mid \lambda_k)$ 的计算要容易得多。通过观测独立性假设，目标问题得到了极大的简化。然而该方法完全没有考虑上下文，且会出现不合理的情况。例如按照之前假定的 B、M、E 和 S 标记，正常来说，B 后面只能是 M 或者 E，然而基于独立性假设，很可能得到 BBB、BEM 等的输出，这显然是不合理的。

HMM 就是用来解决该问题的一种方法。在上面的公式中，我们一直期望求解的是 $P(o \mid \lambda)$，通过贝叶斯公式就能够得到

$$P(o | \lambda) = \frac{P(o, \lambda)}{P(\lambda)} = \frac{P(\lambda | o) P(o)}{P(\lambda)} \qquad (3.57)$$

其中，λ 为给定的输入，因此 $P(\lambda)$ 计算为常数，可以忽略，由此最大化 $P(o\mid\lambda)$ 等价于最大化 $P(\lambda\mid o)P(o)$。

针对 $P(\lambda\mid o)P(o)$ 做马尔可夫假设，得到

$$P(\lambda\mid o)=P(\lambda_1\mid o_1)P(\lambda_2\mid o_2)\cdots P(\lambda_n\mid o_n) \tag{3.58}$$

同时，对 $P(o)$ 有

$$P(o)=P(o_1)P(o_2\mid o_1)P(o_3\mid o_1,o_2)\cdots P(o_n\mid o_1,o_2,\cdots,o_{n-1}) \tag{3.59}$$

这里 HMM 做了另外一个假设——齐次马尔可夫假设，每个输出仅仅与上一个输出有关，那么

$$P(o)=P(o_1)P(o_2\mid o_1)P(o_3\mid o_2)\cdots P(o_n\mid o_{n-1}) \tag{3.60}$$

于是

$$P(\lambda\mid o)P(o)\rightarrow P(\lambda_1\mid o_1)P(o_2\mid o_1)P(\lambda_2\mid o_2)P(o_3\mid o_2)\cdots P(\lambda_n\mid o_n)P(o_n\mid o_{n-1}) \tag{3.61}$$

在 HMM 中，将 $P(\lambda_k\mid o_k)$ 称为发射概率，$P(o_k\mid o_{k-1})$ 称为转移概率。通过设置某些 $P(o_k\mid o_{k-1})=0$，可以排除 BBB、BEM 等不合理的组合。

事实上，式（3-60）的马尔可夫假设就是一个二元语言模型，当将齐次马尔可夫假设改为每个输出与前两个有关时，就变成了三元语言模型。当然在实际分词应用中还是多采用二元模型，因为相比三元模型，其计算复杂度要小很多。

在 HMM 中，求解 $\max P(\lambda\mid o)P(o)$ 采用一种动态规划方法，其核心思想是，如果最终的最优路径经过某个 o_i，那么从初始节点到 o_{i-1} 点的路径必然也是一个最优路径，因为每一个节点 o_i 只会影响前后两个 $P(o_{i-1}\mid o_i)$ 和 $P(o_i\mid o_{i+1})$。

根据这个思想，可以通过递推的方法，在考虑每个 o_i 时只需要求出所有经过各 o_{i-1} 的候选点的最优路径。HMM 的状态转移图如图 3-7 所示。

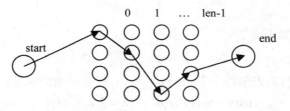

图 3-7　HMM 的状态转移图

3.4.2　条件随机场模型

在 2001 年，拉弗蒂（Lafferty）等学者们提出了条件随机场（Conditional Random Fields，CRF 或 CRFs），其主要思想来源于 HMM，也是一种用来标记和切分序列化数据的统计模型。不同的是，条件随机场是在给定观察的标记序列下，计算整个标记序列的联合概率，而 HMM 是在当前给定的状态下，定义下一个状态分布。条件随机场是一种判别式概率模型，是随机场的一种，常用于标注或分析序列资料，如自然语言文字或是生物序列。条件随机场是条件概率分布模型 $P(Y|X)$，表示的是给定一组输入随机变量 X 的条件下，另一组输出随机变量 Y 的马尔可夫随机场，也就是说 CRF 的特点是假设输出随机变量构成马尔可夫随机场。条件随机场可被看作最大熵马尔可夫模型在标注问题上的推广。

条件随机场为无向图模型，在条件随机场中，随机变量 Y 的分布为条件概率，给定的观察值则为随机变量 X。原则上，条件随机场的图模型布局是可以任意给定的，一般常用

的布局是链结式的架构，链结式架构无论在训练（training）、推论（inference）或是解码（decoding）上，都存在效率较高的算法可供演算。条件随机场是一个典型的判别式模型，其联合概率可以写成若干势函数联乘的形式，其中最常用的是线性链条件随机场。

条件随机场定义为，设 $X = (X_1, X_2, X_3, \cdots, X_n)$ 和 $Y = (Y_1, Y_2, Y_3, \cdots, Y_n)$ 是联合随机变量，若随机变量 Y 构成一个无向图 $G = (V, E)$ 表示的马尔可夫模型，则其条件概率分布 $P(Y|X)$ 称为条件随机场（CRF），即：

$$P(Y_v \mid X, Y_w, w \neq v) = P(Y_v \mid X, Y_w, w \rightarrow v) \qquad (3.62)$$

其中，$w \rightarrow v$ 表示图 $G = (V, E)$ 中与节点 v 有边连接的所有节点，$w \neq v$ 表示节点 v 以外的所有节点。

这里简单举例说明随机场的概念。现有若干个位置组成的整体，当给某一个位置按照某种分布随机赋予一个值后，该整体就被称为随机场。以地名识别为例，假设定义了如表3-2所列规则。

表3-2 地理命名实体标记

标注	含义
B	当前词为地理命名实体的首部
M	当前词为地理命名实体的内部
E	当前词为地理命名实体的尾部
S	当前词单独构成地理命名实体
O	当前词不是地理命名实体或组成部分

现有由 n 个字符构成的 NER 的句子，每个字符的标签都在已知的标签集合（"B""M""E""S""O"）中选择，当我们为每个字符选定标签后，就形成了一个随机场。若在其中加一些约束，如所有字符的标签只与相邻的字符的标签相关，那么就转化成马尔可夫随机场问题。从马尔可夫随机场到条件随机场就好理解很多，其假设马尔可夫随机场中有 X 和 Y 两种变量，X 一般是给定的，Y 是在给定 X 条件下的输出。在前面的例子中，X 是字符，Y 是标签，$P(X|Y)$ 就是条件随机场。

在条件随机场的定义中，并没有要求变量 X 与变量 Y 具有相同的结构。实际在自然语言处理中，多假设其结构相同，即：

$$X = (X_1, X_2, X_3, \cdots, X_n) \quad Y = (Y_1, Y_2, Y_3, \cdots, Y_n) \qquad (3.63)$$

结构如图3-8所示。

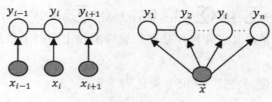

图3-8 线性链条随机场

一般将这种结构称为线性链条随机场，其定义为，设 $X = (X_1, X_2, X_3, \cdots, X_n)$ 和 $Y = (Y_1, Y_2, Y_3, \cdots, Y_n)$ 均为线性链表示的随机变量序列，若在给定的随机变量序列 X 的条件下，随机变量序列 Y 的条件概率分布 $P(X|Y)$ 构成条件随机场，且满足马尔可夫性：

$$P(Y_i \mid X, Y_1, Y_2, \cdots, Y_n) = P(Y_i \mid X, Y_{i-1}, Y_{i+1}) \qquad (3.64)$$

则称 $P(X|Y)$ 为线性链的条件随机场。

相比于 HMM，这里的线性链 CRF 不仅考虑了上一个状态 Y_{i-1}，还考虑后续状态 Y_{i+1}，在图 3-9 中对 HMM 和线性链 CRF 做了一个对比。

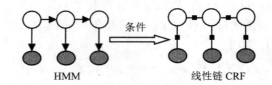

图 3-9　HMM 和线性链 CRF 对比图

可以看到 HMM 是一个有向图，线性链 CRF 是一个无向图。因此，在使用 HMM 时，每个状态依赖上一个状态，而线性链 CRF 依赖于当前状态的周围节点状态。

以上是对于线性链 CRF 的算法思想的介绍，接下来讲解如何将其应用于命名实体识别过程中。

以地名识别为例，对句子"我来到马家村"进行标注。正确标注后应为"我 /O 来 /O 到 /O 马 /B 家 /M 村 /E"。采用线性链 CRF 来进行解决，那么（O，O，O，B，M，E）是其中一种标注序列，（O，O，O，B，B，E）也是一种标注序列，类似的可选标注序列有很多，在 NER 任务就是在如此多的可选标注序列中，找出最靠谱的作为句子的标注。

判断标注序列靠谱与否就是我们要解决的问题。就上面的两种分法而言，显然第二种没有第一种准确，因为其将"马"和"家"都作为地名首字标成了"B"，一个地名两个首字符显然不合理。假如给每个序列打分，分值代表序列的靠谱程度，越高代表越靠谱，那么可以定一个规则，若在标注序列中出现两个连续的"B"结构，则给它低分。

上面说的给连续"B"结构打低分就对应一条特征函数。在线性链 CRF 中，定义一个特征函数集合，然后使用特征集合为标注序列打分，据此选出最靠谱的标注序列。该序列的分值是通过综合考虑特征集合中的函数得出的。

在 CRF 中有两种特征函数，分别为转移函数 $t_k(y_{i-1}, y_i, i)$ 和状态函数 $s_l(y_i, X, i)$。$t_k(y_{i-1}, y_i, i)$ 依赖于当前和前一个位置，表示从标注序列中位置 $i-1$ 的标记 y_{i-1} 转移到位置 i 上的标记 y_i 的概率。$s_l(y_i, X, i)$ 依赖当前的位置，表示标记序列在位置 i 上的标记 y_i 的概率。通常特征函数取值为 1 或 0，表示是否符合该条规则约束。完整的线性链 CRF 的参数化形式如下：

$$P(y|x) = \frac{1}{Z(x)} \exp\left(\sum_{i,k} \lambda_k t_k(y_{i-1}, y_i, i) + \sum_{i,l} \mu_l s_l(y_i, X, i)\right) \tag{3.65}$$

$$Z(x) = \sum_y \exp\left(\sum_{i,k} \lambda_k t_k(y_{i-1}, y_i, i) + \sum_{i,l} \mu_l s_l(y_i, X, i)\right) \tag{3.66}$$

其中，$Z(x)$ 是规范化因子，其求和操作是在所有可能输出序列上做的；λ_k 和 μ_l 为转移函数和状态函数对应的权值。

通常，为了计算方便，将式（3.65）简化为下式：

$$P(y|x) = \frac{1}{Z(x)} \exp\left(\sum_j \sum_i w_j f_j(y_{i-1}, y_i, x, i)\right) \tag{3.67}$$

对应的 $Z(x)$ 表示如下：

$$Z(x) = \sum_y \exp\left(\sum_j \sum_i w_j f_j(y_{i-1}, y_i, x, i)\right) \tag{3.68}$$

其中，$f_j(y_{i-1}, y_i, x, i)$ 为式（3-65）中 $t_k(y_{i-1}, y_i, i)$ 和 $s_l(y_i, X, i)$ 的统一符号表示。

使用 CRF 来做命名实体识别时，目标要求是 $\arg\max_y P(y|x)$。该问题与 HMM 求解最大可能序列路径一样，采用的也是维特比算法。

当解决标注问题时，HMM 和 CRF 都是不错的选择。然而相较于 HMM，CRF 能够捕捉全局信息，并能够进行灵活的特征设计，因此一般效果要比 HMM 好很多。当然，也由于此，一般 CRF 实现起来复杂度会高很多。

3.4.3 LDA 模型

隐狄利克雷分配模型（LDA）是由大卫·布雷（David Blei）等在 2003 年提出的，该方法的理论基础是贝叶斯理论。LDA 根据词的共现信息的分析，拟合出词－文档－主题的分布，进而将词、文本都映射到一个语义空间中。

LDA 算法假设文档中主题的先验分布和主题中词的先验分布都服从狄利克雷分布。在贝叶斯学派看来，先验分布 + 数据（似然）= 后验分布。例如，通过对已有数据的统计，就可以得到每篇文档中主题的多项式分布和每个主题对应词的多项式分布，也就是我们最后需要的结果。那么求解具体的 LDA 模型的一种主流方法就是吉布斯采样。结合吉布斯采样的 LDA 模型训练过程一般如下：

（1）随机初始化，对语料中每篇文档中的每个词 w，随机地赋予一个主题（topic）编号 z。

（2）重新扫描语料库，对每个词 w 按照吉布斯采样公式重新采样它的 topic，在语料中进行更新。

（3）重复以上语料库的重新采样过程直到吉布斯采样收敛。

（4）统计语料库的主题 - 词（topic-word）共现频率矩阵，该矩阵就是 LDA 模型。

经过以上步骤，就得到一个训练好的 LDA 模型。LDA 具体流程看起来似乎并不是非常复杂，但是这里有许多需要注意的地方，例如怎么确定共轭分布中的超参，怎么通过狄利克雷分布和多项式分布得到它们的共轭分布，具体要怎么实现吉布斯采样等，每一个环节都有许多复杂的数学推导过程。想要深入地对具体理论进行了解，需要较长的一段时间，此处不进行展开介绍，感兴趣的读者可自行了解。

通过上面 LDA 算法，得到了文档对主题的分布和主题对词的分布，接下来就可以通过这些分布信息计算文档与词的相似性，继而得到文档最相似的词列表，最后就可以得到文档的关键词。

3.5　集成学习

3.5.1　个体与集成

集成学习通过构建并结合多个学习器来完成学习任务，有时也被称为多分类器系统、基于委员会的学习等。在分类问题中，它通过改变训练样本的权重，学习多个分类器，并将这些分类器进行线性组合，提高分类的性能。

集成学习基于这样一种基本思想：先产生一组个体学习器，再使用某种策略将它们结合起来。个体学习器通常由一个现有的学习算法从训练数据中产生，个体学习器也常称为"组件学习器"。集成学习的一般结构如图 3-10 所示。

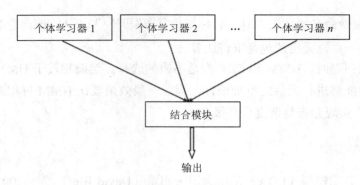

图 3-10　集成学习的一般结构

　　根据个体学习器的生成方式，目前集成学习的方法大致可以分为两大类，即个体学习器之间存在强依赖关系、必须串行生成的序列化方法，以及个体学习器之间不存在强依赖关系、可同时生成的并行化方法；前者的代表是提升算法（Boosting），后者的代表有引导聚集算法（Bagging）和随机森林（RF）等。

3.5.2　XGboost 模型

　　极端梯度提升（XGboost）是一种集成学习算法，属于三类常用的集成方法（Bagging、Boosting、Stacking）中的 Boosting 算法类别。它是一个加法模型，基模型一般选择树模型，但也可以选择其他类型的模型，如逻辑回归等。

　　XGboost 属于梯度提升树（GBDT）模型这个范畴，GBDT 的基本思想是让新的基模型（GBDT 以 CART 分类回归树为基模型）去拟合前面模型的偏差，从而不断将加法模型的偏差降低。相比于经典的 GBDT，XGboost 做了如下改进，从而在效果和性能上有明显的提升。

　　（1）GBDT 将目标函数泰勒展开至一阶，而 XGboost 将目标函数泰勒展开至二阶。保留了更多有关目标函数的信息，有助于提升效果。

　　（2）GBDT 是给新的基模型寻找新的拟合标签（前面加法模型的负梯度），而 XGboost 是给新的基模型寻找新的目标函数（目标函数关于新的基模型的二阶泰勒展开）。

　　（3）XGboost 加入了叶子权重的 L2 正则化项，因而有利于模型获得更低的方差。

　　（4）XGboost 增加了自动处理缺失值特征的策略。通过把带缺失值的样本分别划分到左子树或者右子树，比较两种方案下目标函数的优劣，从而自动对有缺失值的样本进行划分，无须对缺失特征进行填充预处理。

　　（5）XGboost 还支持候选分位点切割、特征并行等，可以提升性能。

　　XGboost 是一个监督模型，XGboost 对应的模型本质是若干 CART 树。用若干树做预测，就是将每棵树的预测值加到一起作为最终的预测值。对于分类问题，由于 CART 树的叶子节点对应的值是一个实际的分数，而非一个确定的类别，这将有利于实现高效的优化算法。XGboost 被广泛应用的原因一是准，二是快，之所以快，其中就有选用 CART 树的一份功劳。XGboost 模型的数学表示如下：

$$\hat{y}_i = \sum_{k=1}^{K} f_k(x_i), f_k \in \varGamma \tag{3.69}$$

其中，K 表示树的棵数，$\varGamma$ 表示所有可能的 CART 树，f 表示一棵具体的 CART 树。这个模型由 K 棵 CART 树组成。XGboost 模型的目标函数如下：

$$obj(\theta) = \sum_{i}^{n} l(y_i, \hat{y}_i) + \sum_{k=1}^{K} \Omega(f_k) \tag{3.70}$$

这个目标函数同样包含两部分，第一部分就是损失函数，第二部分就是正则项，这里的正则化项由 K 棵树的正则化项相加而来。

获取 XGboost 模型和它的目标函数后，训练的任务就是通过最小化目标函数来找到最佳的参数组，进而确定最优的树结构。

3.5.3 Bagging 和随机森林

（1）Bagging 是并行集成学习方法最著名的代表。给定包含 m 个样本的数据集，先随机抽取出一个样本放入采样集中，再把该样本放回初始数据集，使得下次采样时该样本仍有可能被选中，经过 m 次随机采样操作，得到含 m 个样本的采样集，初始训练集中有的样本在采样集里多次出现，有的则从未出现。

这样，我们可采样出 T 个含 m 个训练样本的采样集，然后基于每个采样集训练出一个基学习器，再将这些基学习器进行结合，这就是 Bagging 的基本流程。在对预测输出进行结合时，Bagging 通常对分类任务使用简单投票法，对回归任务采用简单平均法。若分类预测时出现两个类收到同样票数的情形，则最简单的做法是随机选择一个，也可以通过进一步考查学习器投票的置信度来确定最终胜者。Bagging 算法如下。

1）输入：训练集 $D=\{(x_1,y_1), (x_2,y_2), \cdots, (x_m,y_m)\}$；基学习算法 $\mathcal{L}$；训练轮数 T。

2）过程：for $t = 1, 2, \cdots, T$ do

$\qquad\qquad h_i = \mathcal{L}(D, D_{bs})$

$\qquad\qquad$ end for

3）输出：$H(x) = \underset{y \in \mathcal{Y}}{\arg\max} \sum_{t=1}^{T} I(h_t(x) = y)$。

（2）随机森林简称 RF，是 Bagging 的一个扩展变体。RF 在以决策树为基学习器构建 Bagging 集成的基础上，进一步在决策树的训练过程中引入了随机属性选择。传统决策树在选择划分属性时是在当前结点的属性集合（假定有 d 个）中选择一个最优的属性，而在 RF 中，对基决策树的每个节点，先从该结点的属性集合中随机选择一个包含 k 个属性的子集，然后再从这个子集中选择一个最优属性用于划分。这里的参数 k 控制了随机性的引入程度：若令 $k=d$，则基决策树的构建与传统决策树相同；若令 $k=1$，则是随机地选择一个属性用于划分；一般情况下推荐使用 $k=\log_2 d$。

随机森林具有简单、容易实现和计算开销小的特点，它在很多现实任务中展现出强大的性能，被称为"代表集成学习技术水平的方法"。可以看出，随机森林只对 Bagging 做了小改动，但是与 Bagging 中基学习器的"多样性"仅通过样本扰动而来不同，随机森林中基学习器的多样性不仅来自样本的扰动，还来自属性的扰动，这就使得最终集成的泛化性能可通过个体学习器之间差异度的增加而进一步提升。

3.6 人工神经网络与深度学习

3.6.1 人工神经网络与深度学习概述

近些年，由于数据爆炸式增长以及计算力的提升，深度学习有了极大突破，而大部分

人工神经网络与深度学习摘要

NLP 相关的书籍还没有对这部分内容进行更新，所以本小节将重点介绍这方面的知识，加深读者对人工神经网络及深度学习的理解和运用。

人工神经网络思想来源于仿生学对大脑机制的探索，即希望通过对大脑的模拟达到智能的目的，神经网络理论技术就是在这样的目标下摸索发展出来的。神经网络是由具有自适应的简单单元组成的广泛的、并行的、互联的网络，它的结构模拟了生物神经网络系统对真实世界所做出的交互反应。特别是从 2006 年以来，杰弗里·辛顿（Geoffrey Hinton）在神经网络领域有了重大的突破，深度学习将人工智能发展带入了一个新时代。

由于人工神经网络可以对非线性过程进行建模，因此可以解决如分类、聚类、回归、降维、结构化预测等一系列复杂问题，加之计算机产业革命，计算机运算能力的指数级提升，以及近年来数据的爆炸式增长，使得需要大量云算力的深层人工神经网络得到大规模应用。深度学习技术先是横扫了图像识别、机器视觉、语音识别等应用场景，近年来在迁移学习、强化学习等领域都有很大的进展，例如 Google 的 AlphaGo Zero 围棋 AI，走过了人类 3000 年的围棋探索之路，突破了人类在围棋领域智能的边界。近年来，深度学习也在被大量应用到 NLP 相关领域，取得了重大的突破。

深度学习作为机器学习的一个重要分支，可以自动地学习合适的特征与多层次的表达与输出，在 NLP 领域，主要是在信息抽取、命名实体识别、词性标注、文本分析、拼写检查、语音识别、机器翻译、问答系统、搜索引擎、推荐系统等方向都有成功应用。和传统方式相比，深度学习的重要特性是用词向量来表示各种级别的元素。传统的算法一般会用统计等方法去标注，而深度学习会直接通过词向量表示，然后通过深度网络进行自动学习。深度学习在自然语言处理各个应用领域取得了巨大的成功。本小节将逐层介绍目前在 NLP 中比较流行的深度学习算法及应用，从反向传播（BP）神经网络到卷积神经网络（CNN），再到循环神经网络（RNN）与长短期记忆网络（LSTM）。

3.6.2 BP 神经网络

BP 神经网络通常指基于误差反向传播算法的多层前向神经网络。BP 算法由信号的前向传播和误差的反向传播两个过程组成。在信号的前向传播过程中，输入样本从输入层进入网络，经隐含层逐层传递至输出层，如果输出层的实际输出与期望输出不同，则转至误差反向传播过程；如果输出层的实际输出与期望输出相同或网络不再收敛，则结束学习算法。在误差反向传播过程中，输出误差将按照原通路反传计算，通过隐含层反向传播至输入层。在该过程中，误差将会分配给各层的神经元，获得各层神经元的误差信号，并将其作为修正各单元权值的依据。整个过程基于梯度下降法实现，不停地调整各层神经元的权值和阈值，使得误差信号降低到最低。

在如今神经网络纷繁多样的深度学习大环境中，实际应用中 90% 的神经网络系统都是基于 BP 算法实现的。BP 神经网络在函数逼近、模式识别、数据压缩等领域有着非常广泛的应用。

在 BP 神经网络中，单个样本有 i 个输入，记为 $x_i(x_1, x_2, x_3, \cdots, x_i)$，有 k 个输出记为 $y_k(y_1, y_2, y_3, \cdots, y_k)$，网络的期望输出为 d_k，记为 $d_k(d_1, d_2, d_3, \cdots, d_k)$，在输入层和输出层之间通常设有若干隐含层。一个三层的 BP 网络可以完成任意数据的 m 维到 n 维的映射。现定义一个三层的神经网络，其各层分别是输入层、隐含层和输出层，如图 3-11 所示。

BP 神经网络分为两个工作过程，即信号前向传播过程和误差信号反向传播过程。

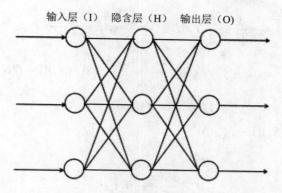

图 3-11 单隐含层神经网络结构图

（1）信号前向传播。现在假设输入层（I）和隐含层（H）之间的权值为 w_{ij}，i 和 j 分别是输入层和隐含层节点，隐含层节点 j 的阈值为 b_j，每个隐含层节点的输出值为 x_j，每个神经元的输出值根据上一层神经元输出结果、两层之间的权值、当前节点的阈值和激活函数计算得出。具体计算方法如下：

$$S_j = \sum_{i=1}^{m} w_{ij}x_i + b_j \tag{3.71}$$

$$x_j = f(S_j) \tag{3.72}$$

其中，f 为激活函数，一般选取 S 型函数或者线性函数。在 BP 神经网络中，输入层节点没有阈值。

（2）误差信号反向传播。在 BP 神经网络中，误差信号反向传递过程比较复杂，它是基于 Widrow-Hoff 学习规则的。简而言之，训练网络中调整神经元参数的目的是令网络输出层的所有期望值 d_k 和网络输出层的实际输出 y_k 之间的残差最小化。两者之间的损失函数如下：

$$E(w,b) = \frac{1}{2}\sum_{j=0}^{n-1}(d_k - y_k)^2 \tag{3.73}$$

从式（3.73）可以得出，BP 神经网络的主要目的是在反复的迭代中调整权值和阈值，使得损失函数的值达到最小。Widrow-Hoff 学习规则是通过沿着相对误差平方和的梯度下降最快方向，不断调整网络的权值和阈值。根据梯度下降法，权值矢量的修正与当前位置上 $E(w,b)$ 的梯度成正比。

对于第 j 个输出节点有

$$E(w,b) = \frac{1}{2}\sum_{j=0}^{n-1}(d_j - y_j)^2 \tag{3.74}$$

$$\Delta w(i,j) = -\eta \frac{\partial E(w,b)}{\partial w(i,j)} \tag{3.75}$$

当激活函数为 Sigmoid 函数时，有

$$f(x) = \frac{1}{1+e^{-x}} \tag{3.76}$$

对激活函数求导

$$f'(x) = f(x)(1 - f(x)) \tag{3.77}$$

根据误差函数对权值 w_{ij} 求导得

$$\frac{\partial E(w,b)}{\partial w_{ij}} = \frac{1}{\partial w(i,j)} \frac{1}{2} \sum_{j=0}^{n-1} (d_j - y_j)^2 = (d_j - y_j) \frac{\partial d_j}{\partial w_{ij}}$$

$$= (d_j - y_j) f'(S_j) \frac{\partial S_j}{\partial w_{ij}} = (d_j - y_j) f(S_j)(1 - f(S_j)) \frac{\partial S_j}{\partial w_{ij}} \quad (3.78)$$

$$= (d_j - y_j) f(S_j)(1 - f(S_j)) x_i = \delta_{ij} x$$

其中 $\delta_{ij} = (d_j - y_j) f(S_j)(1 - f(S_j))$。

同样对于 b_j 有

$$\frac{\partial E(w,b)}{\partial b_j} = \delta_{ij} \quad (3.79)$$

这就是著名的 Widrow-Hoff 学习规则。该规则通过改变神经元之间的连接权值来减少实际输出和期望输出之间的误差。根据上述公式及梯度下降法，对于隐含层和输出层之间的权值和阈值可以调整如下：

$$w_{ij} = w_{ij} - \eta_1 \frac{\partial E(w,b)}{\partial w_{ij}} = w_{ij} - \eta_1 \delta_{ij} x_i \quad (3.80)$$

$$b_j = b_j - \eta_2 \frac{\partial E(w,b)}{\partial b_j} = b_j - \eta_2 \delta_{ij} \quad (3.81)$$

至此，BP 神经网络的权值更新完成。

3.6.3　卷积神经网络（CNN）

卷积神经网络最初用于图像识别，对于大型图像处理有出色的表现。卷积神经网络由一个或多个卷积层、池化层和最后的全连接层组成。卷积神经网络通过对图像进行局部扫描，提取其中的特征，再通过多层处理，增加所提取的特征感受范围。另外，每次完成特征提取后通常会按照特定的规则消去一部分数据，这样既降低了所要计算的参数规模，又增强的网络的拟合能力。这一模型也可以使用反向传播算法进行训练。

除了图像识别外，卷积神经网络在文本和语音识别领域也有很好的应用。目前已经发展出了多种模型，包括 AlexNet、VGG，以及 ResNet 等。在 NLP 领域，一般使用卷积操作处理词向量序列，生成多通道特征图，对特征图采用时间维度上的最大池化操作得到与此卷积核对应的整句话的特征，最后将所有卷积核得到的特征拼接起来即为文本的定长向量表示。对于文本分类问题，将网络连接至 Softmax 层即可构建出完整的模型。在实际应用中，会使用多个卷积核来处理数据，窗口大小相同的卷积核堆叠起来形成一个矩阵，这样可以更高效地完成运算。本小节主要介绍卷积神经网络的背景知识和经典的 LeNet-5 模型。

卷积神经网络所具有的结构元素如下：

（1）卷积层。卷积神经网络中每个卷积层由若干卷积单元构成，每个卷积单元的参数都是通过反向传播算法最优化得到的。卷积运算的目的是提取输入的不同特征，第一层卷积可能只提取一些低级的特征，如边缘、线条和角等层级，更多层的网络能从低级特征中迭代提取更复杂的特征。

（2）池化层。池化是卷积神经网络中另一个重要概念，它实际上是一种下采样。池化层会不断减小数据空间的大小，因此参数的数量和计算量也会下降，这在一定程度上也控制了过拟合。通常来说，CNN 的卷积层之间都会周期性地插入池化层。

（3）全连接层。全连接层是卷积神经网络的一种基本结构，它的每一个神经元都与上一层的所有神经元相连，用来把前面提取到的特征综合起来。在卷积神经网络中全连接层起到将通过卷积层与池化层学习到的分布式特征表示映射到样本标记空间的作用。卷积神经网络中的全连接层可由卷积操作实现。

（4）损失函数层。用于决定训练过程如何来"惩罚"网络的预测结果和真实结果之间的差异，它通常是网络的最后一层。各种不同的损失函数适用于不同类型的任务。

在此，以经典的 LeNet-5 模型为例，对一个完整的卷积神经网络结构进行介绍。LeNet-5 诞生于 1994 年，由深度学习的三巨头之一的杨立昆（Yann LeCun）提出，他也被称为卷积神经网络之父。LeNet-5 主要被用来进行手写字符的识别与分类，准确率达到98%，并在美国的银行中投入使用，被用于读取北美约 10% 的支票。LeNet-5 奠定了现代卷积神经网络的基础。

图 3-12 为简化的 LeNet-5 结构图，该结构是一个五层网络结构：两个卷积层、两个下采样层和一个全连接层。该模型通过前向传播阶段和后向传播阶段（神经网络训练阶段）即可完成手写字符的识别。

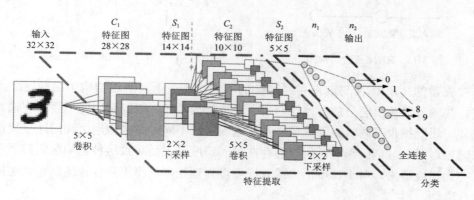

图 3-12 LeNet-5 结构图

3.6.4 循环神经网络（RNN）与 LSTM

通常可以把 RNN 看成是一种回路，在回路中神经网络反复出现，可以将它看作人的大脑中某一个神经元在不同时间段的不同状态，随着时间的推移，它所具备的信息会不断变化。这就使得 RNN 在处理具有时间特性的序列化数据时具有优越性。

RNN 和一般的神经网络相同，有超过三层的神经网络结构，以三层结构为例，对 RNN 做进一步的描述。

假设 RNN 隐藏层中的激励函数为 $f(x)$，输出层的激励函数为 $g(x)$，有

$$h^t = f(n_{hj}^t) \tag{3.82}$$

其中，n_{hj}^t 表示 t 时刻第 j 个神经元的隐藏层带参输入，h^t 表示 t 时刻隐藏层的输出。

$$n_{hj}^t = x^t V + h^{t-1} W + b_h \tag{3.83}$$

其中，x^t 表示 t 时刻输入层的输入，V 表示输入层到输出层的参数，W 表示不同时刻隐藏层之间的参数，b_h 表示隐藏层的计算偏差向量。

$$y^t = g(n_{yj}^t) \tag{3.84}$$

其中，y^t 表示 t 时刻预测的输出，n_{yj}^t 表示第 j 个神经元的输出层在 t 时刻的带参输入。

$$n_{yj}^{t} = h^{t}U + b_{y} \tag{3.85}$$

其中，U 表示从隐藏层到输出层的参数，b_{y} 表示输出层的计算偏差向量。

上述参量是三层网络结构中涉及的中间量，用于表示 RNN 的网络结构，具体的网络结构如图 3-13 所示。

可以看出数据信息在隐藏层中经过了多次的自传递，这也是 RNN 主要在做的工作。该结构图通常展开为更形象的三层结构图，有利于将模型推广到整个网络，展开后的效果如图 3-14 所示。RNN 中最主要的特点就是隐藏层之间相互关联，而从图 3-14 中可以清楚地看出这层关联是基于时间节点的，RNN 的动态特征也由此而来。

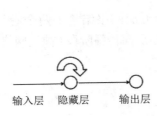

图 3-13　RNN 三层结构图

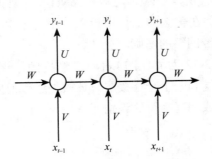

图 3-14　展开后的 RNN 三层结构

需要强调的是，RNN 与前向神经网络的不同点还在于其网络结构中隐藏层之间的相互作用，其输入、输出层与前向神经网络并没有什么差异，而隐藏层除了要接收输入层的输入以外，还要接收不同时刻隐藏层自身的输入。在不同时刻隐藏层之间的连接权值决定了过去时刻对当前时刻的影响，所以会存在时间跨度过大而导致这种影响削弱甚至消失的现象，称为梯度消失。对于梯度消失或者梯度爆炸理论，这里不进行详述，有兴趣的读者可以自行查阅。

LSTM 是 RNN 的一个衍生版本，其对 RNN 在隐藏层方面做了改进。具体改进是 LSTM 将 RNN 的每个隐藏层替换为一个 LSTM 单元，LSTM 单元结构如图 3-15 所示。

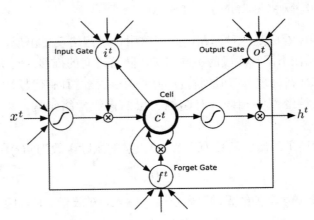

图 3-15　LSTM 单元结构

相比于 RNN，LSTM 多了三个门结构，分别为输入门（Input Gate）、输出门（Output Gate）和遗忘门（Forget Gate）。输入层信息和前一个 LSTM 单元传递的信息存储到 LSTM 细胞（Cell）时会通过这三种门的控制，三种门的计算方式如下：

$$ni^{t} = x^{t}i_{wx} + h^{t-1}i_{wh} + i_{b} \tag{3.86}$$

$$i^t = g(ni^t) \tag{3.87}$$

$$no^t = x^t o_{wx} + h^{t-1} o_{wh} + o_b \tag{3.88}$$

$$o^t = g(no^t) \tag{3.89}$$

$$nf^t = x^t f_{wx} + h^{t-1} f_{wh} + f_b \tag{3.90}$$

$$f^t = g(nf^t) \tag{3.91}$$

其中输入信息 ni^t、no^t、nf^t 分别表示经过输入门、输出门和遗忘门的信息。i_{wx}、o_{wx}、f_{wx} 分别表示输入层信息经过激励函数处理后输入给三种门处理的信息。i_{wh}、o_{wh}、f_{wh} 表示上一个 LSTM 细胞传递的信息经过激励函数处理后需要输入三种门处理的信息。i_b、o_b、f_b 是三种门处理对应产生的计算偏差向量。

确定了三种门的输入输出信息后，LSTM 还引入了名为 Cell 的中间状态，此状态中保存了过去的历史信息，而 Cell 的更新方式则依赖于前一时刻的信息和当前时刻产生的新信息。遗忘门的信息用于更新前一个 LSTM 细胞传递的信息，输入门用于更新 Cell 新产生的信息，更新后的 Cell 信息经过激励函数处理再乘以输出门信息得到新的输出信息，用于传递给该神经元的输出层和下一个神经元的 LSTM 细胞。在实际过程中，三种门会并行处理接收到的信息，而 Cell 状态能够防止出现记忆模糊的情况，实际上也因此缓解了 RNN 中梯度消失的问题。

本章小结

本章从基于概率论的传统机器学习角度介绍了 NLP 的算法体系。作为机器学习的重要分支，NLP 领域经常要用到机器学习的一些算法，这里详细介绍了机器学习的一般概念、方法，从机器学习的基本原理方法到机器学习的一般过程和应用都有所涉及，包括分类和聚类、朴素贝叶斯、工业界常用的逻辑回归和支持向量机以及 k-means。作为本书的基础与核心章节之一，希望读者在阅读完本章后，能够对经典的机器学习算法有所了解，并且在后续章节中用到这些知识的时候能够举一反三、灵活运用。

第4章 中文分词

本章导读

词是有意义的语言成分里最小的独立单位。如何将词确定下来是理解语言的首要任务。分词技术是后续所有自然语言处理的基础，中文分词更是中文文本处理的基础。当前主流的中文分词算法主要有三大类：基于词表的分词算法、基于统计模型的分词算法、基于序列标注的分词算法。其中，基于词表的分词算法主要有正向最大匹配、逆向最大匹配和双向最大匹配三种最常用的算法，基于统计模型的分词算法以 N-gram 模型最为常用，基于序列标注的分词算法以隐马尔可夫模型为典型代表。本章将分别介绍这些中文分词算法和常用的 Jieba 分词工具，希望读者能够基于相应实例了解各种中文分词算法的原理，并掌握使用 Jieba 分词工具进行中文分词的方法。

本章要点

- 正向最大匹配算法（FMM）
- 逆向最大匹配算法（RMM）
- 双向最大匹配算法（BM）
- N-gram 分词算法
- 隐马尔可夫模型（HMM）
- 维特比（Viterbi）算法
- Jieba 分词工具

英文通过空格来分隔单词，而中文的"词"并没有符号进行分隔。虽然英文也存在划分短语的问题，但对于"词"的划分，中文比英文要更复杂、更难。中文的词是以字为基本单位的，但是文本的语义表达是以词来进行划分的。所以，在处理中文文本的时候，要将完整的中文语句切分转化成一系列词的表示，这个过程就是中文分词的处理过程。可通过计算机自动识别并切分句子里的词，用标记符做间隔，从而得出分词结果。

所谓中文分词，简单理解就是将一个完整的中文句子，切分成一系列的词单元。例如，将句子"我要学习中文分词"切分成词单元"我、要、学习、中文、分词"。目前，中文分词的算法主要有基于词表的分词算法、基于统计模型的分词算法、基于序列标注的分词算法三大类。

4.1 基于词表的分词算法

基于词表的分词算法也称为基于规则的分词算法，它是一种机械分词方法，主要通过维护词典，在切分词语的时候，将文本中的字符串序列与词典中的词进行逐一匹配，匹配成功则进行分词。这种分词算法应用广泛，分词速度快，实现简单，但是存在难以对有歧义或者未录入词表的词正确处理的缺点。

根据文本扫描以及切分匹配的方式不同，基于词表的分词算法主要包括以下三种：

（1）正向最大匹配法（由左到右的方向）。

（2）逆向最大匹配法（由右到左的方向）。

（3）双向最大匹配法（进行由左到右、由右到左两次扫描）。

4.1.1 正向最大匹配算法

正向最大匹配（Forward Maximum Matching，FMM）算法指从左向右扫描文本，寻找词的最大匹配。

1. 算法的基本思想

首先比较词典中所有的词语，得到词典中最长词的长度为最大长度 max。例如：词典中最长词为"燕山大学"共 4 个汉字，则最大匹配起始字数为 4 个汉字，即 max=4。然后从待分词文本的最左端（句首）开始，按照从左向右的顺序进行扫描，扫描的字符长度为 max。在扫描得到的字符串与词典中的词进行匹配的过程中，如果匹配成功，则切分出该词；如果匹配失败，则去掉字符串最右边的一个字，然后利用剩下的字符串重新和词典中的词进行匹配，直到剩余字符串与词典中的词完全匹配。当前字符串匹配完成后，接着按照最大长度 max 从左向右左进行文本扫描、匹配，直到扫描到句尾，全都匹配成功。

2. 算法举例

【例 4.1】用正向最大匹配法对"秦皇岛今天晴空万里"进行中文分词，见表 4-1。

表 4-1 正向最大匹配法中文分词

text	0	1	2	3	4	5	6	7	8
文本	秦	皇	岛	今	天	晴	空	万	里

词典："秦皇岛""岛""今天""天晴""晴空万里""万里"……

【案例分析】

根据当前词典，单词扫描的最大长度 max=4（实际的词典最大长度可能会更大）。

（1）从 text[0] 开始扫描，扫描到 text[3]，得到"秦皇岛今"，对比词典发现，"秦皇岛今"不是词典中的词，所以去掉最右边的"今"字，得到"秦皇岛"；再和词典中的词进行匹配，发现"秦皇岛"是词典中的词，匹配成功，由此切分出"秦皇岛"一词。

（2）从 text[3] 开始扫描，扫描到 text[6]，得到"今天晴空"，对比词典发现，"今天晴空"不是词典中的词语，所以去掉最右边的"空"字，得到"今天晴"；再和词典中的词进行匹配，发现"今天晴"不是词典中的词，所以去掉最右边的"晴"字，得到"今天"；再和词典中的词进行匹配，发现"今天"是词典里的词，匹配成功，由此切分出"今天"一词。

（3）从 text[5] 开始扫描，扫描到 text[8]，得到"晴空万里"，对比词典发现，"晴空万里"是词典中的词，匹配成功，由此切分出"晴空万里"一词。此时到达句末，扫描结束。

最终分词结果："秦皇岛""今天""晴空万里"。

3. 注意事项

（1）这里要做到最大匹配，所以不一定第一次匹配成功就可以切分。

（2）为提升扫描效率，也可以根据汉字数量的情况来设计多个词典，然后根据字数分别从不同词典中进行扫描。

4.1.2 逆向最大匹配算法

逆向最大匹配（Reverse directional Maximum Matching，RMM）算法指从右向左扫描

文本，寻找词的最大匹配。其基本原理与正向最大匹配法类似，区别在于分词扫描及切分的方向与正向最大匹配法相反。

1. 算法的基本思想

首先比较词典中所有的词语，得到词典中最长词的长度为最大长度。从待分词文本的最右端（句尾）开始，按照从右往左的顺序进行扫描，每次扫描的字符长度为从词典中确定的最大长度。在扫描得到的字符串与词典中的词进行匹配的过程中，如果匹配成功，则切分出该词；如果匹配失败，则去掉字符串最左边的一个字，然后利用剩下的字符串重新和词典中的词进行匹配，直到剩余字符串与词典中的词完全匹配。当前字符串匹配完成后，接着按照最大长度从右向左进行文本扫描、匹配，直到扫描到句首。

2. 算法举例

【例 4.2】用逆向最大匹配法对"秦皇岛今天晴空万里"进行中文分词，见表 4-2。

表 4-2　逆向最大匹配法中文分词

text	0	1	2	3	4	5	6	7	8
文本	秦	皇	岛	今	天	晴	空	万	里

词典："秦皇岛""岛""今天""天晴""晴空万里""万里"……

【案例分析】

根据当前词典，单词扫描的最大长度 max=4。

（1）从 text[8] 开始扫描，从右向左扫描到 text[5]，得到"晴空万里"，对比词典发现，"晴空万里"是词典中的词，匹配成功，由此切出"晴空万里"一词。

（2）从 text[4] 开始扫描，从右向左扫描到 text[1]，得到"皇岛今天"，对比词典发现，"皇岛今天"不是词典中的词，所以去掉最左边的"皇"字，得到"岛今天"；再和词典中的词进行匹配，发现"岛今天"不是词典中的词，所以去掉最左边的"岛"字，得到"今天"；再和词典中的词进行匹配，发现"今天"是词典中的词，匹配成功，由此切分出"今天"一词。

（3）从 text[2] 开始扫描，从右向左扫描到 text[0]，得到"秦皇岛"，对比词典发现，"秦皇岛"是词典中的词，匹配成功，由此切分出"秦皇岛"一词。此时到达句首，扫描结束。

最终分词结果："秦皇岛""今天""晴空万里"。

3. 注意事项

（1）逆向最大匹配算法使用的分词词典是逆序词典，里面的每个词都将按逆序方式存放。在实际应用过程中，可以将待分词文本进行倒排处理，从而生成逆序文本，然后再根据逆序词典，对逆序文本用正向最大匹配算法进行处理。

（2）在中文中，由于偏正结构较多，所以从后向前进行匹配会提高精确度，因此，逆向最大匹配算法比正向最大匹配算法的误差要小。统计结果表明，单纯使用正向最大匹配的错误率为 1/169，单纯使用逆向最大匹配的错误率为 1/245。例如，对"你今天很好看"这一句文本进行分词，按照正向最大匹配算法得到的分词结果是"你 / 今天 / 很好 / 看"，按照逆向最大匹配算法得到的分词结果是"你 / 今天 / 很 / 好看"。

4.1.3　双向最大匹配算法

双向最大匹配（Bidirectction Matching，BM）算法是把正向最大匹配与逆向最大匹配这两种算法都实施一遍，比较后选择最优结果。

1. 算法的基本思想

将正向最大匹配算法和逆向最大匹配算法得到的分词结果进行比较，从而决定正确的分词方法。双向最大匹配算法的基本思想如图 4-1 所示。

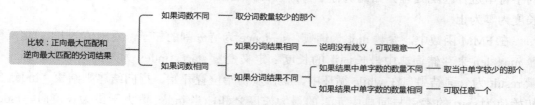

图 4-1 双向最大匹配算法的基本思想

SunM S 和 Benjamin K T（1995）的研究表明，中文有 90.0% 左右的句子用正向最大匹配算法和逆向最大匹配算法进行分词的结果是完全重合且正确的。如前面分析的例子，对于"秦皇岛今天晴空万里"这句文本，用正向最大匹配算法和逆向最大匹配算法进行中文分词的结果是完全一样且正确的。除此之外，只有大概 9.0% 的句子使用两种分词方法得到的结果不一样，但其中必有一个是正确的（歧义检测成功）；只有不到 1.0% 的句子使用正向最大匹配算法和逆向最大匹配算法的分词结果虽重合却是错的，或者正向最大匹配算法和逆向最大匹配算法分词结果不同但两个都不对（歧义检测失败）。鉴于此，双向最大匹配算法在实用中文信息处理系统中得以广泛使用。

2. 算法举例

【例 4.3】用双向最大匹配算法对"我一个人去海边玩"进行中文分词。

【案例分析】

根据前面的例子，我们可以得到如下结果：

正向匹配的分词结果："我""一个""人""去""海边""玩"。

逆向匹配的分词结果："我""一""个人""去""海边""玩"。

可以发现，两种算法的分词结果词数相同，虽然分词结果略有不同，但结果中单字数量相同，所以分词结果任取一个即可。

【例 4.4】用双向最大匹配算法对"孩子喜欢在野生动物园玩"进行中文分词。

【案例分析】

根据前面的例子，我们可以得到如下结果：

正向匹配的分词结果："孩子""喜欢""在野""生动""物""园""玩"。

逆向匹配的分词结果："孩子""喜欢""在""野生""动物园""玩"。

可以发现，两种算法的分词结果是不同的，结果中正向最大匹配的分词结果词数比逆向匹配的分词结果词数多，所以分词结果取词数较少的，即逆向最大匹配的分词结果。

3. 注意事项

基于词表的分词算法虽然简单快速，但对于未登录词以及切分歧义的情况无法处理。

4.1.4 案例实现

【例 4.5】对"在野生动物园玩"这句中文文本，分别使用三种基于词表的分词算法进行分词。

【案例分析】

（1）定义正向最大匹配的函数 FMM。假定分词中的最长词有 max_len 个汉字字符，

基于词表的分词算法
案例讲解

则用被处理文档的当前字符串的前 max_len 个字符作为匹配字段，查找字典。若字典中存在这样的一个 max_len 字词，则匹配成功，匹配字段被作为一个词切分出来。如果词典中找不到这样的一个 max_len 字词，则匹配失败，将匹配字段中的最后一个字去掉，对剩下的字符串进行匹配处理。如此进行下去，直到匹配成功，即切分出一个词或剩余字符串的长度为零为止。

在 FMM 函数中，参数 dict 为词典，sentence 为待分割的句子，返回值为 list。定义变量 max_len 来存储词典中最长词汇的长度；定义变量 start、index 为匹配词所需下标，变量 result 为分词结果。在 while 循环中，start 从初始位置开始，指向结尾则结束。index 的初始值为 start 的索引与词典中元素的最大长度之和，当 index 值大于最大长度时，index 指向句子末尾。在嵌套的 for 循环中，当分词在字典中时，或者切分到最后一个字时，将其加入到结果列表中；如果切分出一个词，则 start 设置到 index 处。如果匹配失败，则去掉最后一个字符。

核心代码如下：

```python
# 正向最大匹配（FMM）
def FMM(dict, sentence):
    """
    dict: 词典
    sentence: 句子
    """
    fmmresult = []
    max_len = max([len(item) for item in dict])    # 词典中最长词长度
    start = 0
    # FMM 为正向，start 从初始位置开始，指向结尾即为结束
    while start != len(sentence):
        # index 的初始值为 start 的索引 + 词典中元素的最大长度或句子末尾
        index = start + max_len
        if index > len(sentence):
            index = len(sentence)
        for i in range(max_len):
            # 当分词在字典中时或分到最后一个字时，将其加入到结果列表中
            if (sentence[start:index] in dict) or (len(sentence[start:index]) == 1):
                # print(sentence[start:index], end='/')
                fmmresult.append(sentence[start:index])
                # 分出一个词，start 设置到 index 处
                start = index
                break
            # 如果匹配失败，则去掉最后一个字符
            index += -1
    return fmmresult
```

（2）定义逆向最大匹配的函数 RMM。RMM 与 FMM 类似，不同的是分词切分的方向与 FMM 相反。逆向最大匹配算法从被处理文档的末端开始匹配扫描。假定分词中的最长词有 max_len 个汉字字符，则用被处理文档的当前字符串的前 max_len 个字符作为匹配字段，查找字典。若字典中存在这样的一个 max_len 字词，则匹配成功，匹配字段被作为一个词切分出来。如果词典中找不到这样的一个 max_len 字词，则匹配失败，将匹配字段中的最前面一个字去掉，对剩下的字符串进行匹配处理。如此进行下去，直到匹配成功，即切分出一个词或剩余字符串的长度为零为止。

在 RMM 函数中，参数 dict 为词典，sentence 为待分割的句子，返回值为 list。定义

变量 max_len 来存储词典中最长词汇的长度；定义变量 start、index 为匹配词所需下标，变量 result 为分词结果。在 while 循环中，start 从末尾位置开始，指向开头位置则结束。index 的初始值为 start 的索引与词典中元素的最大长度之差，当 index 值小于 0 时，index 指向句子开头。在嵌套的 for 循环中，当分词在字典中时，或者切分到最后一个字时，将其加入到结果列表中；如果切分出一个词，则 start 设置到 index 处。如果匹配失败，则去掉最前面一个字符。

核心代码如下：

```python
# 逆向最大匹配（RMM）
def RMM(dict, sentence):
    """
    dict: 词典
    sentence: 句子
    """
    # 词典中最长词长度
    rmmresult = []
    max_len = max([len(item) for item in dict])
    start = len(sentence)
    # RMM 为逆向，start 从末尾位置开始，指向开头位置即为结束
    while start != 0:
        # 逆向时 index 的初始值为 start 的索引 – 词典中元素的最大长度或句子开头
        index = start - max_len
        if index < 0:
            index = 0
        for i in range(max_len):
            # 当分词在字典中时或分到最后一个字时，将其加入到结果列表中
            if (sentence[index:start] in dict) or (len(sentence[index:start]) == 1):
                # print(sentence[index:start], end='/')
                rmmresult.insert(0, sentence[index:start])
                # 分出一个词，start 设置到 index 处
                start = index
                break
            # 如果匹配失败，则去掉最前面一个字符
            index += 1
    return rmmresult
```

（3）定义双向最大匹配的函数 BM。双向最大匹配算法是将正向最大匹配算法 FMM 得到的分词结果和逆向最大匹配算法 RMM 得到的结果进行比较，从而决定正确的分词方法。

在 BM 函数中，参数 dict 为词典，sentence 为待分割的句子，返回值为 list。定义变量 max_len 来存储词典中最长词汇的长度；定义变量 start、index 为匹配词所需下标，变量 result 为分词结果；定义变量 res1 与 res2 为 FMM 与 RMM 结果，res1_sn 和 res2_sn 为两个分词结果的单字数量。对 res1 和 res2 进行比较，如果分词结果完全相同，取任意一个；如果分词结果的词数相同，但结果不同，则取其中分词结果单字数量较少的；如果分词结果不同，取分词所得结果的词数较少的。

核心代码如下：

```python
# 双向最大匹配（BM）
def BM(dict, sentence):
    res1 = FMM(dict, sentence)   # res1 为 FMM 结果
    res2 = RMM(dict, sentence)   # res2 为 RMM 结果
    if len(res1) == len(res2):
```

```
        if res1 == res2:        # FMM 与 RMM 的结果相同时，取任意一个
            return res1
        else:    # res1_sn 和 res2_sn 为两个分词结果的单字数量，返回单字较少的
            res1_sn = len([i for i in res1 if len(i) == 1])
        res2_sn = len([i for i in res2 if len(i) == 1])
            return res1 if res1_sn < res2_sn else res2
    else:  # 分词数不同则取分出词较少的
        return res1 if len(res1) < len(res2) else res2
```

（4）分别调用 FMM、RMM、BM 函数，对三种算法进行分词对比。

定义词典变量 dict，定义待分词文本变量 sentence，输出结果时直接调用 FMM、RMM、BM 函数，对比三种分词算法。

核心代码如下：

```
dict = [' 今日 ',' 阳光明媚 ',' 光明 ',' 明媚 ',' 阳光 ',' 我们 ',' 在 ',' 在野 ',' 生动 ',' 野生 ',' 动物园 ',
        ' 野生动物园 ',' 物 ',' 园 ',' 玩 ']
sentence = ' 在野生动物园玩 '
print("the results of FMM :\n", FMM(dict, sentence), end="\n")
print("the results of RMM :\n", RMM(dict, sentence), end="\n")
print("the results of BM :\n", BM(dict, sentence))
```

【运行结果】

```
the results of FMM :
[' 在野 ',' 生动 ',' 物 ',' 园 ',' 玩 ']
the results of RMM :
[' 在 ',' 野生动物园 ',' 玩 ']
the results of BM :
[' 在 ',' 野生动物园 ',' 玩 ']
```

4.2 基于统计模型的分词算法

基于词表的分词算法虽然简单高效，但是词典的维护工作量很大，如今信息技术和互联网如此发达，词语不断出新，词量与日俱增，词典的更新速度很难满足分词的需要。同时，随着大规模语料库的建立，以及统计机器学习的研究与发展，基于统计模型的分词算法逐步被广泛应用。

由于歧义的存在，一段文本存在多种可能的切分结果（切分路径），基于词表的分词算法使用机械规则的方法选择最优路径，而基于统计模型的分词算法则是利用统计信息找出一条概率最大的路径。例如：

```
秦皇岛市长途汽车站
秦皇岛 / 市 / 长途 / 汽车 / 站
秦皇岛 / 市 / 长途 / 汽车站
秦皇岛 / 市 / 长途汽车站
秦皇岛 / 市长 / 途 / 汽车 / 站
秦皇岛 / 市长 / 途 / 汽车站
秦皇岛市 / 长途 / 汽车站
秦皇岛市 / 长途汽车站
……
```

在本例中，可以采用基于统计模型的分词算法，根据已知的数据来判断哪一种句子划分的概率最大，选择概率最大的句子划分作为最终的分词结果。

4.2.1 *N*-gram 模型

N-gram 模型称为 *N* 元模型，它是一种语言模型（Language Model，LM），该语言模型是一个基于概率的判别模型，其输入是一句话（词的顺序序列），输出是这句话的概率，即这句话里所有词的联合概率。

在分词中应用 *N*-gram 模型是将文本里的内容按照字节进行大小为 *N* 的滑动窗口操作，形成长度为 *N* 的字节片段序列。每一个字节片段称为 gram，对所有 gram 的出现频率进行统计，并且按照事先设定好的阈值进行过滤，形成关键 gram 列表，即该文本的向量特征空间，列表中的每一种 gram 就是一个特征向量维度。

N-gram 模型可应用在文化研究、分词应用、语音识别、输入法、词性标注、垃圾短信分类、机器翻译、语音识别、模糊匹配等领域。

4.2.2 基于 *N*-gram 模型的分词算法

1. 算法的基本思想

N 元模型认为当前词的出现概率只与它前面的 *N*-1 个词相关，通过大量的语料统计便可以得知句子中每个词的出现概率，继而计算出整个句子的出现概率。如果一个句子的出现概率越大，则越符合自然语言的规律。

N-gram 模型中的 *N* 指的是当前词依赖它前面的词的个数。通常 *N* 可以取 1、2、3、4，其中 *N* 取 1、2、3 时分别称为 unigram（一元分词）、bigram（二元分词）、trigram（三元分词），最常用的是 bigram 和 trigram。理论上，*N* 越大则 *N*-gram 模型越准确，但也越复杂，所需计算量和训练语料数据量也越大。

2. 概率的计算

词出现的概率可以直接通过从语料中统计 *N* 个词同时出现的次数得到。对于一个句子 *W*，假设 *W* 是由词序列 W_1，W_2，W_3，$\cdots$，W_n 组成的，那么概率可按如下公式计算：

$$P(W) = P(W_1 W_2 W_3 \cdots W_n) = P(W_1)P(W_2 \mid W_1)P(W_3 \mid W_1 W_2) \cdots P(W_n \mid W_1 W_2 \cdots W_{n-1}) \quad (4.1)$$

3. 算法的操作步骤

基于 *N*-gram 模型的分词算法的操作一般有如下步骤：

（1）建立 *N*-gram 统计语言模型。

（2）对句子进行单词划分，找出所有可能的分词情况。

（3）对分词的划分结果进行概率计算，找出出现可能性最大的分词序列。

4. 算法举例

【例4.6】基于 *N*-gram 模型算法对"我喜欢观赏日出"进行中文分词。

【案例分析】

（1）待分词文本。

X = "我喜欢观赏日出"

（2）对于待分词文本提出分词方案。

Y1 = {"我喜"，"欢观"，"赏"，"日出"}
Y2 = {"我喜"，"欢"，"观赏"，"日出"}
Y3 = {"我"，"喜"，"欢观"，"赏日"}
Y4 = {"我"，"喜欢"，"观赏"，"日出"}

（3）概率计算。

P(Y1) = P(我喜)*P(欢观 | 我喜)*P(赏 | 欢观)*P(日出 | 赏)

P(Y2) = P(我喜)*P(欢 | 我喜)*P(观赏 | 欢)*P(日出 | 观赏)

P(Y3) = P(我)*P(喜 | 我)*P(欢观 | 喜)*P(赏日出 | 欢观)

P(Y4) = P(我)*P(喜欢 | 我)*P(观赏 | 喜欢)*P(日出 | 观赏)

在 4 个方案中，"我喜欢"在语料库中比较常见，所以 P(喜欢 | 我) 的概率就比较大。而"欢观赏日出"这样的词出现的可能性比较低，所以 P(赏日出 | 欢观) 的概率就比较低，同理分析其他概率，可得出 P(Y4) 比 P(Y1)、P(Y2)、P(Y3) 的值大，因此第四种分词方案最佳。

5. 算法的特点

基于 N-gram 模型的分词算法是在原有中文算法基础上进行了改进，设计并且实现了新的中文分词系统，既实现了文本的快速分词，又提高了中文分词的准确性，但其计算开销比较大，并且仍然存在未登录词难以处理的问题。

4.2.3　案例实现

【例 4.7】对"我喜欢观赏日出"这句中文文本，使用基于 N-gram 模型的分词算法进行分词。

【案例分析】

此分词算法分两步开展：首先获取待切分句子的所有切分方案，之后从所有方案中选取最优的切分方案。依据封装原理，定义 Bigram 类进行实现。

需要先导入所需的 json 库和 math 模块：

```
import json
from math import log10
```

（1）在 Bigram 类中定义函数 __init__，用于初始化 Bigram 类。在函数中，初始化词典、词频统计、标点符号等变量。核心代码如下：

```
def __init__(self, punc, wordset, bigram_wordset):
    self.DICT = wordset                    # 词典
    self.BIGRAM = bigram_wordset           # 词与相邻词的频率统计
    self.PUNC = punc                       # 标点符号
    self.alpha = 2e-4                      # 用于未登录词
```

（2）在 Bigram 类中定义函数 _forwardSplitSentence，用于获取 sentence 所有可能的切分方案。此函数是实现本分词算法的核心功能函数之一。在函数中，变量 sentence 表示待切分文本，word_max_len 代表最大词长，split_groups 用于存储所有方案，最终要返回切分方案列表。核心代码如下：

```
# 用于获取 sentence 所有可能的切分方案
def _forwardSplitSentence(self, sentence, word_max_len=5):
    """
    前向切分
    :param sentence: 待切分文本
    :param word_max_len: 最大词长
    :return: 切分方案列表
    """
    # 所有可能的切分方案
    split_groups = []                      # 用于存储所有方案
    sentence = sentence.strip()            # 去除空格
    sentence_len = len(sentence)
    if sentence_len < 2:                   # sentence 只有一个词时，不用切分
        return [[sentence]]
```

基于 N-gram 模型的分词算法案例讲解

```
        # 取待划分句子长度和最大词长度之中的较小值
        range_len = [sentence_len,word_max_len][sentence_len > word_max_len]
        current_groups = []              # 保存当前二切分结果
        single_cut = True                # 是否需要从第一个字后进行切分
        for i in range(1, range_len)[::-1]: # 反向取值，i 依次取 range_len-1,range_len-2,...,1
            # 子词串在词典中存在，进行二分切分
            if self.DICT.__contains__(sentence[:i]) and i != 1:  # 逆向切分，不从第一个字后切分
                current_groups.append([sentence[:i], sentence[i:]])
                single_cut = False
        # 没有在字典词组中匹配到，或者第 2 个字和第 3 个字构成词
        if single_cut or self.DICT.__contains__(sentence[1:3]):
            current_groups.append([sentence[:1], sentence[1:]]) # 从第 1 个字后切分
        # 词长为 2 时，为未登录词的概率较大，保留"为词"的可能性
        if sentence_len == 2:
            current_groups.append([sentence])
        # 对每一个切分，递归组合
        for one_group in current_groups:        # one_group 为一种二划分结果
            if len(one_group) == 1:             # 划分集合中只有一个词，无须再划分
                split_groups.append(one_group)
                continue
            # 对二划分的后一个分片进行再次划分，得到所有划分方案
            for child_group in self._forwardSplitSentence(one_group[1]):
                child_group.insert(0, one_group[0])   # 在方案前添加二划分的前一个分片
                split_groups.append(child_group)       # 加入到结果集
        return split_groups
```

（3）在 Bigram 类中定义函数 getPValue，用于查询二元概率。此函数是实现本分词算法的另一核心功能函数。在函数中，front_word 为前向词，word 是当前词，返回 $P(W_i|W_{i-1})$。核心代码如下：

```
def getPValue(self, front_word, word):
    """
    查询二元概率
    :param front_word: 前向词
    :param word: 当前词
    :return: P(Wi|Wi-1)
    """
    if front_word in self.BIGRAM and word in self.BIGRAM[front_word]:
        return self.BIGRAM[front_word][word]
    return self.alpha
```

（4）在 Bigram 类中定义函数 _maxP，用于计算最大概率的切分组合。在函数中，变量 sentence 表示待切分句子，word_max_len 为最大不切分词长，返回最优切分方案。核心代码如下：

```
def _maxP(self, sentence, word_max_len=5):
    # 获取切分组合
    split_words_group = self._forwardSplitSentence(sentence, word_max_len=word_max_len)
    max_p = -99999
    best_split = []                          # 存放结果
    value_dict = {}                          # 存放已经计算过概率的子序列
    value_dict[u'<start>'] = dict()          # u'<start>' 是句子第一个词的前向词
    for split_words in split_words_group[::-1]:  # 取方案
        words_p = 0                          # 记录概率
        try:
            for i in range(len(split_words)):
                word = split_words[i]
```

```
            if i == 0:                                    # 第一个词，特殊处理
                if word not in value_dict[u'<start>']:
                    # 获取该词在（前向词 | 词）中的概率
                    value_dict[u'<start>'][word] = log10(self.getPValue(u'<start>', word))
                words_p += value_dict[u'<start>'][word]  # 概率累计
                continue
            front_word = split_words[i - 1]              # 找到前向词
            if front_word not in value_dict:             # 前向词不在字典中
                value_dict[front_word] = dict()          # 将前向词插入
            if word not in value_dict[front_word]:       # 前向词中没有当前词的概率
                value_dict[front_word][word] = log10( self.getPValue(front_word, word))
                                                         # 赋值
            words_p += value_dict[front_word][word]  # 每个 p(wi|wi-1) 求和
    except ValueError:
        print("Failed to calculate maxP.")
    if words_p > max_p:                                  # 获取累加概率最高的划分方案
        max_p = words_p
        best_split = split_words
return best_split
```

（5）在 Bigram 类中定义函数 segment，是分词的调用入口。相比英文，中文也具有天然的分割词，即各种标点符号，本函数将输入文本按照标点切分成多个文本，再对其分别进行分词。在函数中，定义变量 sentence 来指定出待分词文本，return 返回最终的切分序列。核心代码如下：

```
def segment(self, sentence):
    """
    分词调用入口
    :param sentence: 待切分句子
    :return: 切分词序列
    """
    words = []
    sentences = []
    # 若含有标点，以标点分割
    start = -1
    for i in range(len(sentence)):
        if sentence[i] in self.PUNC:
            sentences.append(sentence[start + 1:i])
            sentences.append(sentence[i])
            start = i
    if not sentences:  # 不含标点
        sentences.append(sentence)
    for sent in sentences:
        words.extend(self._maxP(sent))
    return words
```

（6）定义函数 getPunctuation，用于获取标点。在函数中，定义变量 file_name 来指定文本路径，is_save 表示是否保存，save_file 表示保存路径。核心代码如下：

```
def getPunctuation(file_name='199801.txt', is_save=True, save_file='punction.txt'):
    """
    获取标点
    :param file_name: 文本路径
    :param is_save: 是否保存
    :param save_file: 保存路径
    :return:
    """
```

```
            punction = set(['[', ']'])
            with open(file_name, 'rb') as f:
                for line in f:
                    content = line.decode('gbk').strip().split()
                    # 去掉第一个词 "19980101-01-001-001/m"
                    for word in content[1:]:
                        if word.split(u'/')[1] == u'w':
                            punction.add(word.split(u'/')[0])
            if is_save:
                # punction
                with open(save_file,"w",encoding='utf-8') as f:
                    f.write('\n'.join(punction))
            return punction
```

（7）定义函数 toWordSet，用于获取词典。在函数中，定义变量 file_name 来指定文本
路径，is_save 表示是否保存，save_file 表示保存路径，return 返回词典。核心代码如下：

```
def toWordSet(file_name='199801.txt', is_save=True, save_file='wordSet.json'):
    """
    获取词典
    :param file_name: 文本路径
    :param is_save: 是否保存
    :param save_file: 保存路径
    :return:
    """
    word_dict = {}
    with open(file_name, 'rb') as f:
        for line in f:
            content = line.decode('gbk').strip().split()
            # 去掉第一个词 "19980101-01-001-001/m"
            for word in content[1:]:
                word = word.split(u'/')[0]
                if not word_dict.__contains__(word):
                    word_dict[word] = 1
                else:
                    word_dict[word] += 1
    if is_save:
        # 保存 wordSet 以复用
        with open(save_file,'w',encoding='utf-8') as f:
            json.dump(word_dict, f, ensure_ascii=False, indent=2)
    print("successfully get word dictionary!")
    print("the total number of words is:{0}".format(len(word_dict.keys())))
    return word_dict
```

（8）调用函数进行分词。核心代码如下：

```
if __name__ == '__main__':
    # 加载符号
    punc = getPunctuation()
    # 加载词典
    word_set = json.load(open('wordSet.json','r',encoding='utf-8'))
    # 加载 Bigram 词表
    bigram_wordset=json.load(open('word_distri.json','r',encoding='utf-8'))
    bigram = Bigram(punc, word_set, bigram_wordset)
    s = ' 我喜欢观赏日出 '
    print(bigram.segment(s))
```

【运行结果】

我 / 喜欢 / 观赏 / 日出 /

4.3 基于序列标注的分词算法

基于序列标注的分词算法有基于隐马尔可夫模型、基于 CRF、基于 LSTM 等多种分词算法，本书中重点讲解基于隐马尔可夫模型的分词算法。

4.3.1 序列标注下的隐马尔可夫模型

在第 3.4.1 节中隐马尔可夫模型有过简单介绍，这里将进一步对此模型进行详细讲解，并介绍其在中文分词领域的具体应用。

1. 隐马尔可夫模型

隐马尔可夫模型是关于时序的概率模型，描述由一个隐藏的马尔可夫链随机生成不可观测（或称为隐状态）的状态随机序列，再由各个状态生成一个观测从而产生观测随机序列的过程。隐藏的马尔可夫链随机生成的状态的序列，称为状态序列；每个状态生成一个观测，而由此产生的观测的随机序列，称为观测序列。序列的每一个位置可以看作一个时刻。

隐马尔可夫模型常应用于序列标注的问题。它用于标注时，状态对应着标记，标注问题是给定观测序列预测其对应的标记序列。

2. 隐马尔可夫模型的表示

隐马尔可夫模型包含如下的五元组：

（1）隐状态集合 $Q=\{q_1, q_2, \cdots, q_N\}$，其中 N 为可能的状态数。

（2）观测状态集合 $V=\{v_1, v_2, \cdots, v_M\}$，其中 M 为可能的观测数。

（3）状态转移概率矩阵 $A=[a_{ij}]_{N\times N}$，其中 a_{ij} 表示从状态 i 转移到状态 j 的概率。

（4）观测状态概率矩阵 $B=[b_j(k)]_{N\times M}$，其中 $b_j(k)$ 表示在状态 j 的条件下生成观测 v_k 的概率。

（5）初始状态概率分布 $\pi=(\pi_i)$。

隐马尔可夫模型由初始状态概率分布 π、状态转移概率矩阵 A 以及观测概率矩阵 B 共同确定，A、B、π 称为隐马尔可夫模型的三要素。π 和 A 决定状态序列，B 决定观测序列，因此隐马尔可夫模型可以表示为：$\lambda=(A, B, \pi)$。

3. 隐马尔可夫模型的两个基本假设

隐马尔可夫模型有两个基本假设：马尔可夫假设和观测独立性假设。

（1）马尔可夫假设：即假设隐藏的马尔可夫链在任意时刻 t 的状态只依赖于其前一时刻的状态，与其他时刻的状态及观测无关，也与时刻 t 无关。

$$P(i_t \mid i_{t-1}, o_{t-1}, \cdots, i_1, o_1) = P(i_t \mid i_{t-1}) \quad t=1, 2, \cdots, T \tag{4.2}$$

（2）观测独立性假设：即假设任意时刻的观测只依赖于该时刻的马尔可夫链的状态，与其他观测及状态无关。

$$P(o_t \mid i_T, o_T, i_{T-1}, o_{T-1}, \cdots, i_{t+1}, o_{t+1}, i_t, i_{t-1}, o_{t-1}, \cdots, i_1, o_1) = P(o_t \mid i_t) \tag{4.3}$$

4. 隐马尔可夫模型的三个基本问题

一般地，将 HMM 表示为模型 $\lambda=(A, B, \pi)$，状态序列为 I，对应测观测序列为 O。

对于这三个基本参数，HMM 有三个基本问题：

（1）概率计算问题。给定模型 $\lambda=(A, B, \pi)$ 和观测序列 $O=(o_1, o_2, \cdots, o_t)$，计算在模型 λ

下观测序列 O 出现的概率 $P(O/\lambda)$。直接求解的方法不可行，计算量非常大，有效的方法是前向—后向算法。

（2）学习问题。已知观测序列 $O=(o_1, o_2, \cdots, o_t)$，估计模型 $\lambda=(A,B,\pi)$ 的参数，使得在该模型下观测序列概率 $P(O|\lambda)$ 最大。有监督可用极大似然估计法、无监督可用 Baum-Welch 算法。

（3）预测问题。也称为解码问题：已知模型 $\lambda=(A,B,\pi)$ 与观测序列 $O=(o_1, o_2, \cdots, o_t)$，求对给定观测序列条件概率 $P(I|O)$ 最大的状态序列 $I=(i_1, i_2, \cdots, i_t)$。即给定观测序列，求最有可能的对应的状态序列。可用近似算法和 Viterbi 算法。

4.3.2 基于隐马尔可夫模型进行中文分词

1. 基本原理

HMM 模型把分词问题转化为序列标注问题，它将分词作为字在句子中的序列标注任务来实现分词。也就是给定一个句子作为输入，以 BEMS 组成的序列串作为输出，然后再进行分词，从而得到输入句子的划分。其中 B（Begin）代表词的起始位置，M（Middle）代表词的中间位置，E（End）表示词的结束位置，S（Single）代表单字成词。

2. 算法举例

【例 4.8】基于 HMM，对"今天晴天，我们去浅水湾玩吧！"这句文本进行中文分词，见表 4-3。

表 4-3　基于隐马尔可夫模型进行中文分词

观测序列	今	天	晴	天	，	我	们	去	浅	水	湾	玩	吧	！
状态序列	B	E	B	E	S	B	E	S	B	M	E	S	S	S

【案例分析】

原句：今天晴天，我们去浅水湾玩吧！

分词结果：今天 / 晴天 /，/ 我们 / 去 / 浅水湾 / 玩 / 吧 / ！

3. 对中文分词进行形式化描述

设观测状态集合（输入句子序列）为 $O=\{o_1, o_2, \cdots, o_n\}$，隐藏状态集合（BMES 序列）$I=\{i_1, i_2, \cdots, i_n\}$，中文分词就是对给定的观测序列，求解对应的最有可能的隐藏状态序列，即求解最大条件概率 $\max P(i_1, \cdots, i_n \mid o_1, \cdots, o_n)$，利用贝叶斯公式可得

$$P(i_1, \cdots, i_n \mid o_1, \cdots, o_n) = P(o_1, \cdots, o_n \mid i_1, \cdots, i_n)P(i_1, \cdots, i_n) \tag{4.4}$$

4. 分词过程

初始状态概率分布 π：即句子的第一个字属于 {B、E、M、S} 这四种状态的概率。根据四种状态的概率分析，句子第一个字状态为 E、M 的概率为 0，即句子开头第一个字只可能是词的开始或单字。

状态转移概率矩阵 A：根据 HMM 基本假设中的马尔可夫假设，可以将问题简化为状态转移概率矩阵 A 就是从一个状态转移到另一个状态所产生的概率矩阵，即一个 4×4 的二维矩阵，其中矩阵的坐标为 {B、E、M、S}×{B、E、M、S}。

观测矩阵 B：根据观测独立性假设，观察值只取决于当前状态值，就可以认为观测矩阵 B 是在某个状态下的观察值的概率所形成的二维矩阵。例如，对于句子"今天晴天，我们去浅水湾玩吧！"，$B[0][0]$ 表示在状态"B"的条件下，出现"今"字的概率。

得到 HMM 以上信息后，就可以根据 Viterbi 算法完成分词了。

4.3.3 维特比（Viterbi）算法

在 HMM 中，常用维特比算法。

1. 算法的基本原理

维特比（Viterbi）算法实际是用动态规划解马尔可夫模型预测问题，即用动态规划求概率最大路径（最优路径）。它用于寻找最有可能产生观测事件序列的维特比路径——隐含状态序列。

2. 最优路径的特性

根据动态规划原理，最优路径具有这样的特性：如果最优路径从结点 i_t 到终点 i_T，那么这两点之间的所有可能的部分路径必须是最优的，由此表示如下：

定义在 t 时刻，状态 i 的所有单路径中的最大值为

$$\delta_t(i) = \max_{i_1, i_2, \cdots, i_{t-1}} P(i_t = i, i_{t_1}, \cdots, i_1, o_t, \cdots, o_1 | \lambda) \quad i = 1, 2, \cdots, N \tag{4.5}$$

则在 $t+1$ 时刻有

$$\delta_{t+1}(i) = \max_{1 \le j \le N} [\delta_t(j) a_{ij}] b_i(o_{t+1}), \quad i = 1, 2, \cdots, N; \ t = 1, 2, \cdots, T-1 \tag{4.6}$$

基于以上两个公式就可以完成解码，实现中文分词。

3. 算法举例

【例 4.9】基于典型的"盒子和球模型"进行抽球。假设有 3 个盒子，里面装有黑白颜色的球。球的颜色序列对应观测序列 O，盒子的序列对应状态序列 S。已知初始状态概率分布 π（表 4-4），状态转移矩阵 A（表 4-5），状态观测矩阵 B（表 4-6）。

表 4-4 初始状态概率分布 π

S	π
1	0.3
2	0.5
3	0.2

表 4-5 状态转移矩阵 A

S/S	1	2	3
1	0.5	0.3	0.3
2	0.2	0.5	0.4
3	0.3	0.2	0.3

表 4-6 状态观测矩阵 B

S/O	白	黑
1	0.5	0.5
2	0.6	0.4
3	0.3	0.7

观测序列为 $O=\{$ 白、黑、白 $\}$，求状态序列 S，其中（1，2，3）为状态。

【案例分析】

首先定义两个矩阵：

● weight[3][3]——表示在 t 时刻状态为 i 的所有单个路径中的概率最大值。

● path[3][3]——表示在 t 时刻状态为 i 的所有路径中概率最大的那条。

（1）初始化。$t=1$ 时的"白"分别是状态 1，2，3 的条件下观察得来的概率，计算见表 4-7。

表 4-7 t 为 1 时"白"的概率

状态	白
1	$0.3 \times 0.5 = 0.15$
2	$0.5 \times 0.6 = 0.3$
3	$0.2 \times 0.3 = 0.06$

此时，path 矩阵的第一列为 0。

（2）递归。根据 Viterbi 算法，$t=2$ 时的"黑"是在前一时刻的状态下观察得来的，因此，

先计算此时刻的状态最有可能是由前一时刻的哪个状态转换而来的，取最大值，再乘以前一时刻的状态下观察到"黑"的概率，计算如式（4.6）所示。

因此可以得到 weight[3][3] 矩阵，见表 4-8。

表 4-8　weight[3][3] 矩阵

状态	$t=1$	$t=2$	$t=3$
	白	黑	白
1	0.3×0.5=0.15	(0.15×0.5)×0.5=0.0375 (0.3×0.2)×0.5=0.03 (0.06×0.3)×0.5=0.009 Max= 0.0375	(0.0375×0.5)×0.5=0.009375 (0.06×0.2)×0.5=0.006 (0.084×0.3)×0.5=0.00126 Max = 0.009375
2	0.5×0.6=0.3	(0.15×0.3)×0.4=0.018 (0.3×0.5)×0.4=0.06 (0.06×0.2)×0.4=0.0048 Max= 0.06	(0.0375×0.3)×0.6=0.00675 (0.06×0.5)×0.6=0.018 (0.084×0.2)×0.6=0.01008 Max= 0.018
3	0.2×0.3=0.06	(0.15×0.3)×0.7=0.0315 (0.3×0.4)×0.7=0.084 (0.06×0.3)×0.7=0.0126 Max = 0.084	(0.0375×0.3)×0.3=0.003375 (0.06×0.4)×0.3=0.0072 (0.084×0.3)×0.3=0.00756 Max = 0.00756

path[3][3] 矩阵见表 4-9。

表 4-9　path[3][3] 矩阵

状态	$t=1$	$t=2$	$t=3$
	白	黑	白
1	0	1	1
2	0	2	2
3	0	2	3

（3）终止。在 $t=3$ 时，最大概率为 0.018，对应的最优路径的终点为 2。

（4）回溯。从最优路径的终点 2 开始，向前回溯，找到最优路径为（2，2，2）。

4.3.4　其他基于序列标注的分词算法

1. 基于条件随机场（CRF）的分词算法

基于条件随机场（Conditional Random Field，CRF）的分词算法是一种判别式的无向图模型，它试图对多个变量在给定观测值后的条件概率进行建模，常用于序列标注问题。在 CRF 的假设中，每个状态不仅仅与它前面的状态有关，还与它后面的状态有关。与隐马尔可夫模型相比，CRF 考虑的影响范围更大，顾及更多数量的特征函数以及相应权重。因此该算法的精度也更高，当然计算代价也偏高。

2. 基于循环神经网络模型的分词算法

深度学习中的循环神经网络也适用于序列标注问题，可以采用 CNN、LSTM 等深度学习模型，结合 CRF 等分类算法，从而实现中文分词。

以上分词算法不在此拓展讲解。

4.3.5　案例实现

【例 4.10】对"中国游泳队在东京奥运会上取得了优异成绩"这句中文文本，使用基

基于序列标注的
分词算法案例讲解

于 HMM 模型的分词算法进行分词。

【案例分析】

本算法分为两个步骤：首先获取待切分句子的最优状态序列，之后将最优状态序列转换为切分方案。

需要先导入以下库：

```
import numpy as np
from numpy import *
import json
```

（1）定义函数 Viterbi，应用维特比算法来求解最优状态序列。

Viterbi 算法用于求最优状态序列。在 Viterbi 函数中，sentence 表示待划分的句子；array_pi 是初始状态概率分布；array_a 是状态转移概率矩阵；array_b 是观测状态概率矩阵；STATES 为状态集合。核心代码如下：

```
# Viterbi 算法求解最优状态序列
def Viterbi(sentence, array_pi, array_a, array_b, STATES):
    weight = [{}]                                          # 动态规划表
    path = {}
    if sentence[0] not in array_b['B']:                    # 若句中首字不在开始标志 B 的观测状态中
        for state in STATES:
            if state == 'S':
                array_b[state][sentence[0]] = 0            # 为 S 的概率大
            else:
                array_b[state][sentence[0]] = -3.14e+100   # 若 state 是除 S 以外的其他值，则概率小
    # 初始化
    for state in STATES:
        # weight[t][state] 表示时刻 t 到达 state 状态的所有路径中，概率最大路径的概率值
        weight[0][state] = array_pi[state] + array_b[state][sentence[0]]
        # path[state] 表示当前到达状态 state 所经过的最优路径
        path[state] = [state]
    # 设置分词开始和结束标志
    for state in STATES:
        if state == 'B':
            array_b[state]['begin'] = 0
        else:
            array_b[state]['begin'] = -3.14e+100
    for state in STATES:
        if state == 'E':
            array_b[state]['end'] = 0
        else:
            array_b[state]['end'] = -3.14e+100
    for i in range(1, len(sentence)):
        weight.append({})
        new_path = {}
        for state0 in STATES:                              # state0 表示 sentence[i] 的状态
            items = []
            for state1 in STATES:                          # states1 表示 sentence[i-1] 的状态
                # 计算每个字符对应 STATES 的概率
                prob = weight[i - 1][state1] + array_a[state1][state0]+ array_b[state0][sentence[i]]
                items.append((prob, state1))
            best = max(items)                              # 选取概率最大的路径
```

```
        weight[i][state0] = best[0]
        new_path[state0] = path[best[1]] + [state0]
    path = new_path                    # 更新为到时刻 i 的最佳路径
    # 取最后字符所对应的状态
    prob, state = max([(weight[len(sentence) - 1][state], state) for state in STATES])
    return path[state]
```

（2）定义函数 tag_seg，根据状态序列进行分词，在表示单词结束的 'E' 处与表示单个词的 'S' 处进行切分。

在函数中，sentence 是待分词的句子，tag 是其对应的标注序列，返回分词结果。核心代码如下：

```
# 根据状态序列进行分词
def tag_seg(sentence, tag):
    word_list = []                     # 记录分词结果
    start = -1                         # 分词开始位置
    started = False                    # 是否开始分词
    if len(tag) != len(sentence):      # tag 长度需要与 sentence 长度一致
        return None
    if len(tag) == 1:
        word_list.append(sentence[0])  # 语句只有一个字，直接输出
    else:
        if tag[-1] == 'B' or tag[-1] == 'M':  # 最后一个字状态不是 'S' 或 'E' 则修改
            if tag[-2] == 'B' or tag[-2] == 'M':
                tag[-1] = 'E'
            else:
                tag[-1] = 'S'
    for i in range(len(tag)):
        if tag[i] == 'S':
            word_list.append(sentence[i])
        elif tag[i] == 'B':
            if started:                # 已开始分词，碰到 B 表示上个分词结束，结果存入
                word_list.append(sentence[start:i])
            start = i                  # 开始下个分词
            started = True             # 设置开始标志
        elif tag[i] == 'E':
            started = False            # 分词结束
            word = sentence[start:i + 1]   # 存入
            word_list.append(word)
        elif tag[i] == 'M':
            continue
    return word_list
```

（3）加载由训练集得到的统计数据，进入运行主函数。

加载由训练集得到的统计数据，分别定义 arrary_A、arrary_B、arrary_Pi 为状态转移概率矩阵、观测状态概率矩阵、初始状态概率分布。状态标签 STATES 的值包括 B、M、E、S。然后根据待分词文本，用维特比算法进行序列标注，由标签结果进行分词，从而打印出分词结果。核心代码如下：

```
# 加载由训练集得到的统计数据
pramater = json.load(open('hmm_states.txt', encoding='utf-8'))
array_A = pramater['states_matrix']          # 状态转移概率矩阵
array_B = pramater['observation_matrix']     # 观测状态概率矩阵
```

```
array_Pi = pramater['init_states']                              # 初始状态概率分布
STATES = ['B', 'M', 'E', 'S']
test = " 中国游泳队在东京奥运会上取得了优异成绩 "
tag = Viterbi(test, array_Pi, array_A, array_B, STATES)          # 使用维特比算法进行序列标注
seg = tag_seg(test, tag)                                         # 由标签结果进行分词
print('/ '.join(seg))
```

【运行结果】

中国 / 游泳队 / 在 / 东京 / 奥运 / 会 / 上 / 取得 / 了 / 优异 / 成绩

4.4　中文分词工具

中文分词工具及其使用
案例讲解

4.4.1　常见的中文分词工具

随着 NLP 技术的发展，各种中文分词工具层出不穷，常见的中文分词工具有 HanLP 分词器、Jieba（结巴）分词、哈工大的语言技术平台 LTP 及其语言云 LTP-Cloud、清华大学的中文词法分析工具包 THULAC、北京大学的中文分词工具包 pkuseg、斯坦福分词器、基于深度学习的分词系统 KCWS、新加坡科技设计大学的中文分词器 ZPar、IKAnalyzer、Jcseg、复旦大学的 FudanNLP、中文文本处理库 SnowNLP、ansj 分词器、自然语言处理工具包 NLTK、玻森中文语义开放平台 BosonNLP、简易中文分词系统 SCWS、庖丁解牛、中科院计算技术研究所 NLPIR 分词系统、腾讯文智、百度 NLP、阿里云 NLP、新浪云、搜狗分词、盘古分词等。

其中，Jieba（结巴）分词工具的应用最为普遍，其分词速度快，所以本节重点以 Jieba 分词工具为例进行讲解。

4.4.2　Jieba 分词

1. 概述

Jieba 分词是一个 Python 中文分词组件，可以实现对中文文本进行分词、词性标注、关键词抽取等功能，并且支持自定义词典。

Jieba 分词算法基于前缀词典实现高效的词图扫描，生成句子中汉字所有可能生成词情况所构成的有向无环图，再采用动态规划查找最大概率路径，从而找出基于词频的最大切分组合。对于未登录词，Jieba 分词采用了基于汉字成词能力的 HMM 模型，使用了 Viterbi 算法。

Jieba 分词在词典文件添加自定义词典速度快，适用于词典数量大于五千万的情况。但是在自定义词典时，Jieba 分词并不支持带空格的词。

2. 安装

Jieba 分词工具可以采用以下四种方法进行安装。

（1）全自动安装：在终端中输入 pip install jieba、pip3 install jieba 或者 easy_install jieba 命令进行安装。这里注意，代码对 Python 2.X、Python 3.X 均兼容。

（2）半自动安装：从官网 http://pypi.python.org/pypi/jieba/ 下载，下载并解压后运行 python setup.py。也可以从 https://github.com/fxsjy/jieba/tree/jieba3k 这个地址下载。

（3）手动安装：将 jieba 目录放置于当前目录或者 site-packages 目录。

（4）若使用 PyCharm，选择界面左上角的 File → Setting → "Project: 工程名" → Project Interpreter 命令，单击右侧的 "+"，在弹出界面的搜索栏中输入 jieba，单击 Install Package 按钮即可安装，如图 4-2 所示。

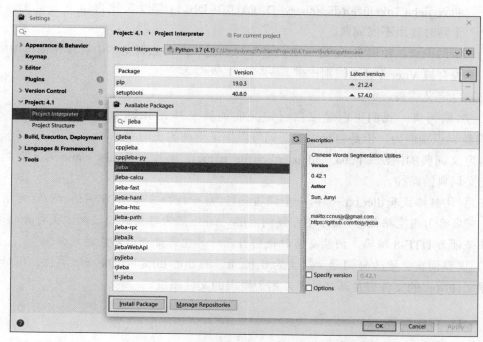

图 4-2　在 PyCharm 中安装 Jieba 分词工具

3. 三种分词模式

（1）精确模式：试图将句子最精确地切开，适合文本分析。分词默认模式就是精确模式。

（2）全模式：把句子中所有可以成词的词语都扫描出来，速度非常快，但是不能解决歧义问题。

（3）搜索引擎模式：在精确模式的基础上对长词再次切分，提高召回率，适合用于搜索引擎分词。

4. 基本应用

（1）分词。Jieba 分词工具的分词功能主要有两个方法：jieba.cut 和 jieba.cut_for_search。

1）jieba.cut 方法。jieba.cut 方法有如下三个输入参数：

- " "：待分词的字符串。
- cut_all：用来控制是否采用全模式。当值为 True 时，采用全模式进行分词；当值为 False 或者省略此参数时，采用精确模式进行分词。
- HMM：用来控制是否使用 HMM 模型。

2）jieba.cut_for_search 方法。jieba.cut_for_search 方法有如下两个输入参数：

- " "：待分词的字符串。
- HMM：是否使用 HMM 模型。

该方法适合用于搜索引擎的分词，粒度比较细。

3）注意事项。

- 待分词的字符串可以是 Unicode、UTF-8、GBK 字符串，不建议直接输入 GBK 字符串，可能会被错误解码成 UTF-8。

- jieba.cut 方法和 jieba.cut_for_search 方法返回的结构都是一个可迭代的生成器（generator），可以使用 for 循环来获得分词后得到的每一个词语，也可以使用 jieba.cut 方法和 jieba.cut_for_search 方法直接返回列表（list）。
- 通过 jieba.Tokenizer(dictionary=DEFAULT_DICT) 可以新建自定义分词器，可用于同时使用不同词典。
- 新词识别。使用 Jieba 分词工具进行分词的时候，如果文本中有没在词典中的词，也会被 Viterbi 算法识别出来。

（2）自定义词典。

1）加载词典。我们可以建立自己定义的词典来补充 Jieba 词库里没有的词。虽然 Jieba 有新词识别能力，但是自行添加新词可以保证更高的正确率。

自定义词典的用法：jieba.load_userdict(file_name)。其中参数 file_name 为文件类对象或自定义词典的路径。

注意：词典格式和 dict.txt 一样，一个词占一行；每一行分三部分，即词语、词频(可省略)、词性（可省略），用空格隔开，顺序不可颠倒。file_name 若为路径或二进制方式打开的文件，则文件必须为 UTF-8 编码。词频省略时使用自动计算能保证分出该词的词频。

2）调整词典。更改分词器（默认为 jieba.dt）的 tmp_dir 和 cache_file 属性，可分别指定缓存文件所在的文件夹及其文件名，用于受限的文件系统。

4.4.3　案例实现

【例 4.11】对"燕山大学源于哈尔滨工业大学，始建于 1920 年"这句中文文本，使用 Jieba 分词工具进行分词。

【案例分析】

首先导入 Jieba 分词工具包，然后分别用三种分词模型进行分词。使用 jieba.cut 方法时，参数 cut_all 值设置为 True，则用全模式进行分词；cut_all 值为 False 时，用精确模式进行分词；cut_all 参数省略时，默认为精确模式分词。使用 jieba.cut_for_search 方法时，采用搜索引擎模式进行分词。从最终输出的分词结果可对比出各自的效果及其差别。

核心代码如下：

```
import jieba
# 全模式
seg_list = jieba.cut(" 燕山大学源于哈尔滨工业大学，始建于 1920 年 ",cut_all=True)
print(" 全模式：", "/ ".join(seg_list))
# 精确模式
seg_list = jieba.cut(" 燕山大学源于哈尔滨工业大学，始建于 1920 年 ",cut_all=False)
print(" 精确模式：", "/ ".join(seg_list))
# 默认是精确模式
seg_list = jieba.cut(" 燕山大学源于哈尔滨工业大学，始建于 1920 年 ")
print(" 默认模式：",", ".join(seg_list))
# 搜索引擎模式
seg_list = jieba.cut_for_search(" 燕山大学源于哈尔滨工业大学，始建于 1920 年 ")
print(" 搜索引擎模式：",", ".join(seg_list))
```

【运行结果】

```
全模式：燕山 / 燕山大学 / 山大 / 大学 / 源于 / 哈尔 / 哈尔滨 / 哈尔滨工业大学 / 工业 / 业大 / 大学 / ,
       / 始建 / 建于 / 1920/ 年
精确模式：燕山大学 / 源于 / 哈尔滨工业大学 / , / 始建 / 于 / 1920/ 年
```

默认模式：燕山大学 , 源于 , 哈尔滨工业大学 , , , 始建 , 于 , 1920, 年
搜索引擎模式：燕山 , 山大 , 大学 , 燕山大学 , 源于 , 哈尔 , 工业 , 业大 , 大学 , 哈尔滨 ,
　　　　　　 哈尔滨工业大学 , , , 始建 , 于 , 1920, 年

本章小结

　　本章首先简要介绍了中文分词，然后依次讲解了最常用的中文分词算法：基于词表的分词算法（正向最大匹配 FMM、逆向最大匹配 RMM、双向最大匹配 BM）、基于统计模型的分词算法（N-gram）、基于序列标注的分词算法（隐马尔可夫模型 HMM、维特比算法），对于各种常用的中文分词算法，介绍了各自的基本思想，并通过简单易懂的分词案例使读者理解并掌握算法的基本原理与分词过程。最后介绍了常见的中文分词工具，并对其中最常用的 Jieba 分词工具进行了详细讲解，使读者掌握其安装、分词模式以及基本应用。

第 5 章　关键词提取

在自然语言处理领域，提取关键词是处理海量文本文件的核心任务。当前，文本的关键词提取算法大致分为有监督、半监督和无监督三大类，其中无监督算法适用性更强、更为常用。无监督关键词提取的典型算法主要有基于词图模型的关键词提取、基于统计特征的关键词提取、基于主题模型的关键词提取等。本章将分别介绍关键词提取算法中的两种经典算法 TextRank 和 TF-IDF，这些算法在很多领域都有着重要的应用价值。在现实中，很多文本不包含关键词，所以关键词的提取技术很有意义。

- ♀ TextRank 关键词提取算法
- ♀ TF-IDF 关键词提取算法
- ♀ 评估词的重要性的常见指标

无论文本长短，我们都可以通过几个关键词来快速理解文本的主题。如同我们在生活中读书看报，通过关键词可以快速掌握书报内容的重点；在学习中做阅读理解题目时，通过关键词可以快速答题、精准回答。可见，在文本的处理上，关键词的提取既能保证时效，又可助于理解。因此，提取关键词在某些场景下是文本预处理的核心任务。

文本的关键词提取算法大致分为有监督、半监督和无监督三大类。

（1）有监督的关键词提取算法：将关键词提取问题转换为二分类问题，判断每个候选关键词是否为关键词。这个过程需要一个标注好关键词的文档集合来训练分类模型，但是标注训练集既耗时又费力，并且需要昂贵的人工成本。

（2）半监督的关键词提取算法：需要少量的训练数据，利用这些训练数据来构建关键词提取模型，然后基于模型对待处理文本进行关键词提取，提取后把这些关键词进行人工过滤，将过滤得到的关键词加入到训练集中，重新训练模型。

（3）无监督的关键词提取算法：适用于不需要人工标注的训练集，利用某些方法来发现文本中比较重要的词作为关键词，从而进行关键词提取，算法流程如图 5-1 所示。

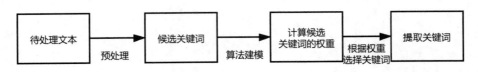

图 5-1　无监督关键词提取的流程图

无监督算法适用性更强、更为常用。无监督的关键词提取算法可以分为以下三类：

（1）基于词图模型的关键词提取，代表算法如 PageRank、TextRank。

（2）基于统计特征的关键词提取，代表算法如 TF、TF-IDF。

（3）基于主题模型的关键词提取，代表算法如 LDA、LSA、LSI 等。

通过这些技术，可以将显示无关信息的图表转化为包含关键词的图表。本章将重点讲解 TextRank 和 TF-IDF 这两种关键词提取算法。

5.1 TextRank 关键词提取算法

TextRank 关键词提取算法

基于词图模型的关键词提取算法主要有 PageRank 和 TextRank。二者中，Google 的 PageRank 更出名，它是 TextRank 算法的思想基础，TextRank 实际上是 PageRank 在文本上的应用。所以在介绍 TextRank 之前，首先来了解一下 PageRank。

5.1.1 PageRank 算法

PageRank 算法是 Google 创始人拉里·佩奇（Larry Page）和谢尔盖·布林（Sergey Brin）于 1997 年构建早期的搜索系统原型时提出的链接分析算法，通过计算网页链接的数量和质量来粗略估计网页的重要性。该算法创立之初即应用在谷歌的搜索引擎中，是谷歌搜索的核心算法，可对网页进行排名，从而解决互联网网页的价值排序问题。

1. 算法的核心思想

（1）链接数量：如果一个网页被很多其他网页链接到，说明这个网页比较重要，也就是 PageRank 值会相对较高。

（2）链接质量：如果一个 PageRank 值很高的网页链接到一个其他的网页，那么被链接到的网页的 PageRank 值会因此而相应地提高。

2. 算法的基本原理

我们可以将整个万维网看作一张有向图，网页构成了图中的节点。我们的任务是从图中挖掘每个节点的权重作为其重要性的度量。一种比较自然的方式是，一个节点如果由很多个其他节点指向它，那么这个节点应该就很重要。同样，如果有多个高权重的节点指向某一节点，且这个节点指向外部的链接数很少，那么这个被链接的点显然非常重要。

每个节点（网页）的权重（重要性）可以使用下面的公式进行计算：

$$S(v_i) = (1-d) + d \times \sum_{v_j \in In(v_i)} \frac{1}{|Out(v_j)|} S(v_j) \tag{5.1}$$

其中，$S(v_i)$ 是网页 i 的重要性（PR 值）。d 是阻尼系数，一般设置为 0.85。$In(v_i)$ 表示节点 v_i 的前驱节点集合。$Out(v_j)$ 表示节点 v_j 的后继节点集合，$|Out(v_j)|$ 是集合中元素的个数。

3. 算法的流程

PageRank 算法简单来说分为两步：

（1）给每个网页一个 PageRank 值（简称 PR 值）。

（2）通过（投票）算法不断迭代，直至达到平稳分布为止。

4. 算法举例

【例 5.1】如图 5-2 所示，有 A、B、C 三个页面，假设三者的初始 PR 值都是 1，d=0.85，计算每个网页的权重。

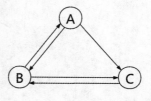

图 5-2 PageRank 算法举例

【案例分析】

$PR(A) = 0.15 + 0.85 \times (PR(B) / 2) = 0.15 + 0.85 \times 0.5 = 0.575$

$$PR(\text{B}) = 0.15 + 0.85 \times (PR(\text{A}) / 2 + PR(\text{C})) = 0.15 + 0.85 \times 1.5 = 1.425$$

$$PR(\text{C}) = 0.15 + 0.85 \times (PR(\text{B}) / 2 + PR(\text{A}) / 2) = 0.15 + 0.85 \times 1 = 1$$

由此可见，网页 B 是图中最重要的节点。

5.1.2　TextRank 算法

TextRank 算法是一种基于图的、用于处理文本的排序算法。它由 PageRank 算法改进而来，有所区别的是，PageRank 算法根据网页之间的链接关系来构建网络，而 TextRank 算法是根据词之间的共现关系来构建网络。也就是说，TextRank 算法以词作为节点，以共现关系建立起节点之间的链接，每个词的外链来源于该词前后固定大小窗口的所有词。

TextRank 算法最早用于文档的自动摘要，基于句子维度的分析，利用 TextRank 对每个句子进行打分，挑选出分数最高的 n 个句子作为文档的关键句，以达到自动摘要的效果。后来，该算法利用一篇文档内部的词语之间的共性信息（语义）来抽取关键词，能够从一个给定的文本中抽取出关键词、关键词组，并用抽取式的自动摘要方法抽取出关键句。

1．算法的核心思想

TextRank 算法将文档看作词语的网络，该网络中的链接表示词语之间的语义关系。

（1）如果一个单词在很多单词边上都会出现，说明这个单词比较重要。

（2）一个 TextRank 值很高的单词边上的单词，TextRank 值会因此而相应地提高。

2．算法的基本原理

PageRank 算法构造的网络是有向无权图，而 TextRank 算法构造的网络是无向有权图。除了考虑链接句的重要性之外，TextRank 算法还考虑两个句子之间的相似性。计算每个句子对它链接句的贡献时，不是通过平均分配的方式，而是通过计算权重占总权重的比例来分配。这里的权重即指句子之间的相似度，可通过编辑距离、余弦相似度等来进行计算。

TextRank 算法构建一张关系图来表达文本、词语以及其他实体。词语、词语集合、整个句子等都可以作为图中的顶点，在这些顶点之间建立联系（如词序关系、语义关系、内容相似度等），就能够构建一张合适的关系图，如图 5-3 所示。

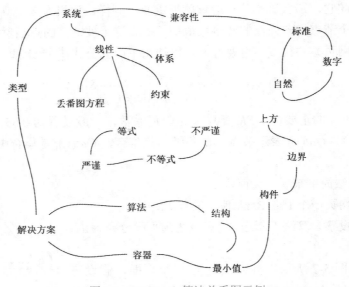

图 5-3　TextRank 算法关系图示例

基于 PageRank 计算权重的公式，TextRank 算法改写为如下公式来计算权重：

$$WS(v_i) = (1-d) + d \times \sum_{j \in In(v_i)} \frac{W_{ji}}{\sum_{V_k \in Out(v_j)} W_{jk}} WS(v_j) \tag{5.2}$$

其中，d 为阻尼系数，取值范围为 0 ~ 1，代表从图中某一特定点指向其他任意点的概率，一般取值为 0.85。$In(v_i)$ 是指向节点 v_i 的所有单词集合。$W_{ji} / \sum_{V_k \in Out(v_j)} W_{jk}$ 的分子表示词 v_j 链接到 v_i 的权重，分母表示节点 v_j 指向的所有链接的权重和。

当 TextRank 应用到关键词提取时，与应用在自动摘要中时有两点不同：单词之间的关联是没有权重的；每个单词并不是与文本中所有词都有链接。根据第一点不同，TextRank 中分数计算公式与 PageRank 相同，将得分平均贡献给每个链接的词。根据第二点不同，专家学者提出窗口的概念，在窗口中的词相互间都有链接关系。得到链接关系就可以套用 TextRank 的公式，对每个词的得分进行计算，最后选择得分最高的 n 个词作为文档的关键词。

3. 算法的流程

使用 TextRank 算法提取关键词和关键词组的具体步骤如下：

（1）将原文本分割成句子。

（2）对每个句子进行分词，并做词性标记，然后去除停用词，只保留指定词性的词，如名词、动词、形容词等。

（3）构建词图，节点集合由以上步骤生成的词组成，然后用共现关系构造任意两个节点之间的边：仅当两个节点对应的词在长度为 K 的窗口中共现时，它们之间存在边，K 表示窗口大小，即最多共现 K 个单词，一般 K 取 2。

（4）迭代计算各节点的权重，直至收敛，得到各节点重要性的分值。

（5）对各节点的权重进行倒序排序，得到最重要的 N 个单词，作为 top-N 关键词进行输出。

（6）在原文本中标记 top-N 关键词，若它们之间形成了相邻词组，则作为关键词组提取出来。

4. 算法的特点

（1）优点。

- 无监督方式，无须构造数据集训练。
- 算法原理简单，部署简单。
- 继承了 PageRank 的思想，效果相对较好，可以更充分地利用文本元素之间的关系，综合考虑文本整体的信息来确定哪些词或句子可以更好地表达文本。

（2）缺点。

- 结果受分词、文本清洗影响较大，即对于某些停用词的保留与否，直接影响最终结果。
- 虽然不只利用了词频，但是仍然受高频词的影响，因此，需要结合词性和词频进行筛选，以达到更好效果，但词性标注显然又是一个问题。

注意：与本章所讲的其他算法不同的一点是，其他算法的关键词提取都要基于一个现成的语料库，而 TextRank 算法不需要。

5.1.3　案例实现

【例 5.2】对于 TextRank 的算法，目前已经有很多优秀的开源实现，在此我们分别利用结巴分词和 TextRank4zh 两种方法去实现 TextRank 算法。

【案例分析】

1. 采用结巴分词工具的方式实现 TextRank 算法

（1）使用结巴分词工具之前，要先安装结巴分词工具，可在终端中使用如下命令进行安装：

```
pip install jieba
```

（2）导入结巴分词工具包，用 jieba.analyse.extract_tags 函数来提取关键词。

用法：keywords = jieba.analyse.extract_tags(content, topK=5, withWeight=True, allowPOS=())。

参数：

- content：待提取关键词的原文本。
- topK：返回关键词的数量，重要性从高到低排序。
- withWeight：是否同时返回每个关键词的权重。
- allowPOS：词性过滤，为空表示不过滤，若提供则仅返回符合词性要求的关键词。

核心代码如下：

```
import jieba.analyse
str = " 基于词图模型的关键词提取算法 TextRank"
result = jieba.analyse.extract_tags(str,withWeight=True)
print(result)
```

【输出结果】

```
[(' 词图 ', 1.7078239289857142),
('TextRank', 1.7078239289857142),
(' 关键词 ', 1.2719236254585715),
(' 算法 ', 1.24159878559),
(' 提取 ', 1.0707784562771427),
(' 模型 ', 0.9725862765714286),
(' 基于 ', 0.9466987620185714)]
```

2. 采用 TextRank4zh 的方式实现 TextRank 算法

TextRank4zh 是针对中文文本的 TextRank 算法的 Python 实现。

（1）实现之前，先使用以下命令来安装 textrank4zh 模块。

```
pip install textrank4zh
```

（2）导入 textrank4zh 模块，使用其中的 TextRank4Keyword 可以提取关键词。另外，如果想提取关键句也可以使用其中的 TextRank4Sentence。

在关键词提取时，用到两个函数：analyze 和 get_keywords。

1）analyze 函数：对文本进行分析。可选参数如下：

- text：指定待提取文本的内容。
- window：指窗口大小，用于构造单词之间的边，默认值为 2。
- lower：是否将文本转换为小写，默认为 False。如果设为 True 则表示将文本转换为小写。
- vertex_sorce：选择使用 words_no_filter、words_no_stop_words、words_all_filters 中的一个来构造 PageRank 对应的图中的节点。默认值为 all_filters，可选值为 no_filter、no_stop_words、all_filters。关键词也来自 vertex_sorce。
- edge_sorce：选择使用 words_no_filter、words_no_stop_words、words_all_filters 中

的一个来构造 PageRank 对应的图中的节点之间的边。默认值为 no_stop_words，可选值为 no_filter、no_stop_words、all_filters。边的构造要结合 window 参数。

● pagerank_config：PageRank 算法参数配置，阻尼系数为 0.85。

2）get_keywords 函数：获取最重要的关键词，关键词的数量是 num 个，且每个的长度要大于等于 word_min_len。可选参数如下：

● num：返回的关键词数量。

● word_min_len：表示每个关键词的最小长度。

核心代码如下：

```
# 导入相关模块
from textrank4zh import TextRank4Keyword
# 定义要提取的文本
if __name__ == '__main__':
    text = (" 燕山大学是河北省人民政府、教育部、工业和信息化部、国家国防科技工业局四方
            共建的全国重点大学，河北省重点支持的国家一流大学和世界一流学科建设高校，
            北京高科大学联盟成员。")
    # 关键词提取
    tr4w = TextRank4Keyword()
    tr4w.analyze(text=text, lower=True, window=5)
    print(' 关键词：')
    for item in tr4w.get_keywords(10, word_min_len=1):
        print(item['word'], item['weight'])
```

【输出结果】

```
关键词：
国家 0.07708404702765982
大学 0.06303103048817453
重点 0.05206028713970972
信息化 0.04675172051739889
北京 0.04435314651498463
高校 0.04355955236897528
一流 0.04296340804941121
学科建设 0.04285590373901096
世界 0.04260408813448599
一流大学 0.04252910677790472
```

5.2　TF-IDF 关键词提取算法

从书籍、报纸、PPT 等文档中我们可以看到，标题部分常使用区别于正文的字体，且字号偏大，有时也会使用彩色字体，目的在于引起读者的注意。可见，这些用特殊特征标识的词句是文档中的重要信息。统计并分析词及其相关特征，可以很好地评估一个词的重要性。

基于统计特征的关键词提取算法的思想是利用文档中词语的统计信息来抽取适当的关键词，通常将文本经过预处理得到候选词语的集合，然后采用特征值量化的方式从候选集合中得到关键词。基于统计特征的关键词提取算法的重点是采用什么样的特征值量化指标，常用的有三类：

（1）基于词权重的特征量化。基于词权重的特征量化主要包括词性、词频、逆文档

频率、相对词频、词长等。

（2）基于词的文档位置的特征量化。基于词的文档位置的特征量化方式是根据文章不同位置的句子对文档的重要性不同的假设来进行的。通常，文章的前 *N* 个词、后 *N* 个词、段首、段尾、标题、引言等位置的词具有代表性，这些词作为关键词可以表达整个主题。

（3）基于词的关联信息的特征量化。词的关联信息是指词与词、词与文档的关联程度信息，包括互信息、hits 值、贡献度、依存度、TF-IDF 值等。

5.2.1　评估词的重要性的常见指标

1. 词频（TF）

词频（Term Frequency，TF）指词语在文档中出现的频率。

大多数情况下，一个词出现的频率越高，代表这个词越重要。但是这样并不严谨，有很大的不确定性，往往存在一些特殊情况。例如，一些语气词（"吧""吗"等）、介词（"为""在"等）、助词（"之"）等，在文档中经常出现，却不重要；又如，有些词重要，但可能只在文档开始时出现一次，后面便用其他字词（如"他"）进行代指。

2. 逆文档频率（IDF）

逆文档频率（Inverse Document Frequency，IDF）是词语被赋予的权重，它的大小与词语的常见程度成反比。

3. 词频 - 逆文档频率（TF-IDF）

词频 - 逆文档频率（Term Frequency-Inverse Document Frequency，TF-IDF）综合了文本中词的词频与普遍重要性特征。如果一个词在当前文本中出现得越多，同时在其他文本中出现得越少，则表示对当前文本越重要。

4. 位置

词的重要程度与词出现的位置密切关联。例如文本的开头与末尾、标题、摘要、导语、小结等位置的信息，一般都是从文本中凝练出的重点内容，里面所含的词是关键词的可能性更大。

5. 词跨度

词跨度指一个词第一次出现和最后一次出现之间的距离，距离越大说明这个词越重要。例如，文章的主角通常会贯通全篇，其对应的词跨度是很大的。

除了上述之外，还有词的一些属性（如词性等）也是量化指标，这里不做赘述。需要注意的是，量化指标有各自特点，不一定完备，所以大多数情况下，量化指标都是根据具体情况而搭配结合在一起使用的。本小节将重点介绍一下 TF-IDF 关键词提取算法。

5.2.2　TF-IDF 算法

在文本中，重要的词往往会多次出现。但是在中文文本中，出现次数最多的往往是"的""是""在"等常用却对文本并没有实际意义的词语。这类词语被称为"停用词"，是对查找结果毫无帮助、必须过滤掉的词。TF-IDF 算法可以很好地解决停用词等词汇带来的影响。

TF-IDF 算法在搜索引擎、关键词提取、文本相似性、文本摘要等领域都有所应用。

1. TF-IDF

TF-IDF 是一种统计方法，是一种用于信息检索与文本挖掘的常用加权技术，用以评估一个字词对于一个文件集或一个语料库中的其中一份文件的重要程度。字词的重要性与它在文本中出现的次数成正比关系，与它在语料库中出现的频率成反比关系。

2．算法的基本原理

TF-IDF 的值与词频和逆文档频率密切相关。

（1）计算词频 TF。如果某个词在当前文本中出现的频率高，并且在其他文本中出现的频率低，则认为这个词具有很好的类别区分能力，适合用来分类。

词频的计算比较简单，使用下面式（5.3）或（5.4）计算即可。

$$词频\ (TF) = \frac{某个词在文本中出现的次数}{文本中词的总数} \tag{5.3}$$

或者

$$词频\ (TF) = \frac{某个词在文本中出现的次数}{文本中出现次数最多的词的出现次数} \tag{5.4}$$

（2）计算逆文档频率 IDF。计算 IDF 时需要一个语料库，用来模拟语言的使用环境。

$$逆文档频率\ (IDF) = \lg\left(\frac{语料库中的文档总数}{语料库中包含该词的文档数量+1}\right) \tag{5.5}$$

注意：如果一个词越频繁出现，则分母越大，逆文档频率 IDF 就越小、越接近 0。分母之所以要加 1，是为了避免分母为 0，即所有文档都不包含该词。

（3）计算 TF-IDF。先计算得到 TF 和 IDF，然后可以让二者相乘来计算 TF-IDF。

$$TF\text{-}IDF = 词频 \times 逆文档频率 \tag{5.6}$$

注意：TF-IDF 与一个词在文档中的出现次数成正比，与该词在整个语言中的出现次数成反比。

3．算法的流程

（1）对原文本进行分词，做词性标注和去除停用词等数据预处理操作，得到候选关键词。

（2）计算某词语在原文本中的词频 TF。

（3）计算该词语在整个语料库的逆文档频率 IDF。

（4）计算该词语的 TF-IDF 值（TF×IDF），并重复步骤（2）～（4），得到所有候选关键词的 TF-IDF 值。

（5）对候选关键词的 TF-IDF 值进行倒序排列，得到排名前 Top-N 个词作为文本关键词。

4．算法举例

【例 5.3】假定某本书共有 50 万个词，其中"词向量"共出现 9800 次，"文本"出现 14000 次，"自然语言"出现了 17000 次；假设我们的语料库中共有 10000 个文档，包含"词向量"的文档数为 347 个，包含"文本"的文档数为 621 个，包含"自然语言"的文档数为 440 个。计算这三个词的 TF-IDF。

【案例分析】

（1）计算词频。

根据 TF 计算公式，计算可得

$$TF（"词向量"）=9800/500000=0.020$$

$$TF（"文本"）=14000/500000=0.028$$

$$TF（"自然语言"）=17000/500000=0.034$$

（2）计算逆文档频率 IDF。

根据 IDF 计算公式，计算可得

$$IDF（" 词向量 "）=\log(10000/(347+1))=1.458$$
$$IDF（" 文本 "）=\log(10000/(621+1))=1.206$$
$$IDF（" 自然语言 "）=\log(10000/(440+1))=1.356$$

（3）计算 $TF\text{-}IDF$。

$$TF\text{-}IDF（" 词向量 "）=TF（" 词向量 "）\times IDF（" 词向量 "）=0.020\times1.458=0.0292$$
$$TF\text{-}IDF（" 文本 "）=TF（" 文本 "）\times IDF（" 文本 "）=0.028\times1.206=0.0338$$
$$TF\text{-}IDF（" 自然语言 "）=TF（" 自然语言 "）\times IDF（" 自然语言 "）=0.034\times1.356=0.0461$$

由此可见，"自然语言"这个词的 $TF\text{-}IDF$ 值最大，"文本"次之，"词向量"最小。如果只取一个关键词，则取"自然语言"一词。

5．算法的特点

（1）优点：简单快速，提取结果较符合实际情况。

（2）缺点：

1）单纯以词频来衡量一个词的重要性，不够全面。

2）未考虑词的位置的影响，出现位置靠前或靠后的词被视为同等重要。

3）严重依赖语料库，需要选取高质量且与待处理文本相符的语料库进行训练。

5.2.3　案例实现

【例 5.4】用 TF-IDF 算法实现关键词提取。

【案例分析】

Python 第三方工具包 Scikit-learn 提供了 TF-IDF 算法的相关函数，本案例主要用到了 sklearn.feature_extraction.text 类的 TfidfTransformer 和 CountVectorizer 函数。

- TfidfTransformer 函数：用来计算词语的 $TF\text{-}IDF$ 权值。其参数 smooth_idf，默认值是 True。若设置为 False，则计算 IDF。
- CountVectorizer 函数：用来构建语料库中的词频矩阵。

（1）安装 pandas 和 sklearn。可以使用如下命令安装：

```
pip install pandas
pip install sklearn
```

（2）导入相关模块。核心代码如下：

```
"""
导入模块
"""
import sys,codecs
import pandas as pd
import numpy as np
import jieba.posseg                                      # 词性标注
import jieba.analyse                                     # 提取关键词
from sklearn import feature_extraction    # 文本特征提取
from sklearn.feature_extraction.text import TfidfTransformer    # 文本特征提取——TF-IDF 权值计算
from sklearn.feature_extraction.text import CountVectorizer     # 文本特征提取——特征数值计算
```

（3）读取样本源文件。定义标记函数，读取语料文件，读取完成后会调用标记函数生成标记文件 flag1。核心代码如下：

```
"""
标记函数
"""
```

```
def create__file(file_path):
    f=open(file_path,'w')
    f.close
# 读取数据集（语料）
dataFile = './data/sample_data - Copy.csv'
data = pd.read_csv(dataFile)
create__file('./data/flag1')
```

（4）数据预处理。对读取到的数据进行预处理，包括分词、去停用词和词性筛选。处理完成后生成标记文件 flag2，表示预处理部分完成。

注意：dataPrepos 函数中的词性标注有如下含义：

- 词性编码为 'n'：表示词性是名词。
- 词性编码为 'nz'：表示词性是其他专有名词。
- 词性编码为 'v'：表示词性是动词。
- 词性编码为 'vd'：表示词性是副动词（直接做状语的动词）。
- 词性编码为 'vn'：表示词性是名动词（具有名词功能的动词）。
- 词性编码为 'l'：表示词性是习用语。
- 词性编码为 'a'：表示词性是形容词。
- 词性编码为 'd'：表示词性是副词。

核心代码如下：

```
# 停用词表
stopWord = './data/stopWord.txt'
stopkey = [w.strip() for w in codecs.open(stopWord, 'rb').readlines()]
# 数据预处理操作：分词，去停用词，词性筛选
def dataPrepos(text,stopkey):
    l = []
    pos = ['n','nz','v', 'vd', 'vn', 'l', 'a', 'd']    # 定义选取的词性
    seg = jieba.posseg.cut(text)                       # 分词
    for i in seg:
        if i.word not in stopkey and i.flag in pos:    # 去停用词 + 词性筛选
            l.append(i.word)
    return l
create__file('./data/flag2')
```

（5）构建 TF-IDF 模型，计算 TF-IDF 矩阵。先构建词频矩阵，然后计算语料中每个词语的 *TF-IDF* 权值，再获取词袋模型中的关键词，最后获取 TF-IDF 矩阵，完成后生成标记文件 flag3。核心代码如下：

```
def get_tfidf(data):
# 1. 构建词频矩阵
    vectorizer = CountVectorizer()
    X = vectorizer.fit_transform(data)    # 词频矩阵，a[i][j]: 表示 j 词在第 i 个文本中的词频
# 2. 统计每个词的 TF-IDF 权值
    transformer = TfidfTransformer()
    tfidf = transformer.fit_transform(X)
# 3. 获取词袋模型中的关键词
    word = vectorizer.get_feature_names()
# 4. 获取 TF-IDF 矩阵，a[i][j] 表示 j 词在 i 篇文本中的 TF-IDF 权重
    weight = tfidf.toarray()
    create__file('./data/flag3')
```

（6）排序输出关键词，将结果写入文件。计算好每个词的 *TF-IDF* 权值之后，对权值进行排序，并以"词语，TF-IDF"的格式依次输出。全部输出完毕后生成标记文件 **flag4** 表示环节完成，然后将结果写入文件 keys_TFIDF.csv 中。核心代码如下：

```python
def getKeywords_tfidf(data, stopkey, topk):
    idList, titleList, abstractList = data['id'], data['title'], data['abstract']
    corpus = []    # 将所有文档输出到一个 list 中，一行就是一个文档
    for index in range(len(idList)):
        text = '%s. %s' % (titleList[index], abstractList[index])    # 拼接标题和摘要
        text = dataPrepos(text, stopkey)       # 文本预处理
        text = " ".join(text)                  # 连接成字符串，空格分隔
        corpus.append(text)
    # 1. 构建词频矩阵
    vectorizer = CountVectorizer()
    X = vectorizer.fit_transform(corpus)    # 词频矩阵，a[i][j] 表示 j 词在第 i 个文本中的词频
    # 2. 统计每个词的 TF-IDF 权值
    transformer = TfidfTransformer()
    tfidf = transformer.fit_transform(X)
    # 3. 获取词袋模型中的关键词
    word = vectorizer.get_feature_names()
    # 4. 获取 TF-IDF 矩阵，a[i][j] 表示 j 词在 i 篇文本中的 TF-IDF 权重
    weight = tfidf.toarray()
    create__file('./data/flag3')
    # 5. 打印词语权重
    ids, titles, keys = [], [], []
    for i in range(len(weight)):
        print(u"------ 这里输出第 ", i + 1, u" 篇文本的词语 tf-idf------")
        ids.append(idList[i])
        titles.append(titleList[i])
        df_word, df_weight = [], []    # 当前文章的所有词汇列表、词汇对应权重列表
        for j in range(len(word)):
            print(word[j], weight[i][j])
            df_word.append(word[j])
            df_weight.append(weight[i][j])
        df_word = pd.DataFrame(df_word, columns=['word'])
        df_weight = pd.DataFrame(df_weight, columns=['weight'])
        word_weight = pd.concat([df_word, df_weight], axis=1)    # 拼接词汇列表和权重列表
        word_weight = word_weight.sort_values(by='weight', ascending=False) # 按照权重值降序排列
        keyword = np.array(word_weight['word'])    # 选择词汇列并转成数组格式
        word_split = [keyword[x] for x in range(0, topk)]    # 抽取前 topk 个词作为关键词
        word_split = " ".join(word_split)
        keys.append(word_split)
    result = pd.DataFrame({"id": ids, "title": titles, "key": keys}, columns=['id', 'title', 'key'])
    create__file('./data/flag4')
    return result
result = getKeywords_tfidf(data, stopkey, 10)
result.to_csv("./data/keys_TFIDF.csv", index=False)
```

程序运行后，控制台会分别输出语料文件中每一条文本的所有词语的 *TF-IDF* 权值。

【运行结果】

```
------ 这里输出第 1 篇文本的词语 tf-idf------
一定 0.054830755756848856
```

```
一段时间 0.0
主体 0.0
乘客 0.0
乘车 0.0
事件 0.0
二者 0.0
互相 0.0
交叉 0.0
产品 0.0
产生 0.09322230345997902
介绍 0.0
仍然 0.054830755756848856
仪表板 0.0
传感器 0.054830755756848856
估计 0.0
位置 0.040779249862494926
作为 0.0
使得 0.0
使用 0.0
使能 0.054830755756848856
使该 0.0
信号 0.09322230345997902
倾斜 0.0
偏压 0.0
......
```

本章小结

本章首先简要介绍了关键词的提取，然后依次讲解了两种最常用的无监督关键词提取的算法：基于词图模型的关键词提取（TextRank）、基于统计特征的关键词提取（TF-IDF），此外，还讲解了评估词的重要性的常见指标。通过剖析各种关键词提取算法的基本原理，使读者理解并掌握算法思想和关键词提取流程，并通过相应的综合案例来促进读者对知识的融会贯通，实现举一反三。

第6章　词向量技术

本章导读

在机器学习、深度学习中，参与计算的并不是人类肉眼所看见的图片或文字，而是经过预处理后将其转化形成的数字。图片是由像素点构成的，因此像素点是计算机识别图片的工具。文字并没有像图片那样有现成的数字去表达，因此提出了词向量的概念，目的就是使计算机能够识别文字。预训练词向量对于很多计算机语言模型至关重要。如何得到优质的词向量是非常热门的研究主题。

本章要点

- ◉ 词向量技术的发展历程
- ◉ Word2vec
- ◉ 注意力机制
- ◉ BERT 预训练模型

6.1　词向量技术发展历程

6.1.1　词向量概述

词向量（Word Vector）是对词语义或含义的数值向量表示，包括字面意义和隐含意义。词向量可以捕捉到词的内涵，将这些含义结合起来构成一个稠密的浮点数向量，这个稠密向量支持查询和逻辑推理。

词向量也称为词嵌入，其英文均可用 Word Embedding 表示，是自然语言处理中的一组语言建模和特征学习技术的统称，其中来自词表的单词或短语被映射到实数的向量，这些向量能够体现词语之间的语义关系。从概念上讲，它涉及从每个单词多维的空间到具有更低维度的连续向量空间的数学嵌入。当用作底层输入表示时，单词和短语嵌入已经被证明可以提高 NLP 任务的性能，例如文本分类、命名实体识别、关系抽取等。

6.1.2　词向量的发展历程

词是自然语言处理要使用的一个基本语言单位，我们在使用计算机处理海量文本的时候，希望尽可能地让机器明白词蕴含的信息，这样可以大大地提高文本分类、文本聚类、文本生成、机器翻译等任务的准确性。

最早是杰里弗·辛顿在 1986 年的论文 "Learning distributed representations of concepts" 中提出 Distributed Representation，即分布式表示，通常被称为 Word Representation 或 Word Embedding，中文用词向量表示。2003 年，蒙特利尔大学的约书亚·本吉奥（Yoshua Bengio）教授在论文 "A Neural Probabilistic Language Model" 中第一次用神经网络来解决

语言模型的问题，为后来深度学习在解决语言模型问题甚至很多别的 NLP 问题时奠定了坚实的基础，这被认为是首次提出并使用词向量。

词向量作为词的分布式表示方法，经过多年研究，产生了非常多的词向量的生成模型。不同的模型由于其输出的不同，使得词向量具有不同的含义。词向量的发展历程如图 6-1 所示。

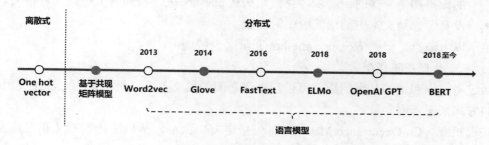

图 6-1　词向量的发展历程

词向量技术将自然语言中的词转化为稠密的向量，相似的词会有相似的向量表示，这样的转化方便挖掘文字中词语和句子之间的特征。生成词向量的方法由一开始基于统计学的方法（如共现矩阵）发展到目前基于不同结构的神经网络的语言模型方法。其中 BERT（双向编码器表示）是 Google 发表的模型，在众多经典的 NLP 任务中表现出色，并且为下游任务设计了简单至极的接口，改变了之前花哨的注意力（Attention）、堆栈（Stack）等盖楼式的堆叠结构的方法，BERT 是 NLP 领域里程碑式的贡献。

生成词向量的方法有很多种，这里对各个阶段的词向量技术做一下简要介绍，后面小节中会重点介绍 Word2vec、注意力机制、BERT。

1. one-hot

one-hot（独热）编码是最简单的词向量表达方式。它以字典建立向量，每个词都单独用一个很长的向量表示，该向量的维度是词典大小。向量中绝大多数元素为 0，只有一个维度的值为 1，这个维度就代表了当前的词。

（1）one-hot 的基本思想。假设词表中共有 n 个词，将所有单词排序后，每个单词都会有一个位置信息，则对于单词，可以使用 n 维向量来表示，其中向量的第 i 分量的值为 1，其余值为 0，向量记为 $[0,0,\cdots,1,\cdots,0,0]$。

（2）one-hot 举例。

语料：知识，语言，喜欢，苹果，橘子，红色。

词向量：知识 =[1 0 0 0 0 0]

　　　　语言 =[0 1 0 0 0 0]

　　　　喜欢 =[0 0 1 0 0 0]

　　　　苹果 =[0 0 0 1 0 0]

　　　　橘子 =[0 0 0 0 1 0]

　　　　红色 =[0 0 0 0 0 1]

（3）one-hot 的特点。

1）优点。

● 向量简单，易于理解。

● 扩展了样本特征数。

- 解决了分类器不好处理离散数据的问题。

2）缺点。

- 维度灾难。词表的数量级过大，通常在 10^6 级别，向量维度非常高，不利于计算维护。
- 矩阵稀疏。向量的编码稀疏，造成空间浪费。
- 语义缺失。编码无法体现单词之间的语义关系。任意两个单词在 one-hot 编码下的距离都是一样的。所以，我们无法从 one-hot 编码得知两个单词是否相关。
- 没有考虑到文本中的词汇顺序的问题。

鉴于以上缺点，一般情况下，one-hot 向量很少被使用。

2. 基于共现矩阵模型

通过考虑词和词的共现问题，可以反映词之间的语义关系。最简单的方法是使用基于文档的方式来表示词向量。

共现矩阵（Co-Occurrence Matrix）首先指定窗口大小，然后统计窗口（和对称窗口）内词语共同出现的次数作为词的向量。

（1）基于共现矩阵模型的基本思想。

如果两个词经常共同出现在多篇文档中，则说明这两个词在语义上紧密关联。

基于文档的词向量可以反映出相关词的语义关系，但是随着文档规模的增大，向量的维度也相应增加，向量的维度仍然过大，存在维度变化问题，词之间的关系也不明确。

可以通过统计一个事先指定大小的窗口内单词的共现次数，来解决维度变化问题。这种方法以单词周边的共现词的次数作为当前的词向量。

（2）基于共现矩阵模型举例。

语料：我喜欢数学

我爱中国

我爱牛奶

我喜欢奶茶

假设考虑的窗口大小为 1，也就是说一个词只与它前面及后面的词相关，例如"我爱"共现次数为 2，则共现矩阵见表 6-1。

表 6-1　共现矩阵

	我	喜欢	爱	中国	数学	奶茶	牛奶
我	0	2	2	0	0	0	0
喜欢	2	0	0	0	1	1	0
爱	2	0	0	1	0	0	1
中国	0	0	1	0	0	0	0
数学	0	1	0	0	0	0	0
奶茶	0	1	0	0	0	0	0
牛奶	0	0	1	0	0	0	0

这样，共现矩阵的行（或列）可表示为对应的词向量。如"我"的词向量为 [0,2,2,0,0,0,0]。同时可以知道"爱""喜欢"的词向量相似度较高，它们具有相近的意思。

（3）基于共现矩阵模型的特点。

1）优点。

- 考虑了句子中词的顺序。

- 矩阵维数随着词典数量 n 的增大而增大，可以使用奇异值分解 SVD、PCA 将矩阵维度降低。

2）缺点。

- 矩阵的维度经常改变。
- 由于大部分词并不共现，从而导致稀疏性。
- 词表的长度很大，导致词的向量长度也很大。
- 矩阵维度过高，导致高计算复杂度。

3. Word2vec

基于共现矩阵的模型实际是 one-hot 的一种优化，仍然存在维度灾难以及语义鸿沟的问题。因此后来的工作着重于构建分布式低维稠密词向量。Word2vec 就是它们的开山之作。

Word2vec（Word to Vector）顾名思义，Word 指单词，vec（Vector）指向量，Word2vec 即为把单词转换成向量的一种方法。

（1）Word2vec 的基本思想。Word2vec 的思想源于神经网络语言模型（Neural Network Language Model，NNLM）。NNLM 是一种自监督训练的模型，是用上文来预测下一个词的概率，词向量可以作为它的副产物学习到这种基于序列共现的语境信息。

Word2vec 基于这种思想提出了更专注于词向量学习的模型。其用低维度密集向量表示单词，通常维数为 100 ～ 300；用滑动窗口来指定固定大小的上下文。在训练过程中，Word2vec 要求计算机学习根据当前单词预测上下文，如跳字模型（Skip-gram），或者用上下文来预测当前词，如连续词袋模型（Continuous Bag of Words，CBOW）。模型收敛后，得到单词与向量映射表。

（2）Word2vec 举例。如图 6-2 所示，先将"第十四届全运会在西安盛大举行"进行分词，可得到 ["第"，"十四"，"届"，"全运会"，"在"，"西安"，"盛大"，"举行"]。当窗口大小为 2 时，分别取当前词"全运会"的上文中的两个词（"十四""届"）以及下文中的两个词（"在""西安"）。在 Skip-gram 模型中，已知当前词的条件下，对上下文词进行预测；而在 CBOW 模型中，是在已知当前词的上下文词的条件下，对当前词进行预测。

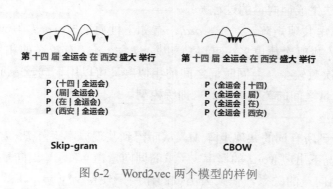

图 6-2　Word2vec 两个模型的样例

（3）Word2vec 的特点。

1）优点。

- 比传统的词向量化方法维度更少，利于计算，速度更快。
- Word2vec 会考虑上下文，词向量可以表达词语关系：相同上下文环境的词，会具有相似的向量值。
- 无须人工标注，可以利用丰富的语料库自动抽取特征。
- 通用性很强，可以用在各种 NLP 任务中。

2）缺点。

- 无法区分近义词与反义词，它们会具有相似的向量。
- 单词和向量是一一对应关系，而实际上单词在不同文本环境下，会具有不同的含义，向量无法适应上下文而变换，所以多义词的问题无法解决。
- Word2vec 是一种静态的方式，虽然通用性强，但是无法针对特定任务做动态优化。

Word2vec 在 2018 年之前比较主流，但是随着 BERT、GPT2.0 等的出现，这种方式已经不算效果最好的方法了。Word2vec 在下一节中将重点讲解，这里不多做介绍。

4. Glove

Word2vec 在构建分布式低维稠密词向量后，忽略了全局的信息。它基于局部窗口来计算，只考虑到了词的局部信息，没有考虑到词与局部窗口外词的联系。因此，Glove（Global Vectors for Word Representation）利用共现矩阵来弥补这一缺点，同时考虑局部信息和整体的信息。

Glove 是由斯坦福 NLP 研究小组在 2014 年提出的一种词向量表示算法，是一个基于全局词频统计的词表征工具。它可以把一个单词表达成一个由实数组成的向量，这些向量捕捉到了单词之间一些语义特性，例如相似性（similarity）、类比性（analogy）等。通过对向量的运算，例如欧氏距离或者余弦相似度，可以计算出两个单词之间的语义相似性。

（1）Glove 的基本思想。Glove 采用基于共现矩阵去训练词向量的方法，充分有效地利用了语料库的统计信息，仅仅利用共现矩阵里面的非零元素进行训练，不仅可以更快地进行计算，还可以得到全局的信息。

Glove 本质上是对共现矩阵进行降维。首先，构建词汇的共现矩阵，每一行是一个 word，每一列是 context。共现矩阵就是计算每个 word 在每个 context 出现的频率。由于 context 是多种词汇的组合，其维度非常大，我们希望像网络嵌入一样，在 context 的维度上降维，学习 word 的低维表示。这一过程可以视为共现矩阵的重构问题，即 reconstruction loss。

（2）Glove 算法生成词向量的过程。

首先需要计算出共现矩阵。对于 $word_k$，有如下性质：若 $word_k$ 与 $word_j$ 共现次数多，同时 $word_k$ 与 $word_i$ 共现次数也多，可以猜想 $word_j$ 与 $word_i$ 有较高的相似度，在 $word_i$ 出现时 $word_j$ 出现的次数较少，而同时词之间的相似度又可以用词向量表示，因此可以建立起共现次数与词向量之间的关系，以此来训练模型。

（3）Glove 举例。

首先由语料得到所有词的共现矩阵 M，从而得到共现概率矩阵 P。P 中的元素 p_{ij} 表示在 $word_i$ 出现的情况下出现 $word_j$ 的概率。所求的词向量由 v 表示。词向量使用随机初始化，根据共现频率和词向量的关系，在损失函数的作用下使得 $v_i*v_j \approx p_{ij}$，认为得到的 v_i 就是第 i 个词的词向量表示。

语料：我喜欢数学

　　　我爱中国

　　　我爱牛奶

　　　我喜欢奶茶

输入：所有 p_{ij}，即 $p_{(我，喜欢)}$、$p_{(我，爱)}$、$p_{(我，中国)}$、$p_{(我，数学)}$、$p_{(我，奶茶)}$……

训练目标：$p_{(我，喜欢)} = v_{我} \times v_{喜欢}$

$$p_{(我, 爱)} = v_{我} \times v_{爱}$$

$$p_{(我, 中国)} = v_{我} \times v_{中国}$$

$$p_{(我, 数学)} = v_{我} \times v_{数学}$$

$$p_{(我, 奶茶)} = v_{我} \times v_{奶茶}$$

$$p_{(我, 牛奶)} = v_{我} \times v_{牛奶}$$

$$p_{(喜欢, 中国)} = v_{喜欢} \times v_{中国}$$

……

输出：$v_{我}$、$v_{喜欢}$、$v_{爱}$、$v_{中国}$、$v_{数学}$、$v_{奶茶}$、$v_{牛奶}$

（4）Golve 的特点。

1）优点：

- 考虑到词语的上下文和全局语料库的信息，学习到了语义和语法的信息。
- 得到的词向量维度小，节省存储和计算资源。
- 通用性强，可以应用到各种 NLP 任务中。

2）缺点。

- 词和向量是一对一的关系，无法解决多义词的问题。
- Glove 也是一种静态的模型，虽通用性强，但无法针对特定的任务做动态优化。

（5）Glove 与 Word2vec 对比。

- Golve 比 Word2vec 更容易并行化，所以速度更快。
- 由于 Glove 算法本身使用了全局信息，所以在比较过程消耗内存更多；Word2vec 在这方面节省了很多资源。
- Word2vec 面向局部特征，基于滑动窗口，而 Glove 综合了全局语料。
- Word2vec 可以增量学习，而 Glove 是由固定语料计算的共现矩阵。

在相同的语料库、词汇量、窗口大小和训练时间下，Glove 始终优于 Word2vec。

5. FastText

Word2vec 虽然被证实十分有效，但是每个词都以独热向量的形式初始化，这种操作方法未考虑到词内部的形态信息。在很多词形信息丰富的语言中，形态相近的词汇之间有着非常密切的联系；另外，这些语言中还富含大量的罕见词汇，用普通的 Word2vec 模型进行训练，难以很好地表征这部分词汇的语义；最后，Word2vec 训练出的词向量，在应用过程中针对未登录词也无能为力。基于以上问题，FastText 词向量的研发者提出了基于子词信息 N-gram 的词汇表示形式。FastText 由脸书的 FAIR 实验室在 2016 年开源，用于实现快速文本分类以及训练词向量的资料库。

（1）FastText 的基本思想。FastText 方法包含三部分：模型架构、层次 Softmax（Hierarchical Softmax，h-Softmax）和 N-gram 特征。

FastText 模型输入一个词的序列（一段文本或者一句话），输出这个词序列属于不同类别的概率。序列中的词和词组组成特征向量，特征向量通过线性变换映射到中间层，中间层再映射到标签。FastText 预测标签时使用了非线性激活函数，但在中间层不使用非线性激活函数。

FastText 模型架构和 Word2vec 中的 CBOW 模型很类似。不同之处在于，FastText 预测标签，而 CBOW 模型预测中间词。

为了更好地表达词汇的前后缀，研发者在单词前后加了特殊符号"< >"，从而可以区分相同的字符串作为前后缀以及中间部分的不同。最终某个单词的表达形式为这些

N-gram 集合中字符对应项向量以及词汇本身向量的结合。为了减少计算量,在实际操作中,对于前 k 个频率高的单词,不适用 N-gram 信息,而模型的其他部分,基本与 Skip-grams 一致,同样也采用了负采样的方法减小计算量。

实验结果表明,对于不同的语言,FastText 词向量的效果有所不同,关键在于语言的形态丰富性。另外,针对语料中未训练到的词,FastText 具备对未登录词的表征功能,即能根据其形态信息提供词向量。

在 Gensim 中也提供了 FastText 相关的工具包,使用方式与 Word2vec 类似。

（2）FastText 举例。

句子:我爱自然语言处理

输入:$E_我$,$E_爱$,$E_自然$,$E_语言$,$E_处理$,其中 E_i 表示 i 的初始词向量。

句子所属类别:[1,0,0]。

预测句子所属类别:

P（label|（$E_我$,$E_爱$,$E_自然$,$E_语言$,$E_处理$））

（3）FastText 的特点。

1）优点:

- 训练速度快,适合大型数据。模型简单,只有一层隐含层以及输出层,因此训练速度非常快,在普通的 CPU 上可以实现分钟级别的训练,比深度模型的训练要快几个数量级,优化效率高。与深度模型相比,FastText 能将训练时间由数天缩短到几秒。使用一个标准多核 CPU 可以得到在 10 分钟内训练完超过 10 亿词汇量模型的结果。此外,FastText 还能在 5 分钟内将 50 万个句子分成超过 30 万个类别。

- 支持多语言表达,利用其语言形态结构,FastText 能够被设计用来支持包括英语、德语、西班牙语、法语以及捷克语等多种语言。它还使用了一种简单高效的纳入子字信息的方式,在用于像捷克语这样词态丰富的语言时,这种方式表现得非常好,这也证明了精心设计的字符 N-gram 特征是丰富词汇表征的重要来源。FastText 的性能要比时下流行的 Word2vec 工具明显好很多,也比其他目前最先进的词态词汇表征要好。

- FastText 专注于文本分类,在许多标准问题上有良好的表现（例如文本倾向性分析或标签预测）。

- 相比于 Word2vec,FastText 考虑了相似性,例如 FastText 的词嵌入学习能够考虑 english-born 和 british-born 之间有相同的后缀,但 Word2vec 却不能。

2）缺点:基于局部语料。

（4）FastText 词向量与 Word2vec 对比。FastText 是 Word2vec 中 CBOW 和 h-Softmax 的灵活应用。灵活体现在两个方面。

1）模型的输出层:Word2vec 的输出层,对应的是每一个词（term）,计算某 term 的概率最大;而 FastText 的输出层对应的是分类的标签（label）,不过不管输出层对应的是什么内容,其对应的 vector 都不会被保留和使用。

2）模型的输入层:Word2vec 的输入层是上下文窗口（context window）内的 term;而 FastText 对应的是整个句子（sentence）的内容,包括 term,也包括 N-gram 的内容。

两者本质的不同,体现在 h-Softmax 的使用上。

1）Word2vec 的目的是得到词向量,该词向量最终在输入层得到,输出层对应的

h-Softmax 也会生成一系列的向量，但最终都被抛弃，不会使用。

2）FastText 则充分利用了 h-Softmax 的分类功能，遍历分类树的所有叶节点，找到概率最大的 label（一个或者 N 个）。

6. ELMo

词在不同的语境下有着不同的含义，而在前面介绍的几种词向量技术的构造中，词在不同语境下的向量表示是相同的。换言之，前面介绍的词向量技术本质上都是静态方式，构造的都是独立于上下文的、静态的词向量，单词训练好之后就固定了，无论下游任务是什么，输入的向量始终是固定的。因此，无法解决一词多义等问题。而后续的 ELMo、GPT 以及 BERT 词向量都是针对于这类问题提出的，都是基于语言模型的动态词向量，通过预训练和微调（fine-tune）两个阶段来构造上下文相关（context-dependent）的词表示。

ELMo（Embedding from Language Models）是华盛顿大学的马修·彼得斯（Matthew Peters）等于 2018 年提出的词向量训练方法，它是一种动态词向量技术，词向量不再用固定的映射表来表达。ELMo 训练出一个神经网络模型，它的输入是一个句子，输出是句子中每个单词的向量序列。

（1）ELMo 的基本思想。ELMo 使用双向语言模型来进行预训练，用两个分开的双层 LSTM 作为编码器（Encoder）。

ELMo 事先用一个语言模型去学习单词的词向量，使单词具备特定的上下文，此时可以根据上下文的语义去调整单词的词向量，这样经过调整的词向量更能表达这个上下文中具体的含义，也就解决了一词多义问题。所以，ELMo 本质上是根据当前上下文对词向量进行动态调整的过程。

（2）ELMo 构建词向量的过程。ELMo 采用典型的两阶段过程，具体如下所述。

第一阶段，使用预训练语言模型进行训练。采用双层双向 LSTM 对上下文进行编码，上下文使用静态的词向量，对每层 LSTM，将上文向量与下文向量进行拼接作为当前向量，利用大量的语料训练这个网络。对于一个新的句子，可以有三种表示：最底层的词向量；第一层的双向 LSTM 层的输出，这一层能学习到更多句法特征；第二层的双向 LSTM 的输出，这一层能学习到更多词义特征。经过 ELMo 训练，不仅能够得到词向量，还能学习到一个双层双向的神经网络。

第二阶段，下游任务。将一个新的句子作为 ELMo 预训练网络的输入，这样该句子在 ELMo 网络中能获得三个向量（embedding），可以将三个 embedding 加权，并将此作为下游任务的输入，这被称为基于特征的预训练（Feature-based Pre-Training）。

简言之，第一阶段学到的是句法信息，第二阶段学到的是语义信息。这两层 LSTM 的隐状态以及初始的输入加权求和就得到当前词的 embedding。ELMo 还设置了一个参数，不同的下游任务可以取特定的值，来控制 ELMo 词向量起到的作用。

（3）ELMo 举例。分别从句子的正反两个方向编码，预测下一个单词。

句子：我爱自然语言处理

正向输入：我 爱 自然 语言 处理

预测：P（爱 | 我）

　　P（自然 | （爱，我））

　　P（语言 | （自然，爱，我））

　　P（处理 | （语言，自然，爱，我））

反向输入：处理 语言 自然 爱 我

预测：P（语言 | 处理）

　　　　　　P（自然 | （语言，处理））

　　　　　　P（爱 | （自然，语言，处理））

　　　　　　P（我 | （爱，自然，语言，处理））

（4）ELMo 的应用。实验结果表明，ELMo 在问答、情感分析、命名实体识别等下游任务中都取得了不错的效果。

（5）ELMo 的特点。

1）优点。

● 继承了 Word2vec 的所有优点。

● 动态词向量，解决了不同上下文环境下向量不可变的问题。能够学习到单词用法的复杂特性，学习到这些复杂用法在不同上下文的变化。

● 效果好，在大部分任务上较传统模型都有提升。实验证实 ELMo 相比于词向量，可以更好地捕捉到语法和语义层面的信息。

● 传统的预训练词向量只能提供一层表征，而且词汇量受到限制。ELMo 所提供的是特征层（character-level）的表征，对词汇量没有限制。

2）缺点：

● 速度较慢，对每个标志位（token）编码都要通过语言模型计算得出。

● 在特征抽取器选择方面，ELMo 使用了 LSTM 而不是 Transformer 模型，但 Transformer 模型提取特征的能力要远强于 LSTM。

● 拼接方式双向融合，特征融合能力偏弱。用两个单向模型（双向 LSTM）表示双向语言模型，每一个单向模型只能注意到它前面的所有词语，而无法接触到它后面的词语。

7. OpenAI GPT

2018 年，OpenAI 在论文 "Improving Language Understanding by Generative Pre-Training" 中 提 出 了 GPT（Generative Pre-Training） 模 型， 后 面 又 在 论 文 "Language Models are Unsupervised Multitask Learners" 中提出了 GPT2 模型。GPT2 与 GPT 的模型结构差别不大，但是 GPT2 采用了更大的数据集进行实验。GPT 与 BERT 都采用 Transformer 模型。

GPT 模型提出一种半监督的方式来处理语言理解的任务。使用非监督的预训练和监督方式的微调。模型的目标是学习一个通用的语言表示，可以经过很小的调整就应用在各种任务中。这个模型的设置不需要目标任务和非标注的数据集在同一个领域。

（1）GPT 的基本思想。GPT 的核心思想是先通过无标签的文本去训练生成语言模型，再根据具体的 NLP 任务（如文本蕴涵、QA（自动问答）、文本分类等），来通过有标签的数据对模型进行微调。

与 ELMo 不同，ELMo 使用 LSTM 作为编码器，而 GPT 用的是编码能力更强的 Transformer。GPT 也是用语言模型进行大规模无监督预训练，但使用的是单向语言模型，也就是只根据上文来预测当前词。

它实现的方式很直观，就是 Transformer 的解码器（Decoder）部分只和前面的词计算自注意力（self-attention）来得到文本的表示。在下游任务上，ELMo 相当于扩充了其他任务的 embedding 层，各个任务的上层结构各不相同，而 GPT 则不同，它要求所有下游任务都要完全与 GPT 的结构保持一致，只在输入 / 输出形式上有所变化。

GPT 模型是在 NLP 上第一次实现真正的端到端，不同的任务只需要定制不同的输入 /

输出，无须构造内部结构。这样预训练学习到的语言学知识就能直接引入下游任务，相当于提供了先验知识。例如在做阅读理解时，先通读一遍全文再根据问题到文章中寻找答案，这个过程就类似于 GPT 的两阶段模型。

（2）GPT 的模型结构。GPT 使用 Transformer 模型的 Decoder 结构，并进行了一些改动，原本的 Decoder 包含了两个多头注意力（Multi-Head Attention）结构，GPT 只保留了掩码多头注意力（Mask Multi-Head Attention）。

（3）GPT 构建词向量的过程。与 ELMo 相似，GPT 亦采用两阶段的训练模式，具体如下所述。

第一阶段，利用语言模型进行预训练，学习一个深度模型。与 ELMo 不同的是，GPT 使用 Transformer 模型提取特征，具体来说，GPT 采用单向的 Transformer，只是根据上文来预测某个词，其中，Transformer 模型主要是利用自注意力机制的模型。

第二阶段，通过微调模式应用到下游任务，即使用相应的监督目标将这些参数调整到目标任务。与 ELMo 的做法不同，GPT 不需要再重新对任务构建新的模型结构，而是直接在 Transformer 这个语言模型上的最后一层接上 Softmax 层作为任务输出层，然后再对这整个模型进行微调。

注意，由于不同 NLP 任务的输入有所不同，Transformer 模型的输入针对不同 NLP 任务也有所不同。对于分类任务直接将文本输入即可；对于文本蕴涵任务，需要将前提和假设用一个 Delim 分割向量拼接后进行输入；对于文本相似度任务，在两个方向上都使用 Delim 拼接后进行输入；对于如问答多选的任务，就是将每个答案和上下文进行拼接进行输入。

（4）GPT 举例。GPT 作为预训练语言模型，预处理语言为英语，为保证严谨性，此处使用英文示例。

句子：I love natural language processing

预测：$P(love|I)$

$P(natural\ |(love,I))$

$P(language\ |(natural,love,I))$

$P(processing\ |\ (language,natural,love,I))$

（5）GPT 的应用。GPT 模型是由 12 层 Transformer 模块组成的，使用最后的隐藏层来做不同的任务。可以完成的任务有文本分类、关系判断、相似性分析、问答系统、阅读理解。

（6）GPT 的创新。

1）用复杂的模型结构担任不同 NLP 任务的中间框架，启发了统一的端到端实现策略。

2）第二阶段保留语言模型的损失（loss）值。

8. BERT

GPT 虽然效果很好，但它在预训练时使用的是 Transformer 模型的 Decoder 部分，即单向语言模型，在计算注意力时只能看见前面的内容，这样 embedding 获得的上下文信息就不完整。ELMo 虽然是双向语言模型，但实际上是分开执行再组合 loss 值，这就会带来一定的损失。为了弥补这些不足，BERT（Bidirectional Encoder Representations from Transformers）模型真正实现了双向语言模型。此外，BERT 模型还增加了一个特性，使神经网络学习句子之间是否有连贯的关系，最终能在智能问答等领域得到很好的结果。

BERT 于 2018 年由 Google 公司提出，发布自论文 "BERT: Pre-training of Deep Bidirectional

Transformers for Language Understanding"。这个模型彻底改变了 NLP 的游戏规则。

NLP 一共有 4 大类的任务：

（1）序列标注：分词、词性标注、命名实体识别等。

（2）分类任务：文本分类、情感分析等。

（3）句子关系判断：自然语言推理、深度文本匹配、问答系统等。

（4）生成式任务：机器翻译、文本摘要生成等。

BERT 为这 4 大类任务的前 3 个都设计了简单的下游接口，省去了各种花哨的注意力、堆栈等复杂的网络结构，且实验效果取得了大幅度的全面提升。

（1）BERT 的基本思想。BERT 是一个预训练的语言表征模型。同 GPT 一样，它采用两阶段模式：利用双向 Transformer 语言模型进行预训练；通过微调（fine-tuning）模式完成下游任务。与 GPT 不同的是，BERT 在预训练时除了语言模型 loss 以外，还增加了一个 Next Sentence Prediction 任务，即两个句子组成句子对（sentence pair）同时输入，预测第二个句是否是第一个句子的下文，是一个二分类任务。

BERT 强调了不再像以往一样采用传统的单向语言模型进行预训练，而使用了编码器 - 解码器（Encoder-Decoder）模型，并采取掩码语言模型（Masked Language Model，MLM）与预测下一句（Next Sentence Prediction，NSP）模型两种新方法，以生成深度的双向语言表征向量。其真正的核心是 Transformer 模型。

1）MLM 可理解为完形填空，算法会随机掩盖每个句子中 15% 的词，用其上下文来做预测。

例如：My favorite fruit is apple → My favorite fruit is [MASK]

其中，[MASK] 用于替换句子中被选中需要掩盖的词。

2）NSP 的任务是判断句子 B 是否是句子 A 的下文。训练数据的生成方式是从平行语料中随机抽取连续两句话。

例如：[CLS] I made a phone call [SEP] and then smiled [SEP]

其中，[CLS] 用于标志句的首位；[SEP] 放在每个句子之后，用于分开两个句子。

（2）BERT 的举例。BERT 作为预训练语言模型，预处理语言为英语，为保证严谨性，此处使用英文示例。

句子：This apple is red

输入：This [MASK] is red

预测：$P([MASK]|(This,is,red))$

（3）BERT 的特点。

1）创新。

● 掩码语言模型。用掩码（mask）策略实现了双向语言模型，非常巧妙。

● 预训练除了语言模型，还加入了 Next Sentence Prediction，试图学习更高层面的语言关联性，提供了很好的扩展思路。

2）优点。

● 在 NLP 领域各项任务中取得突破性成绩。

● 训练完毕后，稍加调整即可用于具体任务。

3）缺点。

● 用 GPU 训练可能需要一周以上。不过，谷歌等平台开源了训练好的中文模型。

● 模型参数量大，约为 110MB，需占用 11GB 显存（一整张显卡）。

后面小节会重点讲解 BERT，所以这里不做细致介绍。

6.2 Word2vec

Word2vec 词向量技术

2013 年，Google 公司开源了一款用于词向量计算的工具——Word2vec。同年，Google 团队的托马斯·米科洛夫（Tomas Mikolov）等在论文 "Efficient Estimation of Word Representation in Vector Space" 中也公开发表 Word2vec 的实现原理。它被认为是自然语言处理史上的一大里程碑式的突破，使机器在理解语义层面有了质的提升。

在前文提及的 one-hot 和共现矩阵中，学习了如何将一个单词表示为一个稀疏的长向量，其维度对应于词汇表中的单词数。Word2vec 工具则提供了一种更强大的词表示——词嵌入。词嵌入的维度很短，并且向量值密集，可以更好地捕获同义词。Word2vec 方法快速、训练高效。Word2vec 嵌入是静态嵌入，这意味着该方法为每个单词学习一个固定嵌入，需要学习的权重更少，大大节约了空间，并且较小的参数空间可能有助于泛化并避免过拟合。需要强调的一点是，Word2vec 是一个计算词向量的开源工具。当我们在说 Word2vec 算法或模型的时候，其实指的是其背后用于计算词向量的 CBOW 模型和 Skip-gram 模型。

6.2.1 Word2vec 的基本原理

Word2vec 可以把单词转换成向量，利用神经网络对词的上下文进行训练得到词的向量化表示。在向量空间中，词之间的相互关系、上下文关系都以向量之间的关系来表征。经过训练将每个词映射成 K 维实数向量（K 一般为模型中的超参数），通过词之间的距离（欧氏距离等）来判断它们之间的语义相似度。

Word2vec 的训练方法包括 CBOW 和 Skip-gram。

- CBOW：在已知上下文 w 的情况下预测中心词 context(w)。
- Skip-gram：在已知中心词 context(w) 的情况下，预测上下文 w。

6.2.2 Word2vec 的两种训练模型

Word2vec 有两种训练模型：连续词袋模型和跳字模型。Word2vec 预测词向量时都只使用了当前词的局部上下文，且以当前词为中心进行对称选取，我们将当前词到左（右）侧的距离称为滑动窗口大小。对于 CBOW 模型，每次输入的是滑动窗口内的除当前词之外的上下文；对于 Skip-gram 模型，每次输出的是滑动窗口内的除当前词之外的上下文。

1. CBOW

（1）基本原理。CBOW 是使用上下文去预测目标词来训练得到词向量，如图 6-3 所示。

输入：给定的上下文。

输出：预测的中心词。

CBOW 模型预测的是

$$p(w_t \mid w_{t-2}, w_{t-1}, w_{t+1}, w_{t+2}) \tag{6.1}$$

其中，P 表示概率，w 表示词向量，t 表示第 t 个词，w_t 表示第 t 个词的词向量。

由于图 6-3 中目标词前后只取了各两个词，因此窗口的总大小是 2。假设目标词前后各取 k 个词，即窗口的大小是 k，那么 CBOW 模型预测的将是

$$p(w_t \mid w_{t-k}, w_{t-(k-1)}, \cdots, w_{t+(k-1)}, w_{t+k}) \tag{6.2}$$

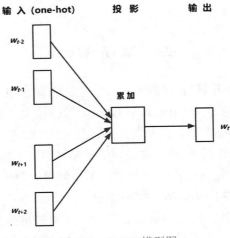

图 6-3　CBOW 模型图

（2）模型举例。

【例 6.1】已经分词并预处理的句子：暑假 / 的 / 时候 / 我们 / 特别 / 喜欢 / 去 / 北戴河。

【案例分析】若给定的上下文为 ["我们"，"特别"，"去"，"北戴河"]，设定上下文窗口大小为 2，则预测的中心词是 "喜欢"。

最终的输入输出样本对如下：

("我们"，"喜欢")
("特别"，"喜欢")
("去"，"喜欢")
("北戴河"，"喜欢")

2. Skip-gram

（1）基本原理。与 CBOW 模型相反，Skip-gram 是使用目标词去预测周围词来训练得到词向量，如图 6-4 所示。

输入：给定的中心词。

输出：预测的上下文。

从图 6-4 中可以看出，Skip-gram 预测的是

$$p(w_{t-2} \mid w_t), \ p(w_{t-1} \mid w_t), \ p(w_{t+1} \mid w_t), \ p(w_{t+2} \mid w_t) \tag{6.3}$$

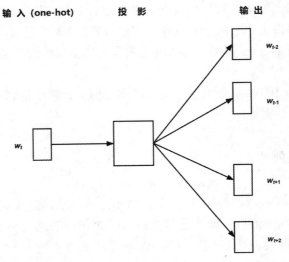

图 6-4　Skip-gram 模型图

如果 w_t 前后各取 k 个单词，即窗口大小为 k，那么 Skip-gram 模型预测的将是

$$p(w_{t+p}|w_t), \quad (-k \leqslant p \leqslant k, k \neq 0, p \neq 0) \tag{6.4}$$

（2）模型举例。

【例 6.2】已经分词并预处理的句子：暑假 / 的 / 时候 / 我们 / 特别 / 喜欢 / 去 / 北戴河。

【案例分析】若给定的中心词是"喜欢"，设定上下文窗口大小为 2，则预测的上下文为 ["我们"，"特别"，"去"，"北戴河"]。

最终的输入输出样本对如下：

("喜欢"，"我们")
("喜欢"，"特别")
("喜欢"，"去")
("喜欢"，"北戴河")

3. 模型的训练过程

Word2vec 的训练模型是一个神经网络模型，模型结构包括输入层、隐藏层和输出层，如图 6-5 所示。

- 输入层：one-hot vector。
- 隐藏层：没有激活函数，也就是线性的单元。
- 输出层：维度与输入层的维度相同，用 Softmax 作为输出层的激活函数。

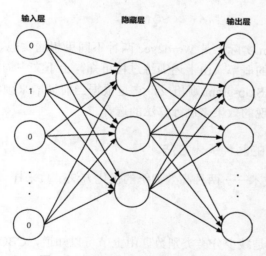

图 6-5　Word2vec 的训练模型结构图

以 CBOW 的训练模型为例，其模型结构示意图如图 6-6 所示。训练过程如下：

（1）输入上下文单词所对应的 one-hot 编码向量（词汇表维度为 V，共有 C 个上下文单词）。

（2）所有的 one-hot 向量乘以共享的输入权重矩阵 $W_{V \times N}$（N 为隐藏神经元个数，也是生成的词向量维度），得到 C 个维度为 $1 \times N$ 的向量。

（3）将 C 个向量进行累加求和再平均，得到隐藏层向量（维度为 $1 \times N$）。

（4）乘以输出权重矩阵 $W'_{N \times V}$。

（5）得到的向量（$1 \times V$），经 Softmax 激活函数处理，得到每个分量的概率分布。

（6）概率最大的分量所指示的单词为预测出的中间词（target word）。计算其与真实标签（true label）的 one-hot 编码之间的损失值，损失越小越好。

（7）根据损失值，采用梯度下降算法反向更新 W 与 W' 的权值。

（8）模型训练完成后，输入一个单词的 one-hot 向量，经过参数矩阵 W 生成的 N 维向量即为能表示该词的词向量。

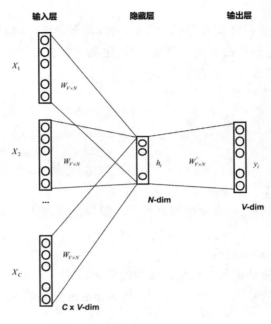

图 6-6　CBOW 模型结构示意图

CBOW 和 Skip-gram 实际上是 Word2vec 两种不同思想的实现。CBOW 的目标是根据上下文来预测当前词语的概率，由上述训练过程可知，上下文中词的出现顺序不会对目标词的预测产生影响。而 Skip-gram 则相反，它是根据当前词语来预测上下文概率。在实际应用中，可根据最后呈现的效果来进行算法的选择。

6.2.3　Word2vec 的两种优化方法

Word2vec 的关键技术——两种高效训练的优化方法：负采样（Negative Sampling）和层次 Softmax。

1. 负采样

负采样的核心思想是减少分类类别数。由上节可以知道，CBOW 模型和 Skip-gram 模型的权重是 $V×N$ 维矩阵，其中 V 是词汇表长度。在训练神经网络时，每一个样本的输入都会对所有神经网络中的参数进行调整。词汇表的大小自然就决定了训练的计算量，当词汇表很大时，权重更新的计算量非常大，训练速度慢。而负采样则是让每一个训练样本仅仅更新一小部分的权重参数，从而降低梯度下降过程中的计算量。我们将中心词与在其窗口内的周围词之间的组合称为正样本；中心词与不在其窗口内的词之间的组合称为负样本。若每次对中心词选取 k 个负样本，则模型每次输出一个正样本以及 k 个负样本所对应的概率，且只更新此时网络中对应部分的权重，其他部分的权重不更新，从而能在反向传播过程中大大减少计算量。

研发者在论文中指出，对于小规模数据，一般选择 5 ～ 20 个负样本会比较好，对于大规模数据集，可以仅选择 2 ～ 5 个负样本。

2. 层次 Softmax

其核心思想是将多次的 Softmax 计算，转换成多次 Sigmoid 计算。

层次 Softmax 是一种有效的计算 Softmax 的方式。对于每个样本，在输出层都需要进行 Softmax 计算，之后才能选取出概率最大的索引。当词汇表较大时，计算量无疑会变得非常大，影响模型训练效率。为了避免要计算所有词的 Softmax 概率，Word2vec 采用了霍夫曼树来代替从隐藏层到输出层 Softmax 的映射。层次 Softmax 的效果不如负采样好，这里不做过多介绍。

6.2.4 案例实现

Word2vec 是 Google 公司在 2013 年开源的一款将词表征为实数值向量的高效工具。Gensim 是著名的向量空间模型包，里面提供了 Word2vec 的 Python 接口，可以使 Word2vec 可以在 Python 中方便地调用，轻松实现对自定义语料的词向量训练。

【例 6.3】以美团外卖的评论集为语料训练词向量，并使用训练出来的词向量模型。

【案例分析】

（1）安装所需工具。使用如下命令分别安装 Pandas 和 Gensim：

```
pip install pandas
pip install gensim
```

（2）对文本进行预处理、分词。先读取语料文件，对数据进行预处理，转字符串数组，进行分词之后，再重组为字符串数组。核心代码如下：

```
import pandas as pd
import jieba
from gensim.models.word2vec import Word2Vec
# 读入训练集文件
data = pd.read_csv('./train.csv')
# 转字符串数组
corpus = data['comment'].values.astype(str)
# 分词，再重组为字符串数组
corpus = [jieba.lcut(corpus[index]
        .replace("，", "")
        .replace("!", "")
        .replace("！", "")
        .replace("。", "")
        .replace("~", "")
        .replace("；", "")
        .replace("？", "")
        .replace("?", "")
        .replace("【", "")
        .replace("】", "")
        .replace("#", "")
        ) for index in range(len(corpus))]
```

（3）进行模型训练。使用 Word2vec 进行词向量模型训练，然后依次输出模型参数、最匹配的词、语义相似度以及坐标。核心代码如下：

```
# 词向量模型训练
model = Word2vec(corpus, sg=0, vector_size=300, window=5, min_count=3)
# 模型显示
print(' 模型参数：',model,'\n')
# 最匹配的词
```

```
print(' 最匹配的词是：',model.wv.most_similar(positive=[' 点赞 ',' 不错 '], negative=[' 难吃 ']),'\n')
# 语义相似度
print(' 相似度 =',model.wv.similarity(' 推荐 ',' 好吃 '),'\n')
# 坐标返回
print(model.wv.__getitem__(' 地道 '))
```

【运行结果】

模型参数：Word2Vec(vocab=4036, vector_size=300, alpha=0.025)
最匹配的词是：[(' 好找 ', 0.9531014561653137), (' 划得来 ', 0.9497449398040771),
       (' 位置 ', 0.9490984082221985), (' 那儿 ', 0.9419122934341431), (' 值得 ', 0.9388341307640076),
       (' 推荐 ', 0.9382804036140442), (' 老板娘 ', 0.9376828074455261), (' 足下 ', 0.9353681802749634),
       (' 高 ', 0.9345930218696594), (' 团购 ', 0.9336897134780884)]
相似度为 = 0.8509382
[5.44654438e-03 1.25772998e-01 3.18094715e-02 6.58450648e-02
 -4.25820760e-02 -9.25452486e-02 1.12138189e-01 2.99227506e-01
  1.33032231e-02 -3.54172289e-02 -2.07951572e-02 -1.01007700e-01
 -1.86437238e-02 -1.11318259e-01 -1.19699001e-01 -5.71677834e-02
  8.71713609e-02 -6.48059137e-03 2.48678774e-02 -6.84417561e-02
 -6.27551451e-02 -2.18321513e-02 3.66522670e-02 3.07853483e-02
  6.55149892e-02 -4.81575429e-02 -1.47461608e-01 3.52735966e-02
 -4.32785451e-02 -1.01859942e-01 9.23062041e-02 -6.76403791e-02
......
```

# 6.3 注意力机制

注意力机制

注意力机制（Attention Mechanism）不是词向量生成技术，但它在使用预训练模型生成词向量的过程中具有非常重要的意义，目前被广泛使用在 Transformer 模型以及其他自然语言处理任务中。Transformer 具有强大的特征提取能力，BERT 便是以 Transformer 为核心的预训练模型。因此，在学习 BERT 预训练模型之前，需要先理解并掌握注意力机制。

注意力机制的思想源自人类视觉系统，当观察事物时，由于人类处理信息的局限性，一般难以将事物进行整体处理，而是通过注意力快速筛选出具有高价值的部分，这是人类在演化过程中不断形成的高效机制。这种机制能在很大程度上提升视觉信息处理效率和准确率。在深度学习中，研究者借鉴了人类用于视觉处理的注意力机制，将其用于自然语言处理等任务，核心目标也是从整体信息中获取对当前任务具有更重要影响的局部信息。

在认知科学中，注意力机制指由于信息处理的瓶颈，人类会选择性地关注信息的一部分，同时忽略其他可见的信息。最基础的注意力模型（Attention Model）来源于 2014 年约书亚·本吉奥（Yoshua Bengio）等发布的经典文章 "Neural machine translation by jointly learning to align and translate"，如今被广泛使用在自然语言处理、图像识别及语音识别等各种不同类型的深度学习任务中，是深度学习技术中最值得关注与深入了解的核心技术之一。

### 6.3.1 Encoder-Decoder 框架

在了解深度学习中的注意力机制前，我们先介绍 Encoder-Decoder 框架。Encoder-Decoder 框架是目前大多数注意力模型的基础，但值得注意的是，注意力模型作为一种通用思想本身并不依赖于任何框架。Encoder-Decoder 框架可以看作一种深度学习领域的研究模式，应用场景异常广泛。图 6-7 是自然语言处理领域里常用的 Encoder-Decoder 框架
```

的一种抽象表示。

　　自然语言处理领域的 Encoder-Decoder 框架可以做如下理解：由一个输入序列（句子或者篇章）得到一个输出序列（句子或者篇章）的通用处理模型。对于序列对 <*Source*, *Target*>，我们希望通过将输入序列 *Source* 送入 Encoder-Decoder 框架，从而得到其输出序列 *Target*。当 *Source* 与 *Target* 是不同语言时，Encoder-Decoder 框架用于机器翻译任务；当两者是相同语言时，可以用于机器阅读理解、文本生成、问答系统等任务。

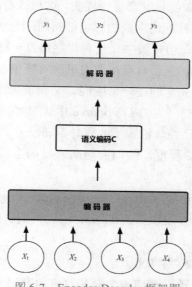

图 6-7　Encoder-Decoder 框架图

Source 和 *Target* 对应的序列如下：

$$Source =< X_1, X_2, \cdots, X_m >$$
$$Target =< y_1, y_2, \cdots, y_n > \qquad (6.5)$$

Encoder 是对输入句子 *Source* 进行编码，将输入句子通过非线性变换转化为中间语义表示 C：

$$C = F(X_1, X_2, \cdots, X_m) \qquad (6.6)$$

其中，F 为 Encoder 的非线性变换函数。

　　对于解码器 Decoder 来说，其任务是根据句子 *Source* 的中间语义表示 C 和之前已经生成的历史信息 <$y_1, y_2, \cdots, y_{i-1}$> 来生成 i 时刻要生成的单词：

$$y_i = F(C, y_1, y_2, \cdots, y_{i-1}) \qquad (6.7)$$

其中，F 为 Decoder 的非线性变换函数。

　　采用如上方式依次生成 y_i，将其进行组合后，从整体上看就相当于 Encoder-Decoder 框架能根据输入序列 *Source* 产生目标序列 *Target*。在机器翻译任务中，*Source* 可以为中文句子，*Target* 为英文句子；在文本摘要生成任务中，*Source* 是一篇文章，*Target* 是摘要；在问答系统中，*Source* 是问句，*Target* 是其回答。由此可见，Encoder-Decoder 框架在自然语言处理领域具有十分广泛的运用。

6.3.2　注意力机制概述

1. 注意力机制的产生

前面所说的 Encoder-Decoder 框架并没有体现出注意力机制，可以把它看作注意力不集中的"分心模型"。我们观察 *Target* 中每个词的生成过程：

$$y_1 = F(C)$$
$$y_2 = F(C, y_1)$$
$$y_3 = F(C, y_1, y_2)$$

（6.8）

其中，F 是 Decoder 的非线性变换函数。从这里可以看出，在生成目标句子的单词时，不论生成哪个单词，输入序列 *Source* 的中间语义表示 C 都在表达式中出现，而在 C 的生成过程中，*Source* 中的每个词所做的贡献都是一样的，这意味着不论生成 *Target* 中的哪个词，其 *Source* 中的任意单词对当前目标词生成的影响都相同，因此它并没有体现出注意力机制。这类似于人类看到眼前的画面，但是眼中却没有注意焦点一样。

在输入序列较短的情况下，是否具有注意力机制对模型没有太大的影响；但在输入序列较长的情况下，所有语义将完全通过一个中间语义向量来表示，*Source* 中单词自身的信息已经消失。若当前 *Target* 中 y_i 的生成与 *Source* 中 X_1 非常相关，而在不断迭代过程中，y_{i-1}、y_{i-2}······中包含 X_1 的信息已经非常弱了，同时 *Source* 中每个词都对中间语义 C 有相同的贡献，也无法体现 X_1 的重要程度，因而会对 *Target* 的生成带来很大影响，这是需要引入注意力机制的重要原因。

例如在英汉翻译中，输入句子"natural language processing"，如果引入注意力机制的话，应该在翻译"自然"的时候，体现出英文单词对于翻译当前中文单词不同的影响程度，例如给出类似下面的概率分布值：

(natural, 0.7)(language, 0.2) (processing, 0.1)

同理，目标句子中的每个单词都应该学会其对应的源句子中单词的注意力分配概率信息。这意味着在生成每个单词 y_i 的时候，原本都是相同的中间语义表示 C 会被替换成根据当前生成单词而不断变化的 C_i。增加了注意力机制的 Encoder-Decoder 框架如图 6-8 所示。

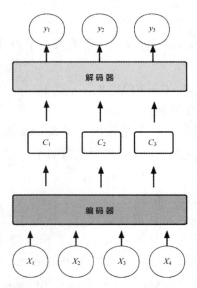

图 6-8　增加了注意力机制的 Encoder-Decoder 框架

那么生成目标句子单词的过程就成了下面的形式：

$$y_1 = F(C_1)$$
$$y_2 = F(C_2, y_1)$$
$$y_3 = F(C_3, y_1, y_2)$$

（6.9）

2. 注意力机制的本质思想

上文提及了注意力机制的作用方式，本小节将介绍注意力机制生成中间语义编码 C_i 的本质思想。我们将上文注意力机制的思想进行抽象化表达，可以得到如图 6-9 的本质思想模型。

当对 *Target* 中某个词进行解码时，我们取 *Target* 中该词的 *Query* 向量以及来自 *Source* 中每个词的 <*Key*,*Value*> 向量对，通过 *Query* 与每个 *Key* 的相似性比较，决定在解码该词时 *Source* 中每个词的贡献程度，即应该对 *Source* 中的词放置多少注意度，也就是前文提及的概率分布。然后通过与每个词对应的 *Value* 加权求和，即可得到注意力值，也就是我们所需要的中间语义编码 C_i。

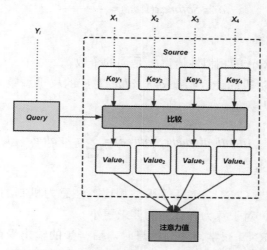

图 6-9　注意力机制的本质思想模型

3. 注意力机制的具体计算

可以将注意力机制的计算归纳为三个阶段：第一阶段根据 *Query* 和 *Key* 计算两者的相似性或者相关性；第二阶段对第一阶段的原始分值进行归一化处理。经过这两个阶段后可以计算得到 *Query* 和 *Key* 的权重系数；第三阶段根据权重系数对 *Value* 进行加权求和。注意力机制的计算过程如图 6-10 所示。

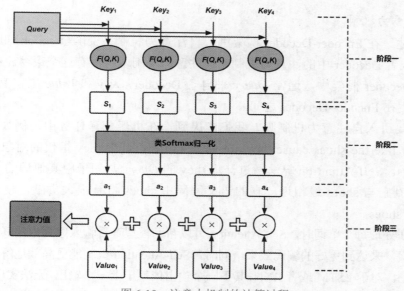

图 6-10　注意力机制的计算过程

第一阶段：可以引入不同的函数和计算机制。最常见的方法包括求两者的向量点积、求两者的向量 Cosine 相似性。

点积：
$$Similarity(Query, Key_i) = Query \cdot Key_i \qquad (6.10)$$

Cosine 相似性：
$$Similarity(Query, Key_i) = \frac{Query \cdot Key_i}{\| Query \| \cdot \| Key_i \|} \qquad (6.11)$$

第二阶段：引入类似 Softmax 的计算方式对第一阶段的得分进行数值转换，一方面可以进行归一化，另一方面也可以通过 Softmax 的内在机制更加突出重要元素的权重。一般采用如下公式计算：

$$a_i = Softmax(sim_i) = \frac{e^{sim_i}}{\sum_{j=1}^{L_x} e^{sim_j}} \qquad (6.12)$$

其中，sim_i 是 $Query$ 与 Key_i 的相似性值，L_x 是词的个数。

第三阶段：对第二阶段的计算结果 a_i（$Value_i$ 对应的权重系数）进行加权求和，即可得到针对 $Query$ 的注意力数值。

$$Attention(Query, Source) = \sum_{i=1}^{L_x} a_i \cdot Value_i \qquad (6.13)$$

4. 注意力机制的特点

（1）训练参数少。与 CNN、RNN 等模型相比，注意力机制的实现模型复杂度更小，需要训练的参数也更少，对于算力和存储的要求更小。

（2）计算速度快。RNN 在学习序列信息时，后一步的输出受前一步输出的影响，使得模型训练不能并行，而注意力机制能像 CNN 一样进行并行运算，在很大程度上提升了训练速率。

（3）模型效果好。在引入注意力机制之前，由于中间语义表示始终不变，长距离的信息会逐渐被弱化，目标词的生成没有重点，使得模型效果不理想。而相比之下，注意力机制能抓住重点，即使在长距离的情况下也能获取对当前目标最有价值的信息。

6.3.3　注意力机制的发展

1. 自注意力机制

（1）概述。在 Encoder-Decoder 框架中，自注意力机制（Self-Attention）是指只发生在 Encoder 或者 Decoder 中的注意力机制，而注意力机制本身没有这个束缚。在机器翻译的 Encoder-Decoder 框架中，通常 $Query$ 来自于 Decoder，Key 和 $Value$ 来自 Encoder，注意力机制发生在 Encoder-Decoder 之间。

为什么要引入自注意力机制呢？我们考虑到，在机器翻译任务中，例如要翻译 My friends really like the shoes cause they are so beautiful，其中 they 指代的对象是 shoes 而非 My friends。Self-Attention 算法通过计算 they 的 $Query$ 与句子中其他词的 Key 之间的相似度，得到它与 shoes 最相近，它的语义编码中 shoes 将有很大贡献，使 Decoder 知道 they 指代 shoes。

当模型在处理每个单词时，Self-Attention 可以帮助模型查看输入序列中的其他位置，寻找相关的线索，来达到更好的编码效果。同时，Self-Attention 机制能更高效地解决句子中长距离依赖问题。对于 LSTM 或者 RNN，其下一个输出依赖于上一个输出，无法实现并行运算，相隔长距离的信息也会在传递过程中不断减弱，相隔的距离越远，能成功捕获的概率就越小。

而在使用 Self-Attention 后，会直接将句子中任意两个单词进行计算连接，不必经过漫长的传递，能极大地缩短长距离依赖特征之间的距离，提高远距离特征的利用率。

（2）基本原理。Self-Attention 的计算公式如下：

$$Attention(Q,K,V) = softmax\left(\frac{QK^{\mathrm{T}}}{\sqrt{d_k}}\right)V \qquad (6.14)$$

其中，Q 为 $Query$ 矩阵，K 为 Key 矩阵，V 为 $Value$ 矩阵，d_k 是 Key 向量维度。

Self-Attention 的流程如下：

1）为编码器的每个输入单词创建三个向量，即 Querics、Keys、Values，这些向量通过词向量和三个矩阵相乘得到，此过程如图 6-11 所示。

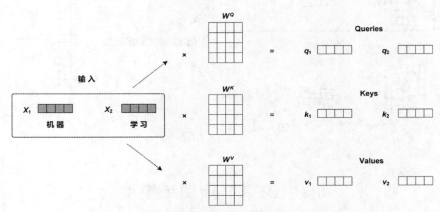

图 6-11　为编码器的每个输入单词创建三个向量

2）计算得分。假设我们要计算一个例子中某个单词的 Self-Attention，就需要根据这个单词，对输入句子的每个单词进行评分，这个分数决定了对其他单词放置多少关注度。例如我们要计算“机器”这个词，就用它的 q_1 去乘以每个位置的 k_i，之后用得到的值除以 $\sqrt{d_k}$ 再传递给 Softmax，此过程如图 6-12 所示。

3）计算 Self-Attention 分数。用上一步得分乘以每个 Value 向量，并做加权求和。这就是第一个单词的 Self-Attention 的输出，此过程如图 6-13 所示。

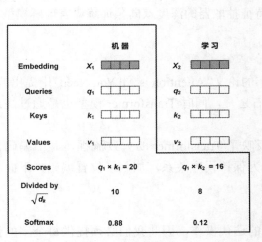

图 6-12　计算得分

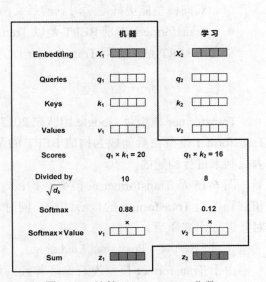

图 6-13　计算 Self-Attention 分数

2. 多头注意力机制

多头注意力机制（Multi-Head Attention）是利用多个查询，来平行地从输入信息中选取多个信息，如图 6-14 所示。每个注意力关注输入信息的不同部分。计算公式如下：

$$MultiHead(Q,K,V) = Concat(head_0,\cdots,head_h)W^0$$
$$head_i = Attention(QW_i^Q, KW_i^K, VW_i^V) \tag{6.15}$$

其中，W_i^Q、W_i^K、W_i^V 分别是 Q、K、V 的第 i 个转换矩阵。W^0 为连接多头注意力后的转换矩阵，使得经过多头注意力后的向量长度不变。

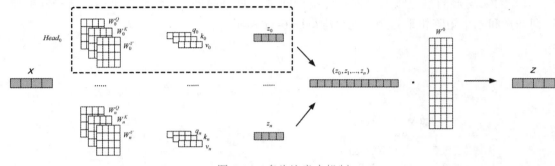

图 6-14　多头注意力机制

6.4　BERT 预训练模型

BERT 的全称是 Pre-training of Deep Bidirectional Transformers for Language Understanding，其中的每一个词都说明了 BERT 的一个特征。

- Pre-training 表示 BERT 是一个预训练模型，通过对大量无监督语料进行训练，为下游任务提供更准确表示语义、句法的信息，预训练的语言模型已被证明可有效改善许多自然语言处理任务。
- Deep 表示 BERT 模型很深，其 base 版本有 12 层，large 版本有 24 层。
- Bidirectional 表示 BERT 采用的是双向语言模型，不同于之前普遍使用的单向模型，双向模型能更好地学习到前后文两侧的知识。
- Transformers 表示 BERT 是以 Transformer 作为模型的内核进行特征抽取。

总之，BERT 是一个用 Transformer 作为特征抽取器的深度双向预训练语言理解模型。

6.4.1　Transformer 模型

Transformer 模型

Transformer 模型是 Google 团队在 2017 年的论文"Attention is All You Need"中提出的，Transformer 模型在后面成为构成 BERT 的基石之一，同时 Transformer 模型也是通过注意力机制来进行构建的。

图 6-15 是 Transformer 的模型结构图，反映了 Transformer 的大致流程，其中编码器和解码器是 Transformer 的核心结构。同时，为保持词序关系，加入了位置编码，下面将对其进行详细介绍。

1. 位置编码（Positional Encoding）

由于 Transformer 模型没有循环神经网络的迭代操作，因此我们必须提供每个字的位置信息给 Transformer，才能识别出语言中的顺序关系。为了处理这个问题，Transformer

给 Encoder 层和 Decoder 层的输入添加了一个额外的位置编码（Positional Encoding），维度和 word embedding 的维度一样，这个向量采用了一种很独特的方法来让模型学习到这个值，这个向量能决定当前词的位置，或者说在一个句子中不同的词之间的距离。与 RNN、LSTM 等循环神经网络不同，Transformer 没有使用迭代操作，而输入的词序关系对语言模型至关重要，为此 Transformer 引入了位置编码向量。在输入中，每个词都有其位置一一对应的位置编码向量，Transformer 使用数学方式计算得到其值，在训练过程中不再改变。使用位置编码，一方面能实现并行计算，提升训练速度；另一方面，能减少长距离词之间的信息损失。Transformer 模型位置编码如图 6-16 所示。

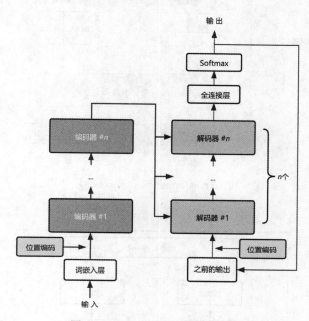

图 6-15　Transformer 模型结构图

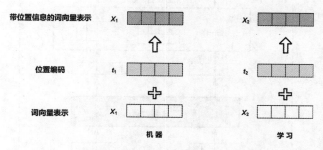

图 6-16　Transformer 模型位置编码

2. Encoder 与 Decoder 的结构

Encoder 由多头自注意力层和前馈层两个子层构成，如图 6-17 所示。在得到输入数据的 embedding 表示后，首先由多头自注意力层将其处理，之后移交给前馈层，前馈神经网络能进行并行计算，并将得到的输出送入下一个 Encoder。Decoder 除了具有 Encoder 的两个子层外，还具有注意力层，能对 Encoder 输出的多头注意力进行处理，获取对生成目标词具有重要作用的信息。

3. 层归一化（Layer Normalization）

在 Transformer 中，每一个子层（自注意力，前馈神经网络）之后都会接一个残差连接，并且有一个 Layer Normalization，如图 6-18 所示。通过层归一化对数据进行归一化处理来减少计算量。归一化的方法有多种，但它们的目的都是将输入处理成均值为 0，方差为 1 的数据。

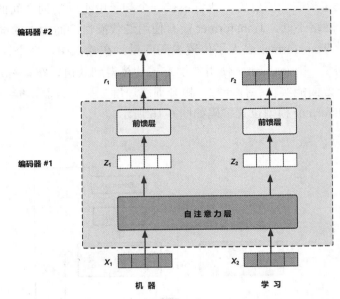

图 6-17 Transformer 模型 Encoder 层结构

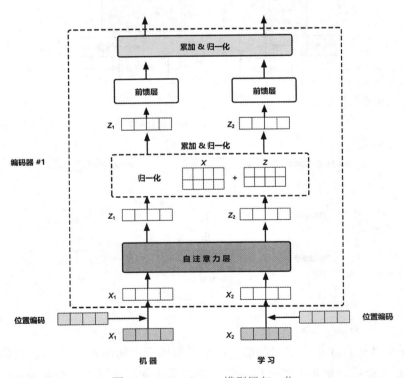

图 6-18 Transformer 模型层归一化

4. Transformer 模型的工作流程

通过上述学习，我们可以得出 Transformer 的工作流程，具体如下：

（1）在词嵌入层后加入位置向量，得到含位置信息的词嵌入表示，输入至 Transformer 模型中。

（2）在 Transformer 中，首先经过多个 Encoder。每个 Encoder 中，数据依次经过多头自注意力层、累加 & 归一化、前馈层、累加 & 归一化，然后输出至下一个 Encoder 中。

（3）最后一个 Encoder 的输出会作为 memory 保留，进入多个 Decoder。

（4）第一个 Decoder 的输入是 Encoder 的输出以及在当前词之前所有词的 Decoder 输出，每个 Decoder 中，数据依次经过掩码多头自注意力层（看不到之后 token）、多头注意力层、累加 & 归一化、前馈层、累加 & 归一化。其中注意力层中的 *Key* 和 *Value* 来自 Encoder 的 memory，*Query* 来自上一层的 Decoder 输出，因此是注意力而非自注意力。

（5）Decoder 的输出经过全连接层变换，进入 Softmax 层中，其输出为当前位置的词的概率分布，通过计算与真实分布之间误差对模型进行调整。

6.4.2 BERT 模型

BERT 是谷歌 AI 团队发布于 2018 年 10 月的预训练模型，被认为是 NLP 领域的极大突破。BERT 使用双向多层 Transformer 的编码器，模型的主要创新在于其预训练的方法。在预训练中，BERT 结合了 MLM 和 NSP 两种方法用于学习词法、语义与句间信息。

1. BERT 模型的结构

BERT 对 OpenAI GPT 和 ELMo 语言模型做了进一步的改进。GPT 使用的是单向 Transformer 模型（在图 6-19 中用 Trm 表示），无法利用下文信息；ELMo 使用的是两个 LSTM 分别学习上文和下文，再将其组合预测当前词，这种分离的组合显然存在不足。而 BERT 巧妙地使用 mask 策略利用上下文来预测当前词，在真正意义上实现了双向编码。除此之外，BERT 还加入了 NSP 任务，判别某句子是否为另一个句子的下一句。BERT 表征功能强大，生成的词向量可以在不同的下游任务中进行调整，仅仅通过在其后添加一个全连接层，对模型进行微调，便可以使很多任务的效果大幅提升。BERT 与 OpenAI GPT、ELMo 模型结构对比如图 6-19 所示。

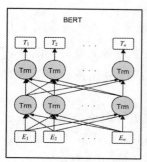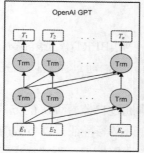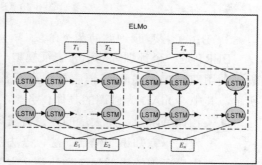

图 6-19　BERT 与 OpenAI GPT、ELMo 模型结构对比

2. BERT 模型的输入

BERT 中包含 NSP 任务，在输入时，可以只输入一个句子或者句子对判断两者是否具有前后顺序关系。同时，BERT 将会对原始句子进行加工处理，在句子中增加一些有特殊作用的标志位。

- [CLS] 标志：放在第一个句子的首位，经过 BERT 得到的表征向量 *C* 可以用于后续的分类任务。
- [SEP] 标志：放在每个句子之后，用于分开两个句子。
- [MASK] 标志：用于替换句子中被选中需要掩盖的词。掩盖后，可通过 MLM 任务预测出 [MASK] 位置处的真实词。

BERT 得到要输入的句子后，要将句子的单词转成 Embedding，Embedding 用 E 表示。与 Transformer 不同，BERT 的输入 Embedding 由三个部分相加得到：Token Embedding、Segment Embedding、Position Embedding。

（1）基于词的向量（Token Embedding）：将单词划分成一组有限的公共子词单元，能在单词的有效性和字符的灵活性之间取得一个折中的平衡。输入的文本经过分词之后，将 [CLS] 插入分词结果的开头，[SEP] 插入分词结果的结尾。

（2）基于句子的向量（Segment Embedding）：为了用于预测两个句子之间是否具有相关性而增加的表示，告诉模型哪部分属于第一句，哪部分属于第二句。句子向量中第一句的所有 token 值为 0，第二句的所有 token 值为 1。

（3）基于位置的向量（Position Embedding）：将单词的位置信息编码成特征向量，使模型获得每个单词在一个句子中的位置信息。与 Transformer 使用固定的公式计算不同，BERT 的位置向量也是通过学习得到的。

BERT 模型的输入如图 6-20 所示。

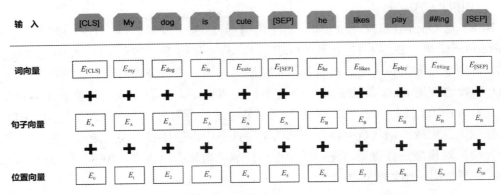

图 6-20　BERT 模型的输入

3．BERT 模型预训练的两个阶段

BERT 是一个预训练的语言表征模型。使用 BERT 模型解决 NLP 任务需要分为两个阶段：利用双向 Transformer 语言模型进行预训练，通过微调模式完成下游任务，如图 6-21 所示，其中 SQuAD 为微调的具体任务。

- 预训练阶段：用大量的无监督文本通过自监督训练的方式进行训练，把文本中包含的语言知识（包括词法、语法、语义等特征）以参数的形式编码到 Transformer 中。预训练模型学习到的是文本的通用知识，不依托于某一项 NLP 任务。
- 微调阶段：使用预训练的模型，在特定的任务中进行微调，得到用于完成该任务的定制模型。

（1）预训练（Pre-training）。BERT 实际上是一个语言模型。语言模型通常采用大规模、与特定 NLP 任务无关的文本语料进行训练，其目标是学习语言本身应该是什么样的，对于 BERT 模型，其预训练过程就是逐渐调整模型参数。为了达到这个目的，我们需要进行两个预训练的自监督任务：MLM 和 NSP。

1）MLM。MLM 的任务：给定一句话，随机抹去这句话中的一个或几个词，要求根据剩余词汇预测被抹去的几个词分别是什么。

在 BERT 实验中，会随机选择 15% 的 token 进行 mask，但并不是每次选中都会被替换为 [MASK]，而是在选定 token 后，有 80% 的概率直接被替换为 [MASK]，10% 的概率被替换为其他任意单词，10% 的概率保留原始 token，不做任何改变。例如，

输入：My favorite fruit is apple
　　80% 的概率，输入为：My favorite fruit is [MASK]
　　10% 的概率，输入为：My favorite fruit is aerospace
　　10% 的概率，输入为：My favorite fruit is apple

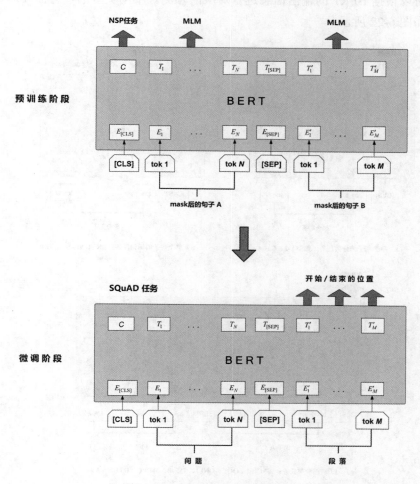

图 6-21　BERT 模型预训练的两个阶段

上述屏蔽策略的目的是减少预训练和微调之间的不匹配，因为如果某个 token 被选中后总以 100% 的概率被 MASK，那么会导致一些单词在微调阶段从未出现。随机地选取 token 是因为 Transformer 对每个 token 都有不同的分布式表达。在上述案例中，如果每次都 mask 同一个单词，会使得模型将 [MASK] 一直理解为"apple"，这对模型的预测是十分不利的。

2）NSP。很多句子级别的任务如自动问答（QA）和自然语言推理（NLI）都需要理解两个句子之间的关系，在这一任务中我们需要随机将数据划分为等大小的两部分，一部分数据中的两个语句对是上下文连续的，另一部分数据中的两个语句对是上下文不连续的。然后让 Transformer 模型来识别这些语句对中，哪些语句对是连续的，哪些语句对不连续。

NSP 的任务是判断句子 B 是否是句子 A 的下文。如果是的话输出 IsNext，否则输出 NotNext。具体来说，当选择句子 A 和 B 时，有 50% 的概率 B 是 A 的下一个句子（标记为 IsNext），有 50% 的概率它是来自语料库的随机句子（标记为 NotNext）。

（2）微调（Fine-tuning）。Fine-tuning 方式指在已经训练好的语言模型的基础上，加入少量的任务特定参数（Task-specific Parameters）。例如对于分类问题在语言模型基础上加一层 Softmax 网络，然后在新的语料上重新训练来进行微调。

在大量无监督语料上训练完 BERT 后，就可以将其运用到下游任务中了。对于 NSP 任务来说，其本身是一个分类任务，可在 BERT 后接 Softmax 层进行分类预测。对于其他任务来说，可以根据 BERT 的输出信息进行对应的预测。不同类型的任务需要对模型做不同的修改，如图 6-22 所示。

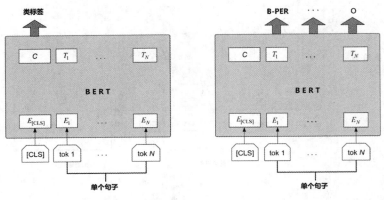

（a）单个句子的分类任务：如SST-2、CoLA　　　　（b）单个句子的标记任务：如CoNNL-2003 NER

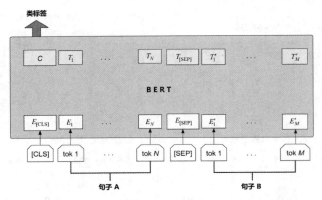

（c）句子对的分类任务：如MNLI、QQP、QNLI、STS-B、MRPC、RTE、SWAG

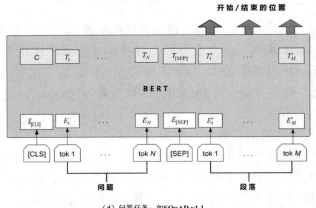

（d）问答任务：如SQuAD v1.1

图 6-22　不同任务的微调

图 6-22 展示了 BERT 在 11 个不同任务中的模型，它们只需要在 BERT 的基础上再添加一个输出层便可以完成对特定任务的微调。这些任务类似于我们做的试卷，其中有选择题、简答题等。在图 6-22 中微调的任务包括四项。

1）单个句子的分类任务。

- SST-2（句子情感分析）：电影评价情感分析的二分类任务。
- CoLA（判断句子是否可以接受）：通过语义判断句子是否是可接受的。

2）单个句子的标记任务。

- CoNLL-2003 NER：用于判断句子中实体对应的类别（Person、Organization、Location、Miscellaneous 或者 other）。其本质也是分类任务，可接 Softmax 层获取每个时刻 token 类别的概率。

3）句子对的分类任务。

- MNLI（自然语言推理）：自然语言推理是一项大规模、众包的蕴涵分类任务。给定一对句子，将第一个句子称为前提（Premise），第二个句子称为假设（Hypothesis），目标是预测第二个句子与第一个句子的关系是蕴涵关系（Entailment）、矛盾关系（Contradiction）还是中立关系（Neutral）。
- QQP（句子语义等价判断）：二分类任务，其目标是确定 Quora 上提出的两个问题在语义上是否相同。
- QNLI：二分类任务，正例是包含正确答案的问题或句子对，反例是来自同一段落的不包含答案的问题或句子。类似于我们做阅读理解定位问题所在的段落。
- STS-B：是从新闻标题和其他来源中提取的句子对的集合。用 1 ～ 5 的分数进行注释，表示两个句子在语义方面的相似程度。
- MRPC：由自动从在线新闻中提取的句子对组成，并带有人工注释，说明这对句子在语义上是否相同。
- RTE：类似于 MNLI，但是只是对蕴含关系的二分类判断，而且数据集更小。
- SWAG：从四个句子中选择可能为前句下文的那个。

4）问答任务。

SQuAD v1.1 数据集：给定一个问题和一段描述文本，将其拼接组合作为输入，输出该问题的答案，如图 6-22（d）所示，SQuAD 的输入是问题和描述文本的句子对，输出是特征向量。在 SQuAD v1.1 数据集中，答案嵌在描述文本中，只需要在 BERT 后接 Softmax 层来获得输出 token 作为开始 span（文本片段）和结束 span 的概率即可。

6.4.3　案例实现

BERT 的一个重要功能是可以生成词向量，它可以解决 Word2vec 中无法解决的一词多义问题。在 PyTorch 中，Transformer 包下拥有 BERT 在内超过 32 种预训练模型，使读者能简易使用。

BERT 可以通过两种方式获得，一种是自己使用语料利用 BERT 模型进行训练，得到词向量；另一种是直接加载 Google 训练好的 BERT 模型。考虑到训练成本，加之 BERT 本身功能已经较好了，在通常情况下不需要自行训练模型，所以我们一般选择直接加载 BERT 模型。加载 BERT 模型也分为两种方式，一种是在线加载；另一种是离线加载。在线加载由于访问境外网络，速度慢且可能出错，因此常使用离线加载方式，即先将模型和配置下载到本地，从本地加载使用。

【例 6.4】通过 Transformers 库中的 BERT 模块获取词向量

【案例分析】

先使用如下 pip 命令安装 transformers 包：pip install transformers。

（1）导入所需的模块。

```
from transformers import BertModel
from transformers import BertTokenizer
import torch
```

（2）加载预训练模型。

```
# 加载模型，将预先下载好的模型存入某一目录下
model = BertModel.from_pretrained('./bert')
# 加载分词器
tokenizer = BertTokenizer.from_pretrained('./bert')
```

（3）获取词向量。

```
text = " 中 "
# 获取词在词表中的索引，add_special_tokens 参数用于控制是否添加 [SEP]、[CLS] 等特殊 token
input_id = torch.tensor([tokenizer.encode(text, add_special_tokens=False)])
# 获取此索引对应的词向量
out_vec = model(input_id)[0]
print(out_vec)
```

【运行结果】

```
tensor([[[ 2.5318e-01, -4.5948e-01, -1.1603e+00,  1.6371e+00,  3.2755e-01,
          2.3626e-01, -3.4911e-01, -1.2934e+00, -4.1347e-01, -3.2107e-01,
         -9.6539e-02, -7.5705e-02,  8.5687e-01, -6.9881e-01, -8.3926e-01,
          1.2058e-01,  7.9904e-01,  3.3934e-01,  1.8435e-01, -1.1072e+00,
         -5.6115e-01, -2.3778e-01,  4.5205e-01,  3.5016e-01,  2.2673e-01,
         ......
         -1.3914e+00,  2.0412e-01,  1.5356e+00, -7.5679e-01,  7.1578e-01,
          8.0322e-01, -2.4442e-01,  4.3351e-02,  2.1821e-01, -1.4953e-01,
          3.1343e-01,  3.5184e-01, -7.9333e-01, -7.1656e-01, -4.5348e-02,
          4.7542e-01, -3.5697e-01,  1.3593e-01]]],
       grad_fn=<NativeLayerNormBackward>)
```

本章小结

本章首先简单介绍了词向量以及词向量的发展历程，逐一简述了各个阶段产生的词向量技术，然后分别对最常用的 Word2vec、注意力机制、BERT 预训练模型进行了详细的讲解，剖析技术原理，梳理模型训练过程，引领读者理解并掌握词向量技术的基本思想与实际应用。同时，配合综合案例的分析与演示，帮助读者闻一知十、触类旁通。

第 7 章　文本分类

本章导读

文本分类是自然语言处理中最基本的任务之一，在很多领域都有广泛且重要的应用，例如基于文本分类实现垃圾邮件识别，基于文本分类实现情感分析、新闻主题分类、问答系统等。较早的文本分类方法是基于统计模型的方法，该类方法需要人工抽取特征，然后选择合适的机器学习模型进行文本分类，例如朴素贝叶斯（NB）、k-最近邻（kNN）和支持向量机（SVM）等。2010 年以后，随着深度学习的快速发展，越来越多的人采用深度学习的方法来进行文本分类，与统计模型不同，深度学习方法可以自动抽取特征，将其用于输出分类。本章接下来分别介绍几种基于统计模型和深度学习模型的文本分类算法。希望读者能够基于这几个实例了解文本分类的一般流程和常用的算法策略。

本章要点

- 基于统计模型的文本分类方法
- 基于深度学习的文本分类方法
- 开放领域文本分类

7.1　文本分类概述

在自然语言处理中，文本分类是近几年的研究热点。近年来，国内外学者对文本分类问题做了许多的探索和研究，主要包括机器学习算法和深度学习算法。深度学习与传统机器学习文本分类存在着相似之处，但两者在文本特征表示和分类预测等方面存在较大的区别。

文本分类算法主要包括文本预处理、特征提取、文本表示与建立模型并训练等步骤。在处理文本数据时，首先要对原始信息进行预处理，对于中文文本来说，没有明确的分割标志并且通常存在一定的噪声，所以要经过分词、去除停用词、低频词过滤等过程。预处理之后对文本进行向量化表示，最简单的方法是 one-hot 表示方法，还有后来提出的词向量是语言模型的产物，其中比较典型的词向量训练方法是 Word2vec。后面根据需要还可能进行特征选择和特征提取，常用的特征选择算法有文档频率、期望交叉熵、互信息等，特征能够提取转换原始的特征空间生成新的语义空间，能够较好地解决一词多义、一义多词等问题。

在传统的机器学习算法中，通常提取文本的词频和词袋特征，然后由模型进行训练。比较常用的机器学习分类算法有朴素贝叶斯、逻辑回归、支持向量机和 k-最近邻算法，这些算法的优缺点十分明显。朴素贝叶斯算法简单、分类速度快、精度高，但是贝叶斯模型假设所有的特征相互独立在实际中并不成立。同样的，基于 SVM 的分类需要消耗大量的空间，这样也会导致需要很大的时间开销，而基于 kNN 的分类算法只适用于样本分布均衡的情况。总的来说，传统的机器学习文本分类算法往往忽略了文本中词与词之间，句子与句子之间的上下文关系，模型的表征能力有限，逐渐被深度学习文本分类算法所取代。

深度学习自从在图像领域取得突破性进展之后，在文本分类中也取得了重大的应用，这得益于深度学习模型具有强大的文本表示和特征提取能力。主要使用的神经网络有卷积神经网络、循环神经网络、注意力机制模型等。卷积神经网络（CNN）善于捕捉局部相关性，类似于 n-gram，循环神经网络（RNN）往往更加关注序列的时序信息，注意力机制计算不同时刻词的概率权重并赋予每个词不同的注意力。这些深度学习模型在文本分类领域中都取得了不错的效果。目前深度学习在文本分类领域已取得了不俗的成果，将来会有更广泛、更令人期待的尝试。另外，随着预训练模型的提出，预训练模型在文本分类中不断刷新最佳效果，仍是当下研究的热点。

上述文本分类算法都是基于封闭世界假设（Closed-world Assumption），我们称之为传统的文本分类算法。近些年，不少专家针对开放世界假设（Open-world Assumption）提出了开放领域文本分类算法的概念，并取得了一定的进展，这会在 7.4 小节进行相关介绍。

7.2　基于朴素贝叶斯的文本分类方法

基于统计模型的文本分类方法是文本分类的主要方法之一。该类方法首先是对原始输入数据进行预处理，一般包括分词、数据清洗和数据统计等，然后人工抽取特征并选择具体的统计模型设计分类算法。常用的统计模型包括朴素贝叶斯算法、支持向量机算法等。下面介绍朴素贝叶斯分类算法。

7.2.1　基于朴素贝叶斯算法的文本分类流程

在前面的章节中，我们已经介绍过朴素贝叶斯分类算法的原理，在本节，我们重点介绍如何利用朴素贝叶斯算法进行文本分类。朴素贝叶斯分类是一种十分简单的分类算法，基于朴素贝叶斯算法原理进行文本分类的思路很容易理解：对于给出的待分类文本（假设是一条句子，或者一段文字），抽取它的文本特征（例如主题词），然后求解在该特征出现的条件下属于各个类别的概率，哪个最大，就认为此待分类文本属于哪个类别。这里举一个例子。

给定一段文档"在刚刚结束的一场 NBA 常规赛中，金州勇士队球星库里拿到了其个人职业生涯最高分，并带队取得胜利"。假设我们通过主题词抽取算法抽出的主题词为"NBA 常规赛""金州勇士"和"库里"，接下来我们要对这段文档进行文本分类，假设待选分类只有"体育新闻"和"娱乐新闻"两种类别，那么在新闻类别分类中，它被分为"体育新闻"和"娱乐新闻"的计算公式如式（7.1）和式（7.2）所示，很显然，由于"体育新闻"中"NBA 常规赛""金州勇士"和"库里"等词出现的概率远远高于"娱乐新闻"中这些词的出现概率，因此该文档会大概率被分为"体育新闻"。

$$P(\text{体育新闻}|\text{NBA 常规赛、金州勇士、库里})$$
$$= \frac{P(\text{NBA 常规赛}|\text{体育新闻}) \times P(\text{金州勇士}|\text{体育新闻}) \times P(\text{库里}|\text{体育新闻})}{P(\text{NBA 常规赛}) \times P(\text{金州勇士}) \times P(\text{库里})} \quad (7.1)$$

$$P(娱乐新闻 |NBA 常规赛、金州勇士、库里)$$

$$= \frac{P(NBA 常规赛 | 娱乐新闻) \times P(金州勇士 | 娱乐新闻) \times P(库里 | 娱乐新闻)}{P(NBA 常规赛) \times P(金州勇士) \times P(库里)} \quad (7.2)$$

基于朴素贝叶斯算法的文本分类流程大致可以描述如下：

（1）预处理：分析数据格式，并读入数据进行预处理，预处理的内容很多，包括去空行、去重等处理。

（2）分词：对于中文来讲，要进行分词处理，分词后还要做去停用词等处理。

（3）特征抽取：从文档中抽取出反映文档主题的特征，例如常采用 TF-IDF 算法获取每个文档中的每个词的 *TF-IDF* 值作为特征选取依据。

（4）分类器：创建朴素贝叶斯分类器并训练。

（5）评价：通过测试集测试分类结果，并评价分析。

朴素贝叶斯分类的主要优点如下：

● 对小规模的数据表现很好，能够处理多分类任务，适合增量式训练。

● 对缺失数据不太敏感，算法也比较简单，有稳定的分类效率。

朴素贝叶斯的主要缺点如下：

● 理论上，朴素贝叶斯模型与其他分类方法相比具有最小的误差率。但是实际上并非总是如此，这是因为朴素贝叶斯模型假设属性之间相互独立，这个假设在实际应用中往往是不成立的，在属性个数比较多或者属性之间相关性较大时，分类效果不好。

● 需要知道先验概率，且先验概率很多时候取决于假设，假设的模型可以有很多种，因此在某些时候会由于假设的先验模型导致预测效果不佳。

● 由于我们是通过先验概率来决定后验的概率从而决定分类，因此分类决策存在一定的错误率。

7.2.2 案例实现

下面的案例使用朴素贝叶斯分类算法实现垃圾邮件分类，即把邮件分为普通邮件和垃圾邮件两个类别，数据集中包含 25 条普通邮件数据、127 条垃圾邮件数据，调用 sklearn 模块提供的朴素贝叶斯接口建模、分类。完整代码和数据集地址：https://github.com/xgl-git/bayes-mails-classify-master。

基于统计方法的文本
分类案例讲解

首先对原始数据集进行分词、去除无效字符等处理，得到频率出现较高的前 100 个词。其中 get_words(filename) 函数读取原始的邮件数据文件，对每条数据进行分词、过滤无效字符，得到所有邮件分词后的 list，get_top_words(top_num) 函数统计并得到 list 中频率较高的词。

下面的代码将原始的邮件数据向量化，通常使用 TF-IDF 算法，这里只是根据频率进行数据编码，感兴趣的读者可以查阅 TF-IDF 相关资料。

```
def get_words(filename):
    """ 读取文本并过滤无效字符和长度为 1 的词 """
    words = []
    with open(filename, 'r', encoding='utf-8') as fr:
        for line in fr:
            # 过滤句子左右两边的空格
            line = line.strip()
            # 过滤无效字符
```

```
                line = re.sub(r'[.【】0-9、——。, ！~\*]', '', line)
                # 使用 jieba.cut() 方法对文本进行切词处理
                line = cut(line)
                # 过滤长度为 1 的词
                line = filter(lambda word: len(word) > 1, line)
                words.extend(line)
            return words
        all_words = []
        def get_top_words(top_num):
            """ 遍历邮件建立词库后返回出现次数最多的词 """
            filename_list = [' 邮件 _files/{}.txt'.format(i) for i in range(151)]
            # 遍历邮件建立词库
            for filename in filename_list:
                all_words.append(get_words(filename))
            # itertools.chain() 把 all_words 内的所有列表组合成一个列表
            # collections.Counter() 统计词个数
            freq = Counter(chain(*all_words))
            return [i[0] for i in freq.most_common(top_num)]
        # 得到词频前 100 的词
        top_words = get_top_words(100)
        # 构建词一个数映射表
        vector = []
        for words in all_words:
            word_map = list(map(lambda word: words.count(word), top_words))
            vector.append(word_map)
        vector = np.array(vector)
        # 0 ~ 126.txt 为垃圾邮件，标记为 1；127 ~ 151.txt 为普通邮件，标记为 0
        labels = np.array([1]*127 + [0]*24)
```

实现建模、训练、并得到预测结果的代码如下。首先调用机器学习算法库 sklearn 中
MultinomialNB 建立朴素贝叶斯分类模型，除了先验为伯努利分布的 MultinomialNB 之外，
还有先验为高斯分布的 GaussianNB。建模之后使用 fit() 函数对数据和标签进行拟合。这
里使用 predict() 函数进行预测，结果为 1，表示该邮件是垃圾邮件，若结果为 0，表示是
普通邮件。

```
        model = MultinomialNB()
        model.fit(vector, labels)
        def predict(filename):
        """ 对未知邮件分类 """
            # 构建未知邮件的词向量
            words = get_words(filename)
            current_vector = np.array(
                tuple(map(lambda word: words.count(word), top_words)))
            # 预测结果
            result = model.predict(current_vector.reshape(1, -1))
            return ' 垃圾邮件 ' if result == 1 else ' 普通邮件 '
        print('151.txt 分类情况：{}'.format(predict(' 邮件 _files/151.txt')))
        print('152.txt 分类情况：{}'.format(predict(' 邮件 _files/152.txt')))
        print('153.txt 分类情况：{}'.format(predict(' 邮件 _files/153.txt')))
        print('154.txt 分类情况：{}'.format(predict(' 邮件 _files/154.txt')))
        print('155.txt 分类情况：{}'.format(predict(' 邮件 _files/155.txt')))
```

7.3 基于深度学习的文本分类

7.3.1 基于卷积神经网络的文本分类

传统的机器学习方法存在的主要问题是文本表示是高维度、高稀疏的，特征表达能力很弱，而且神经网络很不擅长对此类数据的处理；此外需要人工进行特征工程，成本很高。而深度学习最初之所以在图像和语音领域取得巨大成功，一个很重要的原因是图像和语音的原始数据是连续和稠密的，有局部相关性。应用深度学习解决大规模文本分类问题最重要的是解决文本表示，再利用神经网络结构自动获取特征表达能力，去掉繁杂的人工特征工程，端到端地解决问题。

卷积神经网络（CNN）首先是在图像领域取得了非凡的成果，进而在 NLP 特别是文本分类领域也取得了重大突破。卷积神经网络之所以能够应用于文本分类任务，是因为它能够在不改变输入序列的位置的情况下提取出显著的特征，具体到文本分类任务中可以利用 CNN 来提取句子中类似 *n*-gram 的关键信息。对 CNN 的结构已在 3.6.3 节有详细的描述，下面具体介绍 CNN 在文本分类中应用。

基于 CNN 的文本分类流程大致可以描述如下：

（1）预处理：分析数据格式，并读入数据进行预处理，预处理的内容很多，包括去空行、去重等。

（2）分词：对于中文来讲，要进行分词处理，分词后还要做去停用词等处理。

（3）向量化：将句子进行编码，例如 one-hot、TF-IDF 等方式，也可以用基于分布式的低维实值词向量表示，使用词嵌入模型抽取词向量。

（4）分类器：创建 CNN 模型，设置卷积、池化等操作，对输入数据进行训练。

（5）评价：通过测试集测试分类结果，并评价分析。

总体上来说，深度学习模型种类很多，模型各有优劣，在不同的任务上会有不同的表现效果。但是，如果追求简单和效率，可以使用 FastText，想要提升效果可以尝试 textCNN 和 RCNN 这两种模型。有文献指出，HAN 这类 LSTM 或者 GRU 的模型也会有不错的效果，读者可以根据自己的精力和项目要求判断是否进行尝试，因为有的模型并不是专门为了文本分类设计的，所以效果上可能需要自己针对具体的任务进行调整。

7.3.2 案例实现

下面的案例是基于 CNN 实现分类任务，基于 PyTorch 深度学习框架搭建 CNN 模型。使用 baike2018qa 数据集，该数据集含 150 万个预先过滤过的、高质量问题和答案，总共有 492 个类别。数据集地址为 https://github.com/brightmart/nlp_chinese_corpus，代码地址为 https://github.com/xgl-git/cnn_py-master。

由于数据类别非常多，从中选出标题前 2 个字为教育、健康、生活、娱乐和游戏的五个类别，每个类别各 5000 个样本数据。

基于深度学习方法的
文本分类案例讲解

```
# 停用词目录
StopWordFile = 'stopword.txt'
# 筛选后的种类
WantedClass = {' 教育 ' : 0, ' 健康 ' : 0, ' 生活 ' : 0, ' 娱乐 ' : 0, ' 游戏 ' : 0}
# 各类数据的数量
```

```
WantedNum = 5000
# 所有数据的数量
numWantedAll = WantedNum * 5
# 从原始数据集抽取目标数据集
def main():
    Datas = open(TrainJsonFile, 'r', encoding='utf_8').readlines()
    f = open(MyTainJsonFile, 'w', encoding='utf_8')
    numInWanted = 0
    for line in Datas:
        data = json.loads(line)
        cla = data['category'][0:2]
        if cla in WantedClass and WantedClass[cla] < WantedNum:
            json_data = json.dumps(data, ensure_ascii=False)
            f.write(json_data)
            f.write('\n')
            WantedClass[cla] += 1
            numInWanted += 1
            if numInWanted >= numWantedAll:
                break
```

以下代码通过构建好的词表，将文本转化为向量。

```
# 原始训练集目录
TrainJsonFile = 'baike_qa2019/baike_qa_train.json'
# 整理后的训练集目录
MyTainJsonFile = 'baike_qa2019/my_traindata.json'
def json2txt():
    # 读取标签
    label_dict, label_n2w = read_labelFile(labelFile)
    word2ind, ind2word = get_worddict(wordLabelFile)
    traindataTxt = open(trainDataVecFile, 'w')
    # 读取停用词
    stoplist = read_stopword(stopwordFile)
    # 读取训练语料
    datas = open(trainFile, 'r', encoding='utf_8').read().split('\n')
    datas = list(filter(None, datas))
    # 训练语料乱序
    random.shuffle(datas)
    # 遍历原始数据，进行向量化处理
    for line in datas:
        line = json.loads(line)
        title = line['title']
        cla = line['category'][0:2]
        cla_ind = label_dict[cla]
        title_seg = jieba.cut(title, cut_all=False)   # 对句子进行分词
        title_ind = [cla_ind]
    # 去除停用词
        for w in title_seg:
            if w in stoplist:
                continue
            title_ind.append(word2ind[w])
        length = len(title_ind)
        if length > maxLen + 1:
```

```
        title_ind = title_ind[0:21]
      if length < maxLen + 1:
        title_ind.extend([0] * (maxLen - length + 1))
      for n in title_ind:
        traindataTxt.write(str(n) + ',')
      traindataTxt.write('\n')
```

以下是基于 PyTorch 搭建的 CNN 网络结构，使用三层卷积层，将三层卷积输出后的向量拼接，经过全连接后输出测试样例属于每个类的概率。

```
class textCNN(nn.Module):
  def __init__(self, param):
    super(textCNN, self).__init__()
    ci = 1
    # input chanel size
    kernel_num = param['kernel_num']
    # output chanel size
    kernel_size = param['kernel_size']
    vocab_size = param['vocab_size']
    embed_dim = param['embed_dim'] # 隐层的维度
    dropout = param['dropout']
    class_num = param['class_num']
    self.param = param
    self.embed = nn.Embedding(vocab_size, embed_dim, padding_idx=1)   # 编码层
    # 三层卷积层
    self.conv11 = nn.Conv2d(ci, kernel_num, (kernel_size[0], embed_dim))
    self.conv12 = nn.Conv2d(ci, kernel_num, (kernel_size[1], embed_dim))
    self.conv13 = nn.Conv2d(ci, kernel_num, (kernel_size[2], embed_dim))
    self.dropout = nn.Dropout(dropout)
    # 全连接层
    self.fc1 = nn.Linear(len(kernel_size) * kernel_num, class_num)
```

用下面的代码训练模型，经过 100 次迭代训练，每次训练后保存模型参数。

```
# 定义网络
net = textCNN(textCNN_param)
# 将网络迁移到 GPU 上
net.cuda()
# 配置优化器，学习率为 0.01
optimizer = torch.optim.Adam(net.parameters(), lr=0.01)
# 损失函数
criterion = nn.NLLLoss()
for epoch in range(100):
  for i, (clas, sentences) in enumerate(dataLoader):
    optimizer.zero_grad()
    # 将数据迁移到 GPU 上
    sentences = sentences.type(torch.LongTensor).cuda()
    clas = clas.type(torch.LongTensor).cuda()
    out = net(sentences)
    # 计算损失
    loss = criterion(out, clas)
    loss.backward()
    optimizer.step()
    if (i + 1) % 1 == 0:
```

```
    # 每批数据输出信息
        print("epoch:", epoch + 1, "step:", i + 1, "loss:", loss.item())
        data = str(epoch + 1) + ' ' + str(i + 1) + ' ' + str(loss.item()) + '\n'
    # 保存模型及参数信息
    torch.save( net.state_dict(), weightFile )
    torch.save( net.state_dict(),
    "model\{}_model_iter_{}_{}_loss_{:.2f}.pkl".format(time.strftime('%y%m%d%H'),
    epoch, i, loss.item()))
    print("epoch:", epoch + 1, "step:", i + 1, "loss:", loss.item())
```

7.4　开放领域文本分类

7.4.1　开放领域文本分类简介

传统的分类中，训练集和测试集有着相同的类别，在测试集中出现的类，即已知类别（known class）必须在训练集中出现。如果测试集中出现了训练集没出现过的类别，即未知类别（unknown class），例如做新闻文本分类时，训练集和测试集只有"财经""军事""教育"三个类，现有的分类方法往往能取得很好的分类效果，但是如果测试集中加入"娱乐"房产""游戏"等训练集没有的类别，这时，传统的文本分类器（最后一层通常是 Softmax）往往会将"娱乐"房产""游戏"类的用例分类到"财经""军事""教育"这些类中的一个，这显然是不合理的。正因为这样，当未知类别的数据出现在测试集中，传统分类算法的性能会大幅下降。在自然语言处理领域中，为了解决上述问题，不少学者提出开放领域文本分类（open set/world text classification）的概念及做法，用以区别传统的分类算法，在能够识别已知分类基础上，有效识别未知类别。

这些未知的类别有着和已知类别完全不同的标签，故分类器不知道这些未知类别里面的文本所属于的具体类别，因此在分类时，统一地将这些未知类的数据归为未知类别。在区分未知类和已知类时，一般做法是引入决策边界（decision boundary），所有的 known class 在边界的内部，unknown class 在边界的外部，并且，决策边界之外，unknown class 所在的空间叫作开放空间（open space）。决策边界的选择对于开放分类的效果及性能起着至关重要的作用，决策边界过大时，过多的 unknown class 数据会被限定在决策边界之内，会被分类成 known class 中的类别，这种现象叫作开放空间风险（open space risk），决策边界过小，又会使较多的 known class 数据分类为 unknown class，这种风险叫作经验风险（emprical risk）。

关于决策边界的选择，近些年的文献中较多的做法是将各个 known class 中的经过向量化的数据看作数据点，被"包裹"在每个 known class 对应 ball 内，每个 ball 的球面被看作决策边界，ball 外空间即是开放空间。对于每个 known class 对应的 ball 的中心，通常的做法是用每个 known class 中所有数据点的均值来表示。而 ball 的半径的选取至关重要，因为半径的选取直接决定着决策边界的选取，从而决定着开放空间的划分，半径的取值方法多样，早期直接使用人工取值的方式，默认一个阈值作为各个 ball 的半径，还有基于统计学的方法，依据数据的分布决定半径大小，另外还有通过把半径设为超参，并通过自适应的策略确定参数。还有的做法是利用神经网络的特征抽取能力，计算测试数据与已知类的"差异性"，这个"差异性"可以是向量之间的距离（欧式距离、马氏距离），也可以是两者的概率得分，例如计算测试数据向量与各个已知类别的中心向量的预先相似度，其本质上也是一种距离。

开放领域文本分类算法的评价指标的选择和普通的多分类指标大致相同，通常使用宏平均F1（F1-macro）、准确率（accuracy）作为评价指标。开放领域文本分类是近几年提出的新概念，目前还没有的固定的解决方案，仅在学术界中涌现出一些理论及解决方案，并且还有待进一步完善。在工业界中，计算机视觉领域相似的开集识别问题已经得到越来越多的应用，例如人脸识别、物体检测，但是在自然语言处理领域中，开放领域文本分类算法目前还仅仅停留在理论阶段，所以仍然是当下研究的热点问题。

7.4.2 案例实现

这里引用论文"Deep Open Intent Classification with Adaptive Decision Boundary"中提出的算法介绍一种开放领域文本分类方法，给读者一个直观的感受。该算法基于BERT预训练模型抽取句子的语义特征，并提出一种自适应边界的方法，能够有效地识别已知类别并且拒绝未知类别。完整的代码和数据集地址：https://github.com/thuiar/Adaptive-Decision-Boundary。由于这个程序规模较大，因此仅在这里介绍算法核心思想和关键代码。

开放领域文本分类
案例讲解

如图7-1所示，图中左半部分表示使用BERT预训练模型抽取句子的语义特征，即取神经网络的全连接层（Dense Layer）的输出作为句子特征，这一部分相当于对文本进行向量化表示。图中右半部分实现开放分类模型的训练、分类，向量化的句子可以看作高维空间的数据点，用训练集中每个类的所有数据求平均得到每个类的类中心（可以认为是圆的中心，即图中的c_1和c_2），理想情况下，每个类的数据点都在相应类的圆内部，而未知类在所有圆的外部空间（开放空间）。所以，主要解决的问题是如何确定各个类的半径，论文作者提出一种自适应算法，利用已知类训练得到各个已知类的半径，从而平衡开放空间风险和经验风险。

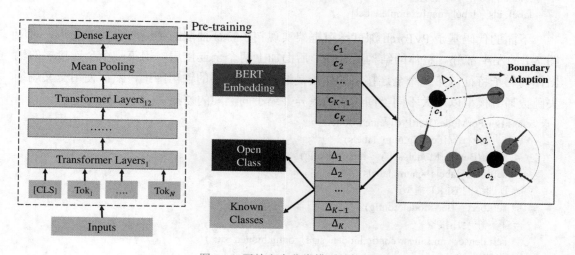

图7-1 开放文本分类模型结构图

该算法分别使用三个数据集OOS、Banking、Stack Overflow进行实验，这里使用OOS数据集进行说明。OOS数据集包含150个大类，每个类有150条语义意图短文本，按照0.67∶0.2∶0.13的比例分割成训练集、测试集、验证集。在做开放分类时，分别按照25%、50%、75%的比例随机地从训练集和验证集中抽取相同的类别作已知类，而测试集全部用来进行测试评估。这样一来，测试集中的部分未出现在训练集中的类别就被看成未知类别。

首先读取原始数据集，处理成 BERT 预训练模型所需要的格式，这里的代码是将原始数据中的一个句子整理成 input_ids、input_mask、segment_ids 三个实数向量和这三部分 BERT 所要求的格式。对于 BERT 不熟悉的读者可以自行查阅 BERT 相关资料，因为篇幅原因不再展开描述。

```
# input_ids、input_mask、segment_ids 分别是输入 BERT 的三部分，这里均经过填充
# tokens 必须在原始数据经过分词之后加上 [CLS] 和 [SEP] 来标记一个句子
tokens = ["[CLS]"] + tokens_a + ["[SEP]"]
segment_ids = [0] * len(tokens)
# segment_ids 用来区分段落中不同的句子，因为这里每个输入只有一个句子，所以 segment_ids
# 不做细究。
if tokens_b:
  tokens += tokens_b + ["[SEP]"]
  segment_ids += [1] * (len(tokens_b) + 1)
# input_ids 是由 tokens 转化为实数向量得到的
iput_ids = tokenizer.convert_tokens_to_ids(tokens)
# input_mask 用来标记 tokens 中有用的信息（标记为1），无用信息被忽略（标记为0）
input_mask = [1] * len(input_ids)
padding = [0] * (max_seq_length - len(input_ids))
# 对 input_ids、input_mask、segment_ids 进行填充操作
input_ids += padding
input_mask += padding
segment_ids += padding
# max_seq_length 为输入最大长度
assert len(input_ids) == max_seq_length
assert len(input_mask) == max_seq_length
assert len(segment_ids) == max_seq_length
# label_ids 是句子的标签
label_ids = label_map[example.label]
```

下面的代码基于 PyTorch 深度学习框架实现句子特征抽取的神经网络模型结构。对应图 7-1 的左半部分。整体的结构是 BERT 后面加上两个全连接层，用第一个全连接层的输出作为句子特征，第二个全连接层的作用是通过把上一层的输出降维，然后使用交叉熵损失函数训练模型以增大不同类间句子的差异并缩小同类间的差异。

```
class BertForModel(BertPreTrainedModel):
  def __init__(self,config,num_labels):
    super(BertForModel, self).__init__(config)
    self.num_labels = num_labels
    # 预训练的 BERT 模型
    self.bert = BertModel(config)
    # 第一个全连接层
    self.dense = nn.Linear(config.hidden_size, config.hidden_size)
    #ReLU 激活函数
    self.activation = nn.ReLU()
    # Dropout 每次使部分神经元参与训练，防止过拟合
    self.dropout = nn.Dropout(config.hidden_dropout_prob)
    # 第二个全连接
    self.classifier = nn.Linear(config.hidden_size,num_labels)
    self.apply(self.init_bert_weights)
  # forward() 函数执行前向传播过程
  def forward(self, input_ids = None, token_type_ids = None, attention_mask=None, labels = None,
    feature_ext = False, mode = None, centroids = None):
```

```
encoded_layer_12, pooled_output = self.bert(input_ids, token_type_ids, attention_mask,
    output_all_encoded_layers = True)
pooled_output = self.dense(encoded_layer_12[-1].mean(dim = 1))
pooled_output = self.activation(pooled_output)
pooled_output = self.dropout(pooled_output)
logits = self.classifier(pooled_output)
if feature_ext:
# pooled_output 为输出的句子特征
    return pooled_output
else:
    if mode == 'train':
# CrossEntropyLoss 为交叉熵损失函数
    loss = nn.CrossEntropyLoss()(logits,labels)
    return loss
else:
    return pooled_output, logits
```

以下代码为特征抽取神经网络的训练部分，经过 100 次的迭代训练，每次训练经过前向传播之后计算损失，然后反向传播更新参数，提高模型的特征抽取能力。每次训练之后记录训练的损失率和在验证集上分类的准确率。

```
...
loss= self.model(input_ids, segment_ids, input_mask, label_ids, mode = "train")
self.optimizer.zero_grad()
# 反向传播更新参数
loss.backward()
self.optimizer.step()
tr_loss += loss.item()
nb_tr_examples += input_ids.size(0)
nb_tr_steps += 1
# 记录每一轮的 loss
loss = tr_loss / nb_tr_steps
print('train_loss',loss)
# 计算每一轮训练之后的准确率
eval_score = self.eval(args, data)
print('eval_score',eval_score)
```

下面是控制自适应决策边界的方法，一开始给各个类的边界随机赋值，并使之符合正态分布。

```
# 经过 100 次迭代训练
for epoch in trange(int(args.num_train_epochs), desc="Epoch"):
        # 模型进行训练模式
    self.model.train()
    tr_loss = 0
    nb_tr_examples, nb_tr_steps = 0, 0
        # 每次取出 batch 大小为 128 的数据输入到神经网络中
    for step, batch in enumerate(tqdm(data.train_dataloader, desc="Iteration")):
        batch = tuple(t.to(self.device) for t in batch)
        input_ids, input_mask, segment_ids, label_ids = batch
        # torch.set_grad_enabled() 设置为 True 能够更新参数
        with torch.set_grad_enabled(True):
# 前向传播计算误差
```

通过自定义的损失函数，在训练中不断缩小边界损失，得到最优的状态。简单来说，这里的决策边界，即圆的半径，是作为神经网络的超参通过学习得到的。关于如何学习超参，这里只进行简单描述，感兴趣的读者可以阅读原论文，做更深入的研究。

```python
class BoundaryLoss(nn.Module):
    def __init__(self, num_labels=10, feat_dim=2):
        super(BoundaryLoss, self).__init__()
        self.num_labels = num_labels
        self.feat_dim = feat_dim
        # 初始化边界
        self.delta = nn.Parameter(torch.randn(num_labels).cuda())
        # 使边界符合正态分布
        nn.init.normal_(self.delta)
    def forward(self, pooled_output, centroids, labels):
        # 以下代码计算边界损失
        logits = euclidean_metric(pooled_output, centroids)
        probs, preds = F.softmax(logits.detach(), dim=1).max(dim=1)
        delta = F.softplus(self.delta)
        c = centroids[labels]
        d = delta[labels]
        x = pooled_output
        euc_dis = torch.norm(x - c,2, 1).view(-1)
        pos_mask = (euc_dis > d).type(torch.cuda.FloatTensor)
        neg_mask = (euc_dis < d).type(torch.cuda.FloatTensor)
        pos_loss = (euc_dis - d) * pos_mask
        neg_loss = (d - euc_dis) * neg_mask
        loss = pos_loss.mean() + neg_loss.mean()
        return loss, delta
```

以下的代码进行边界的训练，通过减小边界损失，优化决策边界。其中，criterion_boundary 是上面的 BoundaryLoss 神经网络，loss 即为边界损失，在训练过程中，就是要通过降低 loss 达到最优边界。

```python
criterion_boundary = BoundaryLoss(num_labels = data.num_labels, feat_dim = args.feat_dim)
self.delta = F.softplus(criterion_boundary.delta)
optimizer = torch.optim.Adam(criterion_boundary.parameters(), lr = args.lr_boundary)
self.centroids = self.centroids_cal(args, data)
wait = 0
best_delta, best_centroids = None, None
for epoch in trange(int(args.num_train_epochs), desc="Epoch"):
    self.model.train()
    tr_loss = 0
    nb_tr_examples, nb_tr_steps = 0, 0
    for step, batch in enumerate(tqdm(data.train_dataloader, desc="Iteration")):
        batch = tuple(t.to(self.device) for t in batch)
        input_ids, input_mask, segment_ids, label_ids = batch
        with torch.set_grad_enabled(True):
            features = self.model(input_ids, segment_ids, input_mask, feature_ext=True)
            loss, self.delta = criterion_boundary(features, self.centroids, label_ids)
            optimizer.zero_grad()
            loss.backward()
            optimizer.step()
            tr_loss += loss.item()
```

```
        nb_tr_examples += input_ids.size(0)
        nb_tr_steps += 1
    self.delta_points.append(self.delta)
loss = tr_loss / nb_tr_steps
print('train_loss',loss)
eval_score = self.evaluation(args, data, mode="eval")
print('eval_score',eval_score)
self.delta = best_delta
self.centroids = best_centroids
```

以下代码实现预测结果的开放分类，首先计算测试数据到每个类中心的距离，取相距最近的类，比较该数据点到类中心的距离与开放边界（即圆半径）的大小，判断该数据是否是未知类。如果该距离大于半径则是未知类，否则，这条数据属于距离最近的那一个已知类。

```
def open_classify(self, features):
    # 计算数据点到所有中心点的距离
    logits = euclidean_metric(features, self.centroids)
    # 得到数据点距离最近的那个类
    probs, preds = F.softmax(logits.detach(), dim = 1).max(dim = 1)
    euc_dis = torch.norm(features - self.centroids[preds], 2, 1).view(-1)
    # 比较数据点到中心的距离是否大于半径
    preds[euc_dis >= self.delta[preds]] = data.unseen_token_id
    return preds
```

本章小结

本章总结了文本分类的任务和研究方法，并以朴素贝叶斯算法为例，介绍了传统机器学习的文本分类方法；以卷积神经网络为例，介绍了深度学习的文本分类方法。读者还可以自行尝试基于 SVM 的方法、基于 LSTM 的方法以及基于预训练模型的方法。此外本章还介绍了开放领域文本分类的特点、难点和相关研究方法，读者如感兴趣可自行做深入了解。

第 8 章　文本信息抽取

本章导读

　　文本信息抽取，即从自然语言文本中抽取指定类型的实体、关系、事件等信息，并形成结构化数据输出。文本信息抽取是自然语言处理的最基本任务之一，长期得到业内人士的重视，在很多领域有着极其广泛的应用，例如知识库构建、自然语言理解、对话系统等。

本章要点

- 命名实体识别
- 关系抽取
- 事件抽取

8.1　命名实体识别

　　本节将对文本信息抽取中的一个子任务——命名实体识别（Named Entity Recognition，NER）进行详细介绍。命名实体识别是指在文本中识别出特殊对象，如人、地址、组织等。命名实体识别是许多 NLP 任务如信息检索、自动文本摘要、问答系统、机器翻译以及知识建库（知识图谱）的基础任务。

8.1.1　命名实体识别概述

　　下面通过一个例子来了解什么是命名实体识别任务。例如"杨倩枪法精准，拿下了东京奥运会的第一枚金牌，使《义勇军进行曲》响彻东京"。NER 要在上面这个句子中识别出"杨倩"是一个人名，"东京"是一个地名。

　　NER 是自然语言处理的基础任务，以机器翻译为例，一些词在翻译时如果没有被准确识别，很容易导致翻译后产生歧义。在"夏东海在向阳路遇到了胡一统"这个句子中，"夏东海"是人物实体，在确定实体边界后，会将"夏东海"划分为人名，并按照中国人名翻译规则译为 Xia Donghai，如果没有准确识别该实体就有可能被译为 Summer East China Sea；同理，"向阳路"是地理实体，应该被翻译为 Xiangyang Road，如果没有准确识别该实体则有可能翻译为 Road facing the sun。

　　命名实体识别的过程主要分为两个阶段：实体边界识别、确定实体类型。其中，在中文实体边界确定阶段有一系列难点：领域相关性强；常有大量未收录词，没有通用化的字典可以查询，如人名就可以千变万化甚至包含一些生僻字；同一实体的表达形式也可能多种多样，如"世界卫生组织"可以简称"世卫"或缩写为 WHO，这会影响判别准确率。而英文的命名实体通常具有比较明显的标志，专有名词如人名、地名等都会首字母大写，所以实体边界识别相对容易。在确定实体类型阶段，难点是不同的命名实体通常具有不同的特征，很难用一个统一的模型来刻画所有实体的内部特征。例如，人物实体一般具有性别特征，如"国王"和"皇后"，其词向量的某个维度可能代表了性别特征；而地理实体，如"长城"和"白宫"，并没有性别这个特征，却有其他特征，如所属国家。

传统的命名实体识别的方法主要为基于规则的方法和基于传统机器学习的方法。当前的命名实体识别主要利用深度学习技术来实现。下面对命名实体识别的三类研究方法进行简单介绍。

1. 基于规则的方法

利用专家手工制定的规则进行命名实体识别。例如，在法律文本中，"赵某出生于山东省菏泽市曹县……于 11 月 22 日将刘某诉至菏泽市曹县人民法院"，通过地名词典直接匹配，就可以识别出"山东省菏泽市曹县"，而地名 + "人民法院"，其结构特征明显，制定相应的规则便能识别出"菏泽市曹县人民法院"这个实体。该方法在特定领域拥有较好的效果，但是可移植性差。

2. 基于传统机器学习的方法

基于传统机器学习的方法又可分为有监督和无监督的方式。典型的无监督学习方法是聚类，基于聚类的 NER 系统基于语义相似性从聚类组中提取命名实体，例如"曹县"和"纽约"可能会被聚到一类，"世界贸易组织"和"诺贝尔基金会"可能被聚到一类，其核心思路在于利用基于巨大语料得到的词汇资源、词汇模型、统计数据来推断命名实体的类别。有监督的方法是利用监督学习，将 NER 转换为多分类或序列标记任务。根据标注好的数据，研究者应用领域知识与工程技巧设计复杂的特征来表征每个训练样本，然后应用机器学习算法，训练模型使其对数据的模式进行学习。许多传统机器学习算法已经应用于监督 NER 中，包括隐马尔可夫模型（HMM）、支持向量机（SVM）和条件随机场（CRF）等。

3. 基于深度学习的方法

以端到端的方式自动检测对应输入语料中的实体类别，通过深度学习的方式自动发现隐藏的特征，抽取与实体相对应的语义信息，是现在主流的做法。

按照实体划分类别的粒度，命名实体识别可以分为粗粒度命名实体识别和细粒度命名实体识别。粗粒度命名实体识别也被称作传统命名实体识别。有关细粒度命名实体识别的内容将在 8.1.3 节介绍。

粗粒度命名实体识别对实体类别的划分比较简单，通常只是把实体划分为人名、地名、组织机构和其他四种类型。

- PER，即 Person，表示人物，如 Michael Jordan、姚明。
- ORG，即 Organization，表示机构，如 World Health Organization、市政府。
- LOC，即 Location，表示地点，如 New York、北京。
- MISC，即 Miscellaneous，表示其他，需要区分于标注 O，MISC 表示其他实体，如"东京奥运会"是一个实体，而不是人物、组织或地点，O 表示不是实体的组成部分，如"在""使"这些词。

给定一段文本，对其每个 token 进行标注，对于英文，token 往往是一个单词；对于中文，token 一般是指一个汉字。

以 IOBES 标注方式为例：

- I，即 Intermediate，表示实体中间。
- O，即 Other，表示其他，用于标记无关单词及字符。
- B，即 Begin，表示实体开头。

● E，即 End，表示实体结尾。

● S，即 Single，表示单个词构成的实体。

例如 Mark Watney visited Mars 被标注为 B-PER, E-PER, O, S-LOC。其中 Mark 标记为
B-PER，表示 Mark 是人名中的第一个词；Watney 标记为 E-PER，表示人名中的最后一个词；
visited 标记为 O，表示其他单词；Mars 标记为 S-LOC，表示是一个由单个词组成的地名。

同样的还有 IOB、BIO 等标注方式。IOB 即实体第一个词用 B- 表示，单个词构成的实体、
实体的中间和结束用 I- 表示，O 表示其他单词；BIO 即实体第一个词（包括单个词构成的
实体）用 B- 表示，I- 表示中间或结束，O 表示其他单词。

8.1.2 基于 LSTM 的命名实体识别

命名实体识别任务的一个经典的解决方法是 BiLSTM_CRF 模型。它由双向长短期记
忆网络（Bidirectional Long-Short Term Memory，BiLSTM）叠加一个 CRF 层组成，其结构
如图 8-1 所示。

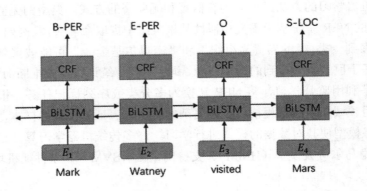

图 8-1　BiLSTM-CRF 模型

很容易想到，直接使用 LSTM 或 BiLSTM 就可以进行命名实体识别，BiLSTM 相对于
单向 LSTM 可以对源文本有更好的理解，输入一段文本序列，则 BiLSTM 输出的发射分
数（emission score）即对应词属于每个标签的概率，直接取最大的概率即可作为对应的标签，
如图 8-2 所示。

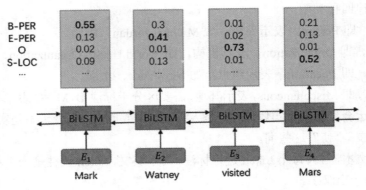

图 8-2　BiLSTM 模型

但是这仍然存在一个问题。举个例子，Washington 既可以是美国开国元勋 George
Washington 的姓，也可以是美国首都 Washington，不加 CRF 层，也许模型就会在 S-LOC
和 B-PER、I-PER、E-PER 之间混淆。

而加入 CRF 层可以有效缓解这个问题，我们前边学过了条件随机场 CRF，CRF 涉及两个矩阵：

- 发射矩阵（单词数 × 标签数），对应当前单词取每个状态的可能性大小，对应图 8-2 中 BiLSTM 输出。
- 转移矩阵（标签数 × 标签数），对应标签 i 后边是标签 j 的概率，转移矩阵可随机初始化，训练过程中的转移矩阵可能状态见表 8-1。

表 8-1　转移矩阵可能状态

	START	B-PER	I-PER	B-LOC	...	O	END
START	0	0.8	0.007	0.7		0.9	0.08
B-PER	0	0.6	0.9	0.2		0.6	0.009
I-PER	-1	0.5	0.53	0.55		0.85	0.008
B-LOC	0.9	0.5	0.0003	0.25		0.77	0.006
...							
O	0	0.65	0.0007	0.7		0.9	0.008
END	0	0	0	0		0	0

CRF 层可以有效利用输出标签间的信息，形象地说就是使输出标签"互相了解"，为标签预测添加一些约束，例如：

- 句子中第一个词对应的标签可以是 B-，O，S- 等，而不会是 I-，对应转移矩阵中从 START 到 I-PER 或 I-ORG 的转移分数会很低。
- 标签序列中可以出现"B-PER，E-PER"，但不应该出现"B-PER，I-ORG"，出现"B-PER，S-LOC"有可能但概率较低，对应转移矩阵中从 B-PER 到 E-PER 的转移分数较高，而到 I-ORG 的转移分数则很低。对于前文举例的问题，George Washington 出现在句子中更倾向于被标注为"B-PER，E-PER"，而非"B-PER，S-LOC"。
- 标签序列中不应该出现"O，I-PER"，因为人物实体对应的首个标签应该是 B-PER，而不应是 I-PER，实体的开头应该是 B-，也就是说应该是"O，B-"。

在训练过程中，转移矩阵被不断更新，CRF 层就可以自动学习到这些约束，有了这些约束，标签序列预测中非法序列出现的概率将会大大降低。

1. 基于 BiLSTM_CRF 模型命名实体识别的大致流程

（1）对于输入序列，得到其中每个词的词向量，并将其输入 BiLSTM 神经网络中。

（2）在 BiLSTM 神经网络中，按照序列正向传播的顺序，对实体及其左侧的文本信息进行特征提取，并输入到连接层。

（3）在 BiLSTM 神经网络中，按照序列反向传播的顺序，对实体及其右侧的文本信息进行特征提取，并输入到连接层。

（4）在连接层中，将（2）、（3）得到的实体及其左右文本信息进行组合连接，得到单词在实体分类上的概率，并将其输入到 CRF 层中，若使用 PyTorch，对于（2）、（3）也可指定 bidirectional=True，然后输入到连接层，再输入到 CRF 层。

（5）在 CRF 层中，将输入的向量信息作为一个标注序列，对序列中的每个词利用 IOBES 方法进行标注。然后，根据左右词的标签信息和输入的概率信息，利用多个基于语言规则的 CRF 函数进行实体类别预测。

2. 案例实现

以 CoNLL-2003（https://www.clips.uantwerpen.be/conll2003/ner）英语语料库数据集为例，该数据集采用 BIO 标注法，实体被分为四种类型：人物（PER）、地名（LOC）、组织（ORG）、其他实体（MISC），即共 9 种标签，数据集样例见表 8-2。

表 8-2　CoNLL-2003 数据集样例

单词和字符	词性标签	语法块标签	命名实体标签
EU	NNP	B-NP	B-ORG
reject	VBZ	B-VP	O
German	JJ	B-NP	B-MISC
call	NN	I-NP	O
to	TO	B-VP	O
boycott	VB	I-VP	O
British	JJ	B-NP	B-MISC
lamb	NN	I-NP	O
.	.	O	O

句子被拆分为单词和字符，分布在第一列，第二列是词性标签，第三列是语法块标签，第四列是命名实体标签，在本节只需关注第一列和第四列。

将数据集预处理为以下格式，方便进行训练，其中每个 sentence 是一个字符数组，由句子的单词组成，tags 即句子对应的标注数组。

```
[
  ([sentence],[tags]),
  ([sentence],[tags]),
…]
```

现对单词和标注进行编号：

```
word_to_ix = {}
for sentence, tags in training_data:
    for word in sentence:
      if word not in word_to_ix:
        word_to_ix[word] = len(word_to_ix)
tag_to_ix = {"B-PER": 0, "I-PER": 1, "B-ORG": 2, "I-ORG": 3, "B-LOC": 4, "I-LOC": 5, "B-MISC":
          6, "I-MISC": 7, "O": 8, START_TAG: 9, STOP_TAG: 10}
```

首先定义 BiLSTM_CRF 模型，其中定义了嵌入层、LSTM 层、连接层，随机初始化 CRF 层的转移矩阵，并将任何标签转移到 START 标签的概率和 STOP 标签转移到任何标签的概率设为 -10000，即不可能。主要框架如下：

```
class BiLSTM_CRF(nn.Module)
    def __init__(…):
      …
      self.hidden = self.init_hidden()
      # 词嵌入定义
      self.word_embeds = nn.Embedding(vocab_size, embedding_dim)
      # 定义 Bi-LSTM
      self.lstm = nn.LSTM(embedding_dim, hidden_dim // 2, num_layers=1, bidirectional=True)
      # 连接层定义
```

```
self.hidden2tag = nn.Linear(hidden_dim, self.tagset_size)
# CRF 转移矩阵，transaction[i][j] 表示从标注 i 转移到标注 j 的概率，通过训练学习更新
self.transitions = nn.Parameter(torch.randn(self.tagset_size, self.tagset_size))
# 任何标签都不可能转移到开始标签，结束标签不可能转移到其他任何标签
self.transitions.data[tag_to_ix[START_TAG], :] = -10000
self.transitions.data[:, tag_to_ix[STOP_TAG]] = -10000
...
def forward_alg(self, feats):
    # 计算所有路径得分之和
    ...
def viterbi_decode(self, feats):
    # 输入 BiLSTM 输出的发射分数，根据学习得来的转移矩阵，预测路径得分，输出得分与路径，
    # 因篇幅原因，这里不再详细给出，请读者自行了解
    ...
def neg_log_likehood(self, sentence, tags): # 前向传播并计算 loss
    ...
def forward(self, sentence): # 前向传播
```

其中，BiLSTM_CRF 类的 forward 函数如下，与文本分类相比不同的是，文本分类取最后一个隐藏状态输入连接层，输出维度为类别数（忽略 batch 维度），而序列标注任务要为每一个隐藏状态添加一个标注，我们可以将 BiLSTM 的输出维度转换为 [句子单词数 × 隐藏层维度]，然后接一个连接层，输出维度就变成了 [句子单词数 × 标注类别数]，从而连接层的输出就可以视为发射矩阵。

```
def forward(self, sentence):
    # 先放入 BiLSTM 模型中，得到输入对应的发射分数
    embeds = self.word_embeds(sentence).view(len(sentence), 1, -1)
    lstm_out, self.hidden = self.lstm(embeds, self.hidden)
    # 将 BiLSTM 的输出转化为 [ 句子单词数 × 隐藏层维度 ]，从而便于接入全连接层，全连接层的
    # 输出维度即变为了 [ 句子单词数 × 标签类别数 ]，即对应发射矩阵
    lstm_out = lstm_out.view(len(sentence), self.hidden_dim)
    lstm_feats = self.hidden2tag(lstm_out)
    # 使用维特比解码得到最佳路径
    score, tag_seq = self.viterbi_decode(lstm_feats)
    return score, tag_seq
```

在本程序中，训练时直接调用 neg_log_likelihood 函数完成前向传播和 loss 计算，注意与 forward 函数的区别，其函数定义如下：

```
# 损失函数
def neg_log_likelihood(self, sentence, tags):
    # 接收训练样本的句子和标注序列，通过模型预测路径得分，并计算 loss，注意计算 loss 时
    # 并不需要使用维特比解码
    # 获取 BiLSTM 的发射分数矩阵
    embeds = self.word_embeds(sentence).view(len(sentence), 1, -1)
    lstm_out, self.hidden = self.lstm(embeds, self.hidden)
    lstm_out = lstm_out.view(len(sentence), self.hidden_dim)
    feats = self.hidden2tag(lstm_out)
    # 函数 forward_alg 接收发射矩阵，返回所有路径的得分之和
    forward_score = self.forward_alg(feats)
    # 计算正确路径得分
    gold_score = self.score_sentence(feats, tags)
    # CRF 的优化目标是最大化 gold_score - forward_score，但深度学习一般要最小化损失函数，所以
```

```
# 可以给该式子取反
return forward_score - gold_score
```

将模型实例化进行训练，为尽可能简略，此处展示的是 batch_size=1 的情况，即省略了 batch 维度，表示每次的输入是一个句子的单词数组和对应的标注序列，读者可自行尝试更为完整的实现。

```
model = Bi LSTM_CRF(len(word_to_ix), tag_to_ix, EMBEDDING_DIM, HIDDEN_DIM)
optimizer = optim.SGD(model.parameters(), lr=LR, weight_decay=WEIGHT_DECAY)
for epoch in range(EPOCHS):
    for sentence, tags in training_data:
        model.zero_grad() # 梯度置零
        # 获取向量化的输入
        sentence_in = torch.tensor([to_ix[w] for w in sentence], dtype=torch.long)
        targets = torch.tensor([tag_to_ix[t] for t in tags], dtype=torch.long)
        # 前向传播计算 loss
        loss = model.neg_log_likelihood(sentence_in, targets)
        loss.backward() # 反向传播
        optimizer.step() # 更新权重
```

对测试样例进行预测，此处的预测 model(test_sent)，自动调用了 forward 函数而非前面显式调用的 neg_log_likelihood 函数，因为训练过程中只需要根据发射矩阵和转移矩阵计算 loss，从而更新网络参数，并不需要额外地用维特比解码翻译为标注序列。测试部分代码如下：

```
test_sentence = ['the', 'wall', 'street', 'journal', 'reported', 'today',
                 'that', 'apple', 'corporation', 'made', 'money']
with torch.no_grad():
    test_sent = torch.tensor([to_ix[w] for w in test_sentence], dtype=torch.long)
    print(model(test_sent))
```

结果输出如下：

```
(tensor(111.9686), [2, 3, 3, 3, 8, 8, 8, 2, 3, 8, 8])
```

即路径得分 111.9686，原句 The Wall Street Journal reported today that Apple Corporation made money 被正确标注为 B-ORG I-ORG I-ORG I-ORG O O O B-ORG I-ORG O O。

8.1.3 细粒度命名实体识别

细粒度命名实体识别，顾名思义，是将实体识别并划分为更多的类型。在日常生活中，我们常常需要将实体划分为更细粒度的类型以便于后续分析。例如，对于句子"李明在燕山大学上学，而他父亲李涛是燕山大学的一名教师"，我们更希望模型能够将"李明"识别为学生，将"李涛"识别为教师，而不仅仅是将他们识别为人名。细粒度命名实体识别可以分为两个内容，即细粒度实体边界认定和细粒度实体分类（Fine-Grained Entity Type Classification，FETC），由于细粒度实体边界认定方法和粗粒度方法类似，所以本节重点介绍细粒度实体分类技术。

细粒度实体分类在文本理解和问答系统等领域有着广泛的应用，但是由于分类类别的增加和标注语料的不足，算法效果远远没有达到粗粒度实体识别的高度。细粒度的实体分类的方法通常是通过获取文章中实体上下文的相关信息，并将其添加到实体的语义信息中，丰富了实体的语义信息，根据实体的语义进行细粒度的实体分类。

早期的细粒度实体分类的方法通常使用基于知识库的远程监督算法来构造数据集，并

细粒度命名实体识别
方法概述

辅以常见的机器学习方法来进行分类。然而，该方法忽视了实体的上下文内容信息，导致引入了包含上下文无关的类别噪声。所以如何解决远程监督带来的噪声问题，以及如何处理类别之间的层次关系，成为了 FETC 工作的重点。现在常用深度学习的方法来进行细粒度实体分类，如 AFET 模型提出将细粒度实体分类看作一个多分类、多标签的分类问题，引入了注意力机制来表示实体与上下文的关系，并使用层次编码的方式在标签之间引入参数共享，CNNJM 模型利用卷积神经网络学习实体及其上下文信息。近几年预训练模型在自然语言处理领域得到了广泛的应用，基于 ELMo 的细粒度命名实体分类模型使用预训练语言模型进行实体（mention）和上下文（context）的表示，并使用混合分类器来预测编码潜在类型特征的低维向量，并从潜在表示中构造高维的类型向量。

　　FIGER 和 OntoNotes 是细粒度实体分类常用的数据集，见表 8-3，它们对实体类型进行了深层次的划分。图 8-3 是 OntoNotes 数据集的类别体系，该数据集包含 3 个层级，89 个类别。

表 8-3　细粒度实体分类常用的两个数据集

数据集	训练集	验证集	测试集	层级	类别
FIGER	2000000	10000	563	2	113
OntoNotes	251039	2202	8963	3	89

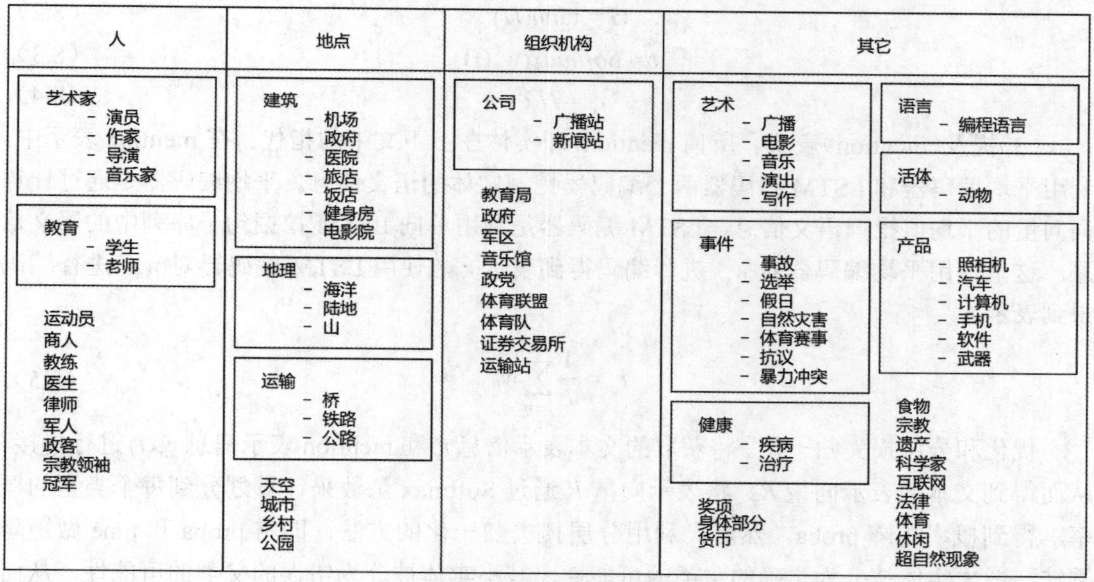

图 8-3　OntoNotes 数据集的类别体系

　　下面我们以基于端到端的神经网络的细粒度分类模型（Neural Fine-Grained Entity Type Classification，NFETC）为例向大家介绍一下细粒度实体分类。我们使用的训练数据为 OntoNotes 数据集。数据集中包含已经抽取的实体和对应的实体类别，与粗粒度不同的是，细粒度中类别不再是单一的 4 类，而成为了 3 层 89 类。对应地，我们分类的结果也是 89 类。根据之前学到的知识，简单的分类可以直接通过在编码器后接全连接层来实现，但是如果能够更好地利用文本的上下文信息，并在模型计算中结合类型的层次关系，这样可以使我们的模型达到更好的效果。

　　1. 基于 NFETC 模型进行细粒度实体分类的大致流程

　　NFETC 模型主要包含文本信息表示、层次分类、损失函数计算三个部分。在文本信息表示阶段，该模型会将文本信息、实体信息、实体扩展部分信息分别通过注意力机制、单向 LSTM、平均编码器来表示，并最终合并为特征表示 R。在得到特征表示 R 后，在层次类型矩阵的帮助下，达到对结果更好的预测。该模型使用一个交叉熵损失函数的变种来处理多个标签的情况，并使用层次损失归一化对预测类型相关的情况施加更少的惩罚。NFETC 模型的结构如图 8-4 所示。下面我们将详细介绍 NFETC 模型的具体流程。

（1）输入实体 m_i，实体扩展 m_{ei}（包含实体以及实体前后一个单词，用于丰富实体与上下文的语义信息）及其上下文信息 c_i。首先通过嵌入层将上下文中的每个单词转化成能提供语义特征的实值向量，这里的词嵌入方法选用的是 Glove 词嵌入向量，其中 d_w 是词嵌入的维度。并将每个单词 w_i 通过嵌入层映射成一个列向量 $w_i^d \in \mathbf{R}^{d_w}$，即增加了"单词"。同时将位置向量作为补充信息添加到目标实体中，位置向量 w_i^p 表示的是第 i 个词和目标实体的相对距离。按照式（8.1）通过运算得到第 i 个词的词向量 w_i^E。对应地，m_i、m_{ei}、c_i 分别经过词嵌入层得到词嵌入表示 w_{m_i}、$w_{m_{ei}}$、w_{c_i}。

$$w_i^E = [(w_i^d)^T, (w_i^p)^T]^T \tag{8.1}$$

（2）文本信息表示。输入第一步中上下文信息 c_i 的词嵌入表示 w_{c_i}，将 w_{c_i} 用双向 LSTM 从正反两个方向编码得到信息 $\vec{h}_i$ 和信息 $\overleftarrow{h}_i$，计算得到上下文向量 $h_i = [\vec{h}_i + \overleftarrow{h}_i]$，接着将这些向量组成矩阵 H。然后按照式（8.2）～式（8.4）逐步对向量进行激活，从而得到文本表示信息 r_c。其中，w 是可学习的参数向量。

$$G = \tanh(H) \tag{8.2}$$

$$\alpha = Softmax(w^T G) \tag{8.3}$$

$$r_c = H\alpha^T \tag{8.4}$$

（3）提及（mention）表示。所谓 mention，即实体在上下文中的指代。在 mention 表示中，利用平均编码器和 LSTM 编码器两个编码器挖掘实体的语义信息。平均编码器是通过计算词向量的平均值挖掘语义信息，LSTM 编码器是利用单向 LSTM 挖掘句子序列中的语义信息。这里使用平均编码器对 w_{m_i} 进行编码得到表示 r_a，使用 LSTM 编码器对 $w_{m_{ei}}$ 进行编码得到表示 r_l。

$$r_a = \frac{1}{L}\sum_{i=p}^{t} w_i^d \tag{8.5}$$

优化和分层损失归一化。将获取的文本表示信息 r_c 和 mention 表示信息 r_a、r_l 进行拼接，从而得到文本的表示向量 R。将表示向量 R 通过 Softmax 函数来计算划分到每个类型的概率，得到概率矩阵 proba。然后，利用分层损失归一化的方法，即将 proba 和 tune 做矩阵乘法，增大实体被分为正确的父类的可能性，减小实体被分为错误的父类的可能性，从而在后续计算损失值时达到优化损失的目的（tune 矩阵是类型层次矩阵，有两个维度，第一个维度表示父类型，第二个维度表示子类型，矩阵中的值可以表示分类的权重）。其示例见表 8-4，表中行为父类型，列为子类型。

表 8-4　tune 矩阵示例

父类型 子类型	/person	/person/artist	/organization	/other/product	...
/person	1	0.3			
/person/artist		1			
/organization			1		

续表

父类型 子类型	/person	/person/artist	/organization	/other/product	…
/other/product				1	
…					

图 8-4 是 对 句 子 "There was a guy playing Zhang Xueliang, and I played his secretary going..."进行特征表示的模型图。其中"Zhang Xueliang"为提取实体（mention）；"playing Zhang Xueliang,"为实体扩展的部分（mention_ext），即将实体与前一个单词、后一个单词做拼接得到，可以更多地挖掘实体与上下文之间的语义信息。在进行细粒度实体分类的代码实践中，我们选择 OntoNotes 数据集作为训练集和测试集。在对 OntoNotes 数据集进行处理后，我们会得到两个类型层次矩阵 tune 和 prior。tune 矩阵的格式为 [parent types, child types]，用于在模型计算时提高预测准确度；prior 矩阵的格式为 [child types, parent types]，用于在模型验证时准确计算预测准确率。

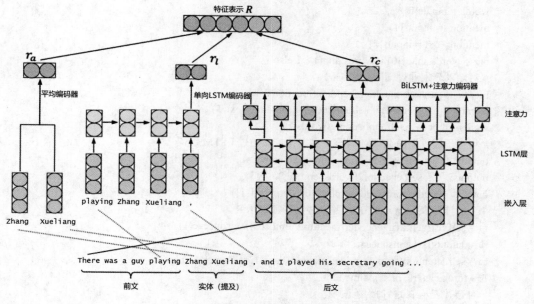

图 8-4　NFETC 模型结构图

2. 案例实现

训练数据集格式如下所示。在该样本中，p1、p2 分别表示提取的实体在句子中的起始位置和终止位置；sentence 表示该实体所在句子；mention_ext 表示实体扩展；type 表示该实体被划分的类型。

```
{
    "p1" : 10,
    "p2" : 15,
    "sentence" : "traded among commercial banks for overnight use in amounts of $ 1 million or more .",
    "mention_ext" : "of $ 1 million or more ."
    "type" : "/other/currency"
}
```

下面是基于 PyTorch 的模型代码实现，该 NFETC 类继承自 nn.Module，作为我们的训练模型，完成了对 mention 和上下文信息的表示，并输出多分类的预测概率。

```python
class NFETC(nn.Module):
    def __init__(…):
        super(NFETC, self).__init__(**kwargs)
        self.embedding = nn.Embedding(vocab_size, embed_size)   # 嵌入层
        self.avg_encoder = average_encoder # 平均编码器
        self.encoder1 = nn.LSTM(embed_size, num_hiddens, num_layers=2, dropout=0.5)
        self.encoder2 = nn.LSTM(embed_size, num_hiddens, num_layers=2, bidirectional=True, dropout=0.5)
        # LSTM 编码器
        self.attention = Attention(num_hiddens, dropout=0.5)        # 注意力
        self.fc1 = nn.Linear(embed_size, num_hiddens)              # 全连接层
        self.fc2 = nn.Linear(4*num_hiddens, out_size)
        # 批量正则化
        self.relu = nn.ReLU()
        self.dropout = nn.Dropout(p=0.5)
        self.batch_norm = nn.BatchNorm1d(4, affine=False)
    def forward(self, inputs, tune):
        # 将输入解析为句子、实体、实体扩展，并获得训练数据的批量大小
        words = inputs[0]
        mentions = inputs[1]
        mentions_ext = inputs[2]
        bsz = words.shape[0] if words.dim() > 1 else 1
        # 对输入分别通过词向量层编码
        mentions_embeds = self.embedding(mentions)
        mentions_ext_embeds = self.embedding(mentions_ext.T)
        words_embeds = self.embedding(words.T)
        # 将句子通过双向 LSTM 编码，将实体扩展通过 LSTM 编码
        outputs1, _ = self.encoder1(mentions_ext_embeds)
        outputs2, _ = self.encoder2(words_embeds)
        outputs_added = torch.add(outputs2[0], outputs2[-1])
        # 分别计算表示 ra、rl、rc，并合并为特征表示 R
        ra = self.fc1(self.avg_encoder(mentions_embeds)).unsqueeze(1)
        rl = outputs1[-1].unsqueeze(1)
        rc = self.attention(outputs_added.reshape(bsz, -1, ra.shape[-1]))
        R = torch.cat((rc, ra, rl), dim=1)
        # 对合并表示 R 进行批量正则化
        h_drop = self.dropout(self.relu(R))
        h_output = self.batch_norm(h_drop)
        scores = self.fc2(h_output.reshape(bsz, -1))
        # 将结果与 tune 矩阵（类型层次矩阵，形式为 [parent types, child types]）做矩阵乘法，优化
        # 模型预测效果
        proba = nn.functional.softmax(scores, dim=1)
        adjusted_proba = torch.mm(proba, tune)
        adjusted_proba = torch.clamp(adjusted_proba, 1e-10, 1.0)
        return adjusted_proba
        # hier_loss 为我们定义的损失函数，它的输入 pred 为训练数据经过模型计算后的结果，y 为
        # 训练数据被划分的正确类型，用于与我们预测的类型比对后计算损失。
    def hier_loss(pred, y):
        target = torch.argmax(torch.mul(pred, y), dim=1)
        target_index = nn.functional.one_hot(target, len(vocab.idx_to_type))
        loss = -torch.sum(target_index *torch.log(pred), 1)
        return loss
```

下面是训练函数，train_epochs 函数负责执行 epoch 次训练，并返回 epoch 次训练之后的损失以及训练准确率和测试准确率；其中 train_batch 负责对小批量进行训练，具体实现和之前章节介绍的类似，即通过损失函数计算损失值之后，利用反向传播机制对损失值进行优化。其中参数 train_iter、test_iter 为训练数据和测试数据集迭代器，4 个维度分别是文本、实体、实体扩展、实体类型。

```python
# 将训练数据、测试数据按照批量进行划分
train_iter = d2l.load_array((train_data[0], train_data[1], train_data[2], train_label), batch_size)
test_iter = d2l.load_array((test_data[0], test_data[1], test_data[2], test_label), batch_size)
def train_epochs(net, train_iter, test_iter, loss, trainer, num_epochs, devices):
    num_batches = len(train_iter)
    for epoch in range(num_epochs):
        metric = d2l.Accumulator(4)
        for i, (words, mentions, mention_exts, types) in enumerate(train_iter):
            # 批量训练
            l, acc = train_batch(net, (words, mentions, mention_exts), types, loss, trainer, devices)
            metric.add(l, acc, types.shape[0], types.sum())
        test_acc = evaluate_accuracy_gpu(net, test_iter)
    # 打印训练损失和准确率
    print(f'loss {metric[0] / metric[2]:.3f}, train acc '
          f'{metric[1] / metric[3]:.3f}, test acc {test_acc:.3f}')
```

在训练好模型之后，可以通过 torch.save 函数将模型以文件形式存储在本地，之后可以通过 torch.load 加载之前训练好的模型，然后使用 predict 函数测试模型预测效果。

```python
def predict(net, sentence, mention, mention_ext):
    net.eval()
    X = (sentence, mention, mention_ext)
    X = [x.to(devices[0]) for x in X]
    preds = net(X, vocab.tune)
    # 选取预测概率最大的类型为我们的预测结果
    predictions = torch.argmax(preds, dim=1)
    # 通过 prior 矩阵找到预测类型的类型路径
    type_path = vocab.prior[predictions]
    # 将预测类型矩阵转换为预测类型字符串数组并返回
    return to_types_list(type_path)
```

8.2　实体关系抽取

本节将对文本信息抽取中的另一个子任务——关系抽取（Relation Extraction，RE）进行详细介绍。关系抽取以实体识别为前提，在实体识别之后，判断给定文本中的任意两个实体是否构成事先定义好的关系，是文本内容理解的重要支撑技术之一，对于问答系统，智能客服和语义搜索等应用都十分重要。因此，该任务得到了学术界和工业界的广泛关注，已发展成为自然语言处理领域一个特别重要的研究方向。

关系抽取方法概述

8.2.1　关系抽取概述

关系定义为两个实体之间的某种联系，关系抽取就是自动识别实体之间具有的某种语

义关系，是信息抽取的任务之一。接下来通过列举三个例子来更好地理解关系抽取任务。

给定如下句子，抽取出相应的关系。

（1）乔布斯于 1955 年出生于旧金山。

（2）冯小刚在 2004 年导演了电影《天下无贼》。

（3）张勇是阿里巴巴的现任 CEO。

例如从句子（1）中抽取出（乔布斯，出生地，旧金山），其中，"乔布斯"是头实体，"旧金山"是尾实体，"出生地"是关系。同样地，对于句子（2）和句子（3）可以分别抽取出（冯小刚，导演，天下无贼）和（阿里巴巴，CEO，张勇）。

关系抽取的研究方法众多，其中，基于机器学习的关系抽取方法应用最为广泛。机器学习方法根据是否需要标注好的训练语料可分为有监督关系抽取、半监督关系抽取、无监督关系抽取以及远程监督关系抽取等。

- 有监督关系抽取：需利用人工标注好的训练语料训练模型，训练好的模型可以预测测试集中实体关系。标注的信息一般包含句子和三元组的对齐信息，根据标注信息，训练集中的句子可用元组的形式进行标记。

- 半监督关系抽取：首先需要预先定义关系集合，接着使用相对较少的监督数据作为种子集，在大量无监督数据的帮助下，取得与有监督关系抽取类似的效果。

- 无监督关系抽取：通过人工编辑或者学习得到的模板对文本中的实体关系进行抽取和判别，当一个句子中出现的实体附近的上下文满足预先定义的模板时，就可以认为这两个实体在这个句子中具有模板定义的关系。

- 远程监督关系抽取：基于一种假设，即如果两个实体之间存在知识库中的某种关系，那么含有这两个实体的句子或多或少都表达了这种关系。基于这种假设，远程监督的关系抽取方法把包含同一实体对的句子都作为该实体对在知识库中所对应关系的正例。但是这种假设过于严格，导致使用远程监督方法获取的标注语料中存在着大量的噪声数据，这是因为包含了同一实体对的句子并不一定都表达了知识库中的对应关系。

近几年，随着研究的不断深入，需要使用更多高质量标注语料来训练模型。但针对特定领域，没有足够的标注语料可以使用，例如法律领域，需要具备极高的法律领域知识的律师来标注数据，导致标注成本较高，进而诞生了一个新的研究方向——小样本关系抽取。该方向只需要使用少量标注语料就可以使得模型达到一个较好的性能，减轻了标注人员的负担。但小样本学习模型的性能与有监督学习的模型性能相比还有一定的差距，尚有较大的发展潜力。

8.2.2 基于卷积神经网络的关系抽取算法

当前深度学习方法在关系抽取任务上取得了很好的效果。用深度学习实现关系抽取的方法有很多，诸如基于卷积神经网络的关系抽取和基于预训练模型的关系抽取等。其中基于卷积神经网络的方法是最典型的方法之一。卷积神经网络应用到关系抽取领域中的一个核心算法是分段卷积神经网络（Piecewise Convolutional Neural Networks，PCNN）算法，整体框架如图 8-5 所示。首先通过单词的词嵌入和位置嵌入把句子转换成向量表示，然后通过卷积神经网络的卷积操作和池化操作提取句子向量的特征向量，最终进行关系预测。

例如：[Bob] was born in [Canada]，其中头实体是 Bob，尾实体是 Canada，假设此时

待分类的关系集合为 {PlaceOfBirth, Nationality, Religion, …}，我们根据 PCNN 抽取的句子特征在所有待分类的关系上进行打分，选择一个得分最高的关系，如 PlaceOfBirth，进而组成的三元组为（Bob，PlaceOfBirth，Canada），这是关系抽取的一个基本流程，下面我们详细介绍每个模块。

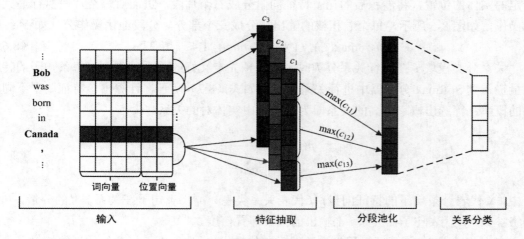

图 8-5　PCNN 模型整体框架

（1）词向量模块：计算机无法识别人类文字，所以我们利用 Word2vec 等词向量构建工具将句子中的每个词语转化成低维实值向量，使得计算机可以理解识别每个单词。例如将 Jenny 这个词转化成词向量的形式，即类似 [0.232, −0.556, −0.101, 0.198, −0.542, …] 的序列，使用词向量技术已经成为 NLP 任务中的常见做法。

（2）位置向量模块：词向量只能获取句子的语义信息，而不能获取句子的结构信息，为了能充分学习每一条输入语句中蕴含的信息，我们引入了位置向量的概念。位置向量代表句子中每个词语与实体对的相对位置，如图 8-6 所示，单词 was 到实体 Bob 和 Canada 的相对距离分别为 1 和 −3。

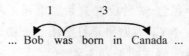

... Bob　was　born　in　Canada ...

图 8-6　位置向量的计算方式

为了方便计算，我们设定词向量的维度是 d_w，位置向量的维度是 d_p。将词向量与位置向量拼接进而构成句子向量矩阵 $S = \{q_1, q_2, \cdots, q_n\} \in \mathbf{R}^{n \times d}$，其中每个向量的维度为 $d = d_w + d_p \times 2$，n 为句子的长度，每个单词对应词向量的维度 $q_i \in \mathbf{R}^d$。

（3）特征抽取模块：特征抽取是抽取句子中的主要特征来表示句子的语义信息。由于输入句子的长度不统一，头尾实体之间的关系信息可能分布在句子的任何地方，这就意味着必须要从句子中抽取不同的局部特征来预测目标实体对所属的关系类型。在卷积神经网络中，卷积操作是获取这些局部特征的常用方法。

在本例中，我们使用的卷积核大小是 $w \times d$（$w=3$），为了保证每个单词的向量参与卷积的机会均等，在句子的首尾均填充 $w-1$ 个 0，即填充（padding）$= w-1$，通过使用多个卷积核抽取句子中的局部特征，得到特征向量 $C = \{c_1, c_2, \cdots, c_{num}\} \in \mathbf{R}^{num \times (s+w-1)}$，其中 $c_i \in \mathbf{R}^{s+w-1}$ 代表每个卷积核抽取的特征，num 代表卷积核的数量。

（4）分段池化模块：常用的池化操作有最大池化、平均池化和全局池化等。以最大池化为例，最大池化可以理解为抓住每一个特征向量中最具有代表性的特征，但仅仅使用最大池化操作不能很好地完成关系抽取任务。这是因为最大池化可以快速降维，过滤粒度过于粗糙导致模型很难抓住输入语句中头尾实体的特征。而对于分段池化操作，则根据两个给定的实体的位置，将卷积后的句子特征向量分成三个片段，进而对每个片段执行最大池化操作，如图 8-5 所示，每个卷积核的输出被分成三个部分，分段池化操作公式如下：

$$m_{ij} = \max(c_{ij}), \quad 1 \leq i \leq num, \quad 1 \leq j \leq 3 \tag{8.6}$$

关系分类模块：在进行关系分类时，依据预先定义好的关系种类，将每条句子的特征向量输入到 Softmax 分类器中进行关系分类，如式（8.7）所示，计算出该特征属于不同关系的概率，筛选出概率最高的关系即为该句子中实体对的关系。

$$p(i|x,\theta) = \frac{e^{o_i}}{\sum_{k=1}^{n} e^{o_k}} \tag{8.7}$$

其中，x 代表一条句子的特征向量，i 代表关系类型，o_i 代表句子在关系 i 上的分量，θ 为网络参数，p 代表句子在关系 i 上输出的概率即置信度。

在训练过程中，模型基于损失函数做反向传播优化，选取人工标注好的训练样例 (x_i, y_i) 进行损失函数计算，如式（8.8）所示，然后为了计算网络参数 θ，我们需要使用随机梯度下降（SGD）技术来最大化对数似然 $J(\theta)$。

$$J(\theta) = \sum_{i=1}^{T} \log p(y^{(i)}|x^{(i)}, \theta) \tag{8.8}$$

通过使用反向传播算法来优化神经网络中不同层神经元的参数。对于例子 (x, y)，根据式（8.9）更新神经网络中神经元的参数。计算如下：

$$\theta \leftarrow \theta + \frac{\partial \log p(y|x, \theta)}{\partial \theta} \tag{8.9}$$

采用 NYT 数据集进行基于神经网络的关系抽取实验，该数据集中的训练集和测试集是按特定年份划分而生成的，包含 52 种已知关系类型和 1 种未知关系类型，未知关系通常表示为 NA（not a relation）。NYT 数据集是目前用于评估远程监督关系抽取模型方法的最常用的数据集。NYT 数据集举例说明见表 8-5。

表 8-5　NYT 数据集

头实体 ID	尾实体 ID	头实体表示	尾实体表示	关系	句子
m.02rf2mb	m.04b4gj3	john_mcnamara	mcnamara	NA	according to " mcnamara 's old bronx " by john_mcnamara, nathan johnston, formerly of utica, bought 25 acres on boston road and connor street in the 1870s. ###END###
m.045c7b	m.09jcvs	google	youtube	NA	but viacom has decided that the only way to deal with google and youtube is to sue. ###END###
m.0frkwp	m.04mh_g	ruth	little_neck	NA	shapiro -- ruth of little_neck, ny. ###END###

头实体 ID	尾实体 ID	头实体表示	尾实体表示	关系	句子
m.045c7b	m.09jcvs	google	youtube	NA	representatives for google and youtube were not immediately available. ###END###
m.05fhy	m.01_pcr	nebraska	chuck_hagel	NA	its backers include senator chuck_hagel, republican of nebraska. ###END###

从表 8-5 可以看到,数据一共 6 列,前两列为两个实体在 Freebase 数据库中的 ID,第三、四列为两个实体在句子中的表示。第五列为关系,最后一列为原句子,其中头实体使用双下划线标记,尾实体使用单下划线标记,并以"###END###"结尾。需要注意的是,数据集中有接近 80% 的句子的关系标签为 NA。

下面是基于 PyTorch 框架的 PCNN 关系抽取的具体实现代码,整体结构是以词向量表示的句子上下文作为输入,然后通过卷积和池化操作得到句子特征,接着使用 Softmax 函数对特征进行分类,最后使用交叉熵损失函数计算损失,调整模型参数。

```python
def __init__(self, opt):
    super(PCNN, self).__init__()
    self.opt = opt
    self.model_name = 'PCNN'
    self.word_embs = nn.Embedding(self.opt.vocab_size, self.opt.word_dim)
    self.pos1_embs = nn.Embedding(self.opt.pos_size, self.opt.pos_dim)
    self.pos2_embs = nn.Embedding(self.opt.pos_size, self.opt.pos_dim)
    # 对句子中的每个字进行词向量编码和位置向量编码
    feature_dim = self.opt.word_dim + self.opt.pos_dim * 2    # 将所有的编码合并
    self.convs = nn.ModuleList([nn.Conv2d(1, self.opt.filters_num, (k, feature_dim),
                padding=(int(k / 2), 0)) for k in self.opt.filters])
    # 设置卷积核
    all_filter_num = self.opt.filters_num * len(self.opt.filters)
    if self.opt.use_pcnn:
        all_filter_num = all_filter_num * 3
        masks = torch.FloatTensor(([[0, 0, 0], [1, 0, 0], [0, 1, 0], [0, 0, 1]]))
        if self.opt.use_gpu:
            masks = masks.cuda()    # 如果使用 GPU,可以加速计算
        self.mask_embedding = nn.Embedding(4, 3)
        self.mask_embedding.weight.data.copy_(masks)
        self.mask_embedding.weight.requires_grad = False
    self.linear = nn.Linear(all_filter_num, self.opt.rel_num)
    self.dropout = nn.Dropout(self.opt.drop_out)
    self.init_model_weight()
    self.init_word_emb()
```

使用 xavier 对卷积核的参数进行初始化。

```python
def init_model_weight(self):
    for conv in self.convs:
        nn.init.xavier_uniform_(conv.weight)
        nn.init.constant_(conv.bias, 0.0)
    nn.init.xavier_uniform_(self.linear.weight)
    nn.init.constant_(self.linear.bias, 0.0)
```

PCNN 的分段池化过程需要找到两个实体的位置，并将原来的句子分成 3 个部分，对每一部分进行最大池化找出最具有代表性的特征。

```python
def piece_max_pooling(self, x, insPool):
    # PCNN 分段过程
    split_batch_x = torch.split(x, 1, 0)
    split_pool = torch.split(insPool, 1, 0)
    batch_res = []
    for i in range(len(split_pool)):
        ins = split_batch_x[i].squeeze()  # all_filter_num * max_len
        pool = split_pool[i].squeeze().data
        seg_1 = ins[:, :pool[0]].max(1)[0].unsqueeze(1)  # all_filter_num * 1
        seg_2 = ins[:, pool[0]: pool[1]].max(1)[0].unsqueeze(1)  # all_filter_num * 1
        seg_3 = ins[:, pool[1]:].max(1)[0].unsqueeze(1)
        # 1 * 3all_filter_num
        piece_max_pool = torch.cat([seg_1, seg_2, seg_3], 1).view(1, -1)
        batch_res.append(piece_max_pool)
    out = torch.cat(batch_res, 0)
    assert out.size(1) == 3 * self.opt.filters_num
    return out
```

核心代码部分：

```python
def forward(self, x, train=False):
    insEnt, _, insX, insPFs, insPool, insMasks = x
    insPF1, insPF2 = [i.squeeze(1) for i in torch.split(insPFs, 1, 1)]
    word_emb = self.word_embs(insX)
    # 生成对应的词向量
    e1_emb = self.pos1_embs(insPF1)
    e2_emb = self.pos2_embs(insPF2)  # 生成对应的位置向量
    x = torch.cat([word_emb, e1_emb, e2_emb], 2)
    # 向量拼接，词向量拼接两个实体位置向量
    x = x.unsqueeze(1)
    x = self.dropout(x)
    # 随机失活函数，减少过拟合的可能性
    x = [conv(x).squeeze(3) for conv in self.convs]
    # 卷积操作
    x = [F.max_pool1d(i, i.size(2)).squeeze(2) for i in x]
    # 池化操作
    x = torch.cat(x, 1).tanh()
    # 特征拼接过程
    x = self.dropout(x)
    x = self.linear(x)
    # 通过全连接映射到所有的关系上，进行分数计算
    return x
```

8.2.3 实体关系的联合抽取算法

广义上讲，关系抽取任务分为了两个子任务：实体抽取任务和关系抽取任务。实体抽取任务与命名实体识别的作用相似，关系抽取任务实质在于对抽取出的实体进行关系分类，是一个分类任务，基于这种方式的关系抽取称为流水线（Pipeline）方法。Pipeline 方法较为容易实现，其两个子任务相互独立性强，灵活度高，可以分别使用不同的数据集进行训练。Pipeline 方式虽然在抽取任务上表现良好，但同时它的缺点也是不容忽视的。独立性

强使得两个任务之间缺乏交互，失去了内在联系；在实体抽取任务中得到的实体可能并没有相应关系与之对应，造成实体冗余，因而影响下一步关系抽取任务，使模型计算量加大、准确率下降。

与此同时，受益于预训练模型的发展以及计算水平的提升，联合抽取的方式正在不断发展，旨在缓解传统 Pipeline 所存在的问题。联合抽取，也称为端到端抽取，所谓端到端是指在不对输入文本进行改造的情况下，直接将原始文本送入模型进行训练，并输出最终结果。联合抽取是将 Pipeline 中的两个子任务模型合并为一个任务模型，在此模型中同时抽取出实体及其关系。现有的联合抽取模型总体上分为两大类：

（1）共享参数的联合抽取模型，通过两个子模型之间的参数共享实现联合，使用不同的解码方式得到实体或者关系。

（2）联合解码的联合抽取模型，使用一种解码方式同时得到实体及关系。联合解码能实现实体之间、实体与关系、关系之间的交互。

1. 基于共享参数的联合抽取方法

为解决流水线方式下产生的错误累积问题，学者们构建了混合神经网络（Hybrid Neural Network），首次提出了参数共享的概念。参数共享是指由两个抽取子任务共同使用训练任务中某些权值矩阵的参数，以此来加强子模型之间的交互，主要是共享词嵌入层、编码层，之后一般遵从两个子任务本身的特点而使用各自的模型，如对于实体抽取常使用 LSTM+CRF 获取序列标注结果；而对于关系抽取子任务多使用 CNN 进行特征提取，最后使用 Softmax 进行关系分类，以下将以输入文本"美国总统特朗普将访问中国"为例，介绍一种常见的基于共享参数的联合抽取算法，如图 8-7 所示。

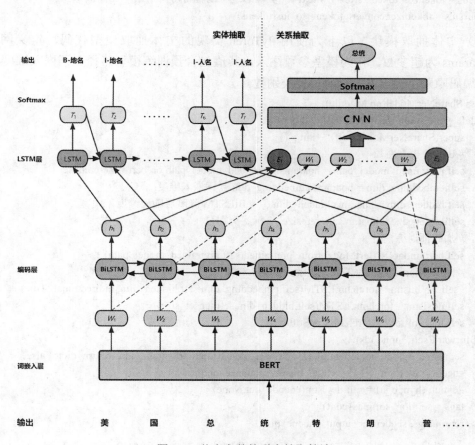

图 8-7　共享参数的联合抽取算法

算法步骤：

（1）将原始数据输入预训练模型 BERT，得到能表示语义特征的词向量，使用的权值矩阵用 W 表示。

（2）将得到的词向量经过编码层，可使用 BiLSTM 来获取进一步基于上下文的特征信息等，研究证明使用 BiLSTM 在获取上下文序列信息上有很好的效果。用 h_i 表示此层的 token 输出。

（3）进入命名实体识别（NER）模块，采用 LSTM 结构来生成标注序列。由于 LSTM 能够学习长期相关性，因此可以对标签交互进行建模。随后再使用 Softmax 层根据标签预测向量计算归一化实体标签概率。

（4）进入关系抽取（RE）模块，在得到序列标注结果后，便能确定实体的位置信息，将实体包含的 token 所对应的 BiLSTM 隐藏层输出进行拼接变换，得到能表示实体信息的向量 E_1 和 E_2。之后将两个实体以及存在于实体之间的词汇编码进行组合，使其成为关系抽取模块的输入，这样做是因为实体之间的关系信息往往存在于两个实体之间的文本中。再经过传统 CNN 网络进行特征提取和 Softmax 层关系分类，最终输出关系类型。

部分关键代码：

（1）数据预处理。将每条文本处理成为 input_ids，表示原始输入文本中每个字所对应的字典索引，可以使用 BertTokenizer 得到。

```
from transformers.tokenization_bert import BertTokenizer
# 加载 BERT
tokenizer = BertTokenizer.from_pretrained("bert-base-chinese ")
tokens = tokenizer.tokenize(text)  # text = " 美国总统特朗普将访问中国 "
input_ids = tokenizer.convert_tokens_to_ids(tokens)
```

（2）实体抽取模块。以下为使用 PyTorch 实现的实体抽取模型代码，定义网络结构。hparams 为超参数，作为模型参数注入，其值包含预训练模型路径、词嵌入维度、BiLSTM 编码隐藏层输出维度以及标签类别数。

```
class ShareNerModel(nn.Module):
    def __init__(self, hparams):
        super(ShareNerModel, self).__init__()
        # BERT 模型路径
        self.pretrained_model_path = hparams.pretrained_model_path or 'bert-base-chinese'
        self.embedding_dim = hparams.embedding_dim # 词嵌入维度
        self.hidden_dim = hparams.hidden_dim      # BiLSTM 隐藏层输出维度
        self.tagset_size = hparams.tagset_size   # 标签类别数
        # 加载预训练模型
        self.bert_model = BertModel.from_pretrained(self.pretrained_model_path)
        # bidirectional 属性为 True，表示为双向 LSTM
        self.en_bilstm = torch.nn.LSTM(self.embedding_dim,self.hidden_dim, bidirectional=True)
        self.de_lstm = torch.nn.LSTM(self.hidden_dim,self.tagset_size)
        self.log_softmax = torch.nn.LogSoftmax()
    def forward(self, input_ids):
        sequence_output, pooled_output = self.bert_model(input_ids=input_ids, return_dict=False)
        encode_out, (h_n, c_n) = self.en_bilstm(sequence_output,None)
        de_out, (h_n, c_n) = self.de_lstm(encode_out,None)
        tags = self.log_softmax(cont)
        return tags, sequence_output, encode_out
```

（3）关系抽取模块。以下定义关系抽取模型，由于实体所包含的字长不同，如"美国"

和"特朗普",因此需要使用超参数 hparams 对其长度进行限制;研究表明在两实体间的距离超过一定长度时,两者存在关系的概率非常小,因此需要对两实体之间的长度进行限制。

```python
class ShareREModel(nn.Module):
    def __init__(self,hparams,sequence_output,encode_out):
        super(ShareREModel, self).__init__()
        self.embedding_dim = hparams.embedding_dim
        self.hidden_input_size = hparams.hidden_input_size   # 实体 token 长度限制
        self.entity_span_size = hparams. entity_span_size    # RE 任务中两实体间长度限制
        self.num_classes = hparams.num_classes               # 关系类别数
        self.embedding_model = sequence_output               # 共享词嵌入层输出
        self.encode_out = encode_out                         # 共享编码层
        self.trans = torch.nn.Linear(self.hidden_input_size,self.embedding_dim)   # 实体拼接
        self.conv1 = torch.nn.Conv1d(
                in_channels=self.embedding_dim,              # 输入的深度
                out_channels=self.embedding_dim,             #filter 数量,输出的高度
                kernel_size = 3,        #filter 的长与宽
                stride=1,               # 每隔多少步跳一下
                padding=1
                )                       # 卷积层
        # 增加一类为 unknow,表示两实体间关系未知
        self.fc = torch.nn.Linear(self.embedding_dim,self.num_classes+1),
        self.softmax = torch.nn.Softmax(dim=2)
    def forward(self, entity_1_ids, entity_2_ids,):
        # 取两实体之间的 embedding token
        embedding_input = self.embedding_model[entity_1_ids[0]: entity_2_ids[-1]+1]
        hidden_ent_1 = self.encode_out[entity_1_ids[0]:entity_1_ids[-1]]
        hidden_ent_2 = self.encode_out[entity_2_ids[0]:entity_2_ids[-1]]
        hidden_input_1 = hidden_ent_1.reshape(1,self.hidden_input_size)
        hidden_input_2 = hidden_ent_2.reshape(1,self.hidden_input_size)
        # 拼接两实体与词嵌入层编码
        hidden_emb_1 = self.trans(hidden_input_1)
        hidden_emb_2 = self.trans(hidden_input_2)
        embedding_input = torch.nn.cat((hidden_emb_1,hidden_emb_2,embedding_input),1)
        # 自定义 PaddingEntity 函数,将两实体间的距离填充到统一长度
        embedding_input = PaddingEntity(embedding_input, self. entity_span_size)
        out= self.conv1(embedding_input)
        out = self.fc(out)
        out = self.softmax(out)
        return out
    def PaddingEntity(embedding_input, span_size):
        token_len = embedding_input.shape[1]
        m = nn.ConstantPad2d((0, 0, 0, span_size-token_len), 0)  # 零填充
        return m(embedding_input)
```

2. 基于序列标注的联合抽取方法

郑孙聪等在 ACL 会议上首次提出可以使用序列标注的方式来进行联合抽取,即直接提取实体及其关系,而不是分别识别实体和关系。使用序列标注进行联合抽取的核心思想是将关系与实体同时标注,既实体是"带有关系的实体",可将关系抽取任务转换成序列标注任务,常见的标注方式主要有总体 BIOES 标注、总体 BIES 标注、总体 BIO 标注等。图 8-8 为总体 BIO 标注方式的标注过程,便于读者分析与理解。

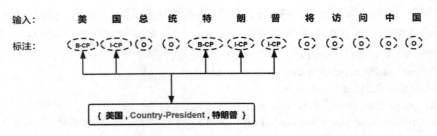

图 8-8　总体 BIO 标注

图 8-8 中"美国"是一个实体，其中"美"标签（tag）中的 B（Begin），表示一个关系三元组中实体的开始位置，标签中的 CP 则表示此三元组中的关系，是 Country-President 的缩写。I（Inside）表示某实体中间的词，O（Other）则表示该词与实体和关系都无关。该种标注方式与本书 8.1 节有所不同，本任务中的标注并不在意实体的属性，不将实体的具体类别进行标注而是将两实体之间的关系进行标注，如"美国"在命名实体识别中会打上 Loc 标记，但在此会打上其对应关系 CP 的标记。在关系个数为 N 的情况下，将会有 $N\times2+1$ 种标记。在不支持实体重叠的情况下，每个词的 tag 维度为 $N\times2+1$，其中只有一个分量值为 1，其余值为 0，表示取这 $N\times2+1$ 种标记中的一个；在支持实体重叠的情况下，每个词的标签将不止一个，如"坐落于美国的苹果公司是由乔布斯创立的。"中"苹果公司"既是"创建"关系中的客体实体，也是"位于"关系中的主体实体，会被同时打上 B-CL 和 B-CF 的标签，因此每个词的 tag 维度为 $N\times2+1$，将表示相应位置处的 tag 置为 1。以下所示的代码将不考虑实体重叠的问题，即每个字只有一个标签属性。

图 8-9 是以"美国总统特朗普将访问中国"作为示例的基于序列标注的联合抽取模型的训练流程。

（1）将原始输入序列送入 BERT 预训练模型，得到每个字的词向量。

（2）在 BiLSTM 编码层对词向量矩阵进行信息提取，学习序列特征。

（3）使用连接层处理 BiLSTM 的隐藏层输出，将其维度降为标签数大小。

（4）对连接层输出进行 Softmax，选出概率最大的标签作为实际输出标签。

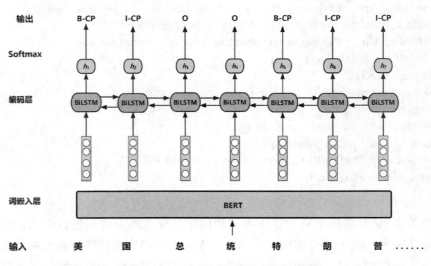

图 8-9　基于序列标注的联合抽取模型

本节使用的数据集为百度千言数据集 DuIE2.0，是业界规模最大的基于 schema 的中文关系抽取数据集，包含 11958 条训练数据，1489 条测试数据。

数据集组成示例如下：

```
{"text":
    " 安娜斯塔西娅·克莱西多是一名希腊籍田径铁饼运动员，1972 年 11 月 28 日出生 ",
 "spo_list": [{  "predicate": " 国籍 ",
          "object_type": {"@value": " 国家 "},
          "subject_type": " 人物 ",
          "object": {"@value": " 希腊 "},
          "subject": " 安娜斯塔西娅·克莱西多 "
    }]
}
```

部分关键代码如下：

（1）数据预处理。将每条文本所含的关系都转换成 BIO 标注表示。

```
# _labeling_type() 函数用于标注文本
def _labeling_type(subject_object, so_type):
    tokener_error_flag = False
    so_tokened = self.bert_tokenizer.tokenize(subject_object)
    so_tokened_length = len(so_tokened)
    # index_q_list_in_k_list() 函数在 text 中找到实体首先出现的位置
    idx_start = _index_q_list_in_k_list(q_list=so_tokened, k_list=text_tokened)
    if idx_start is None:
        tokener_error_flag = True
        bert_tokener_error_log_f.write(subject_object + " @@ " + text + "\n")
        bert_tokener_error_log_f.write(str(so_tokened) + " @@ " + str(text_tokened) + "\n")
    else: # 给实体开始处标 B，其他位置标 I
        labeling_list[idx_start] = "B-" + so_type
        if so_tokened_length == 2:
            labeling_list[idx_start + 1] = "I-" + so_type
        elif so_tokened_length >= 3:
            labeling_list[idx_start + 1: idx_start + so_tokened_length] = ["I-" + so_type] * (so_tokened_length - 1)
    return tokener_error_flag
    text_tokened = self.bert_tokenizer.tokenize(text)
text_tokened_not_UNK = self.bert_tokenizer.tokenize_not_UNK(text)
labeling_list = ["O"] * len(text_tokened)  # 初始标签为 O
tokener_error_flag = False
    for spo_item in spo_list: # 对句子中每一个关系都进行标注
        subject = spo_item["subject"]
        subject_type = spo_item["subject_type"]
        object = spo_item["object"]
        object_type = spo_item["object_type"]
        flag_A = _labeling_type(subject, subject_type)
        flag_B = _labeling_type(object, object_type)
        if flag_A or flag_B: # 如果在标注的过程中出错
            tokener_error_flag = True
            return text_tokened, text_tokened_not_UNK, labeling_list, tokener_error_flag
```

（2）训练模型构成。训练模型包含图 8-9 提及的词嵌入层、BiLSTM 编码层、Softmax 层。将每条文本处理成 input_ids，表示原始输入文本中每个字所对应的字典索引。模型输出每条文本中字所对应的序列标签。

```
class BertRE(nn.Module):
    def __init__(self, hparams):
        super(BertRE, self).__init__()
```

```
#加载已下载的 BERT 模型或重新训练 BERT 模型
self.pretrained_model_path = hparams.pretrained_model_path or 'bert-base-chinese'
self.embedding_dim = hparams.embedding_dim
self.hidden_dim = hparams.hidden_dim
self.tagset_size = hparams.tagset_size   # 标签类别数
self.bert_model = BertModel.from_pretrained(self.pretrained_model_path)
self.en_bilstm = torch.nn.LSTM(self.embedding_dim,self.hidden_dim//2, bidirectional=True)
self.pool = torch.nn.Linear(self.hidden_dim,self.tagset_size),
self.log_softmax = torch.nn.LogSoftmax(dim=-1)
def forward(self, input_ids):
    sequence_output, pooled_output = self.bert_model(input_ids=input_ids, return_dict=False)
    out, (h_n, c_n) = self.en_bilstm(sequence_output, None)
    out = self.pool(out)
    tags = self.log_softmax(out)
    return tags
```

8.3　事件抽取

事件抽取中的关键问题

本节将对文本信息抽取中的另一个子任务——事件抽取进行详细介绍。近年来，随着大数据、人工智能技术的发展，事件抽取逐渐成为研究热点，同时也是研究难点。事件抽取首先需要识别自然语言文本中所描述的事件类型，然后要识别出事件中的各个元素，并判断各元素在事件中所扮演的角色，因此，事件抽取任务需要对文本语义有深层次的理解。本节将首先介绍事件抽取任务的定义，然后介绍事件抽取的各个步骤。

8.3.1　事件抽取概述

事件作为信息的一种表现形式，是指特定的人、物，在特定的时间、地点相互作用的客观事实。如什么人，在什么地方，做了什么事。事件抽取作为自然语言处理领域的一项非常重要的信息抽取任务，其目的是从非结构化的自然语言文本中抽取出能够准确表述事件发生的结构化文本。例如下面几段自然语言文本分别描述了不同类型的事件：

句子 1：杨鸣和唐佳良于 2013 年 10 月在沈阳结婚。

句子 2：沙奎尔·奥尼尔，1972 年 3 月 6 日出生于美国新泽西纽瓦克。

句子 3：美军在 2003 年 4 月 28 日向伊拉克开火。

句子 1 描述了一个结婚事件，结婚双方是杨鸣和唐佳良，结婚时间是 2013 年 10 月，结婚地点是沈阳。事件抽取的目的就是要识别出句子 1 描述了一个结婚事件，并抽取出结婚双方、时间和地点等描述结婚事件的元素，同样在句子 2 和句子 3 中要分别识别出所描述的出生事件和攻击事件，并抽取出对应事件的元素。为使读者对事件抽取有更好的理解，我们首先对涉及的概念进行解释。

（1）事件触发词：是指事件中最能表示事件发生的词，一般是动词或名词。例如句子 1 中的"结婚"，句子 2 中的"出生"，句子 3 中的"开火"。

（2）事件类型：是指自然语言文本中所描述事件的所属类别，例如句子 1 所描述的事件为"结婚"类型的事件，句子 2 所描述的事件为"出生"类型的事件，句子 3 所描述的事件为"攻击"类型的事件。

（3）事件元素：是指事件的参与者，是构成事件的核心部分，与触发词一起构成表述事件的结构化文本，一般由实体、时间等组成。例如句子 1 中的"2013 年 10 月""沈阳"等，句子 2 中的"沙奎尔·奥尼尔""美国新泽西纽瓦克"等,句子 3 中的"美军""伊拉克"等。

（4）事件元素角色：是指事件元素在相应事件中所扮演的角色。例如句子 1 中的"沈阳"在此结婚事件中扮演的是结婚地点,句子 2 中的"沙奎尔·奥尼尔"在此出生事件中扮演的是出生者,句子 3 中的"美军"在此攻击事件中扮演的是攻击者。

近年来,由于大数据时代的迫切要求,事件抽取的研究得到了越来越多的关注,也取得了一系列的成果,被广泛应用于自动问答、信息检索、知识图谱等领域。在知识图谱领域,由于知识图谱常采用"实体 - 关系 - 实体"或"实体 - 属性 - 属性值"的形式来构建知识库,因此,事件信息的加入,可以从另一个更加动态的维度对知识图谱中的实体进行链接,可见事件抽取在知识图谱的构建和运用中的重要性。同时,从实际应用角度来说,事件抽取任务在医疗、金融、法律等应用领域同样发挥着非常重要的作用,以法律领域为例,法律事务工作者可以根据事件抽取结果快速了解案情,并据此判断案件所涉及的相关法律条例,此外还可以与相似案件进行匹配,推测案件的发展趋势等。综上所述,事件抽取研究不仅具备较高的研究价值,而且具备很高的应用价值,值得研究人员在该任务上进行深入研究。

当前,事件抽取方法有很多,根据抽取方法的不同,可以分为基于模式匹配的方法和基于机器学习的方法两大类。在早期发展中,基于模式匹配的方法首先需要人工标注大量语料,并学习构建特定类型事件模板,之后就可以利用学习到的事件模板与文本进行匹配实现事件抽取任务；在随后的发展过程中,研究者们认识到先前的方法需要高质量的模板,领域性较强,很难泛化到其他应用领域,因此,基于机器学习的方法得到广泛使用,该方法首先需要训练标注语料,然后通过学习文本特征来完成事件抽取。此外,在机器学习的基础上,事件抽取方法还可以分为流水线式事件抽取和联合事件抽取两大类。流水线式事件抽取是指将事件抽取任务分成两个阶段逐步实现触发词抽取和元素抽取。例如 Chen 等在 2015 年提出的基于卷积神经网络的事件抽取方法,Du 等在 2020 年提出采用机器阅读理解的方式来分阶段实现事件抽取的方法。该类方法的优势在于模型设计较为简单,涉及参数相对较少,但是同时也会存在上一阶段任务中所产生的错误会传播到下一阶段,影响模型的性能的问题。联合事件抽取是指利用联合抽取方法完成事件抽取的各个阶段任务,例如,Nguyen 等为了更好地考虑一个事件的内部结构和各个元素之间的关系,在 2016 年提出利用联合循环神经网络来实现事件抽取。该类方法的优势在于可以在一定程度上减轻事件检测错误对事件元素抽取带来的影响,缺点在于模型设计困难。在本节中,将以流水线式事件抽取方法为例介绍事件抽取的各个阶段。

流水线式事件抽取模型可以分为两个步骤：事件检测和事件元素抽取。其中,事件检测的目的是识别事件触发词并分类,事件元素抽取的目的是识别特定事件中的元素并对其在事件中扮演的角色进行分类。例如"毛泽东,1893 年 12 月 26 日诞生于湖南省湘潭县的一个农民家庭",针对这句话,首先可以通过事件检测抽取出触发词"诞生",触发的事件类型为"出生"；然后通过事件元素抽取可以抽取出"毛泽东""1893 年 12 月 26 日""湖南省湘潭县",各元素在此出生类型的事件中扮演的角色分别为出生者、时间、地点。

8.3.2 事件检测

事件检测是事件抽取的一个子任务,同时也是实现事件抽取的第一步,目标是检测文本中是否存在事件,若存在事件,则将其分类为预定义的事件类型。传统的基于模式匹配的事件检测方法是采用人工设计模板对文本中的事件的触发词进行抽取和分类。例如构建"触发词 - 事件类型"知识库,然后基于 Word2vec 等方式对触发词库进行扩充,最后通过文本与触发词库匹配的方式实现事件检测。由于传统方法需要依赖于精心设计的特征来提取文本分析和语言知识，人工干预过多，导致这些方法在特定的领域可以发挥很好的性能，但泛化能力很差。针对这一问题，研究者开始采用神经网络模型，例如卷积神经网络、递归神经网络和图卷积神经网络等。由于神经网络模型不需要人工抽取复杂的特征，具有较强的泛化能力，因此逐渐成为主流研究方法。

接下来，我们将重点介绍利用深度学习中的经典方法——卷积神经网络进行事件检测的原理及步骤。该模型来自 Chen 等在 2015 年发表于 ACL 的一篇论文，模型通过卷积神经网络捕获句子级特征，并以候选触发词为界利用动态多池化操作在各段特征图上进行最大池化操作，这样就可以最大程度地获得关于触发词的有价值的语义特征。模型主要由四个部分组成：①词向量学习，该模块主要是通过无监督方式得到每个词的向量化表示；②词汇级特征表示，该模块用来捕获词汇级的语义信息；③句子级特征提取，该模块主要是利用基于动态池化的卷积神经网络来学习句子级的语义信息；④事件分类，该模块是利用 Softmax 分类器计算每个候选触发词触发各事件类型的概率，从而实现事件检测任务。模型结构如图 8-10 所示。

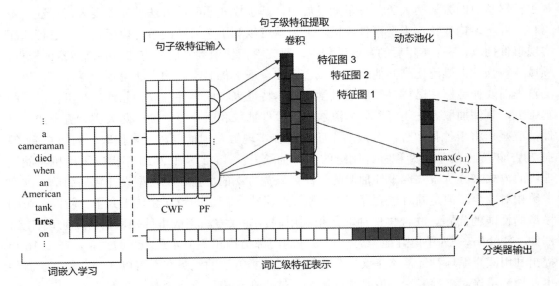

图 8-10　基于动态多池化卷积神经网络的事件检测模型

下面将对事件检测任务、上述模型所使用的数据集以及模型的各个部分进行详细介绍。

（1）任务描述。事件检测任务是以包含事件的自然语言文本作为输入，识别句子中包含的事件触发词，并对其进行事件类型分类。例如自然语言文本 "In Baghdad, a cameraman died when an American tank fired on the Palestine hotel"，在这句话中存在触发词 died 和 fires，分别触发了 Die 和 Attack 类型的事件。为了使模型图简洁清晰，图 8-10 中只展示了句子的一部分，即 a cameraman died when an American tank fires on。我们需要判断句子中的各个候选触发词（即句子中每一个单词）是否为事件触发词，并将其分类为预定义的事件子类型，例如识别候选触发词 fires，并将其分类为预定义的 Attack 事件类型。

（2）数据集。自动内容抽取（Automatic Content Extraction，ACE）评测会议从 ACE 2004 和 ACE 2005 开始增加事件抽取任务，其中涉及英语、汉语和阿拉伯语三种语言的训练数据。ACE 2005 标注的事件语料是当前使用最为广泛的事件抽取数据集。该数据集中的事件是预定义类型的、句子级的事件，标注了句子中包含的事件触发词、事件类型、事件元素以及各元素在事件中所扮演的角色。ACE 2005 数据集定义了 8 个事件类型，共涉及 33 个子事件类型，详细类别见表 8-6。本节所介绍模型使用的数据集是 ACE 2005 英文语料，其中训练集包括 529 篇文档，共 21090 条句子，验证集包括 30 篇文档，共 1087 条句子，测试集包括 40 篇文档，共 881 个句子。

表 8-6　ACE 2005 定义的事件类型

事件类型	子事件类型
人生（Life）	出生（Be-Born）、结婚（Marry）、离婚（Divorce）、受伤（Injure）、死亡（Die）
移动（Movement）	运输（Transport）
交易（Transaction）	所有权转移（Transfer-Ownership）、转账（Transfer-Money）
商务（Business）	成立组织（Start-Org）、合并组织（Merge-Org）、申报破产（Declare-Bankruptcy）、停止运营（End-Org）
冲突（Conflict）	攻击（Attack）、示威游行（Demonstrate）
交流（Contact）	会议（Meeting）、打电话 / 写信（Phone-Write）
人事（Personnel）	任职（Start-Position）、辞职（End-Position）、提名（Nominate）、选举（Elect）
司法（Justice）	逮捕（Arrest-Jail）、释放 - 假释（Release-Parole）、审判听证（Trial-Hearing）、指控（Charge-Indict）、起诉（Sue）、定罪（Convict）、判决（Sentence）、执行（Execute）、引渡（Extradite）、无罪释放（Acquit）、赦免（Pardon）、上诉（Appeal）

（3）模型的具体实现步骤。

1）训练词嵌入向量：由于计算机无法直接识别句子中的单词或字，因此我们需要将其转化为向量形式，方便后续操作。我们以无监督方式得到词嵌入向量，具体是用 Skip-gram 在 NYT 语料上训练得到所有词的嵌入向量。

2）输入：词汇级特征表示和句子级特征。词汇级特征表示 L 是由词嵌入向量首尾逐个拼接形成的，维度为 d_l。句子级特征由两种向量拼接形成，一种向量是由句子中各单词的词向量构成的上下文词向量特征（Context-Word Feature，CWF），句子长度为 n，维度为 d_w，另一向量是由句子中各单词与候选触发词之间的相对距离构成的位置特征（Position Feature，PF）向量，维度为 d_p，故句子级特征向量的维度 $d=d_w+d_p$。

3）卷积操作：为了获取整个句子的语义并将其压缩到特征图中，我们设置了 m 个窗口大小为 $h×d$ 的卷积核在句子级特征上进行步长为 t 的卷积操作，得到特征向量 $C \in \mathbf{R}^{m×(n-h+t)}$。

4）动态多池化：动态多池化操作是以候选触发词为界，将每个特征图分割为两个部分，例如在图 8-10 中，以候选触发词 fires 为界进行分割，然后在每段特征上分别进行最大池化，得到最大特征 $\max(c_{ji})$，然后将所有池化结果进行拼接得到特征向量 $P \in \mathbf{R}^{2m}$。

5）分类：将动态多池化得到的特征向量 P 与词汇级特征表示 L 进行拼接，得到新的特征向量 $F \in \mathbf{R}^{2m+d_l}$，然后我们可以在全连接层后，利用 Softmax 分类器得到事件的分类结果。其中，分类结果包括可能的预定义事件类型 Attack 和 none，即如果候选触发词是真正的事件触发词，则通过分类模块，将其分类为预定义的事件类型，例如句子中的候选触发词 died 可以被正确分类为 Be-Born 类型，候选触发词 fires 被正确分类为 Attack 类型。如果候选触发词不是真正的事件触发词，则标记为 none，例如句子中的 when、American 等候选触发词均不是真正的事件触发词，因此在事件检测时被标记为 none。

下面是基于 PyTorch 框架的动态多池化卷积神经网络的具体实现代码，整体结构是以词向量表示的句子上下文作为输入，然后通过卷积和动态多池化操作得到句子级特征，并与词汇级特征进行拼接输入分类器，最后使用交叉熵损失函数计算损失，调整模型参数。

```python
class dmcnn_t(nn.Module):
    def __init__(self, config):
        super(dmcnn_t, self).__init__()
        self.config = config
        self.keep_prob = 0.5
        self.char_inputs = None          # [batch, char_dim] 句子
        self.trigger_inputs = None       # [batch] 真实的 trigger 种类
        self.pf_inputs = None
        self.lxl_inputs = None           # [batch, sen]
        self.masks = None                # [batch, sen_len-2]，用于 pooling，trigger 位置之前值为 1
        # trigger 之后，填充部分之前为 2，填充部分为 0
        self.cuts = None                 # [batch, 1]，trigger 位置
        self.char_lookup = nn.Embedding(self.config.num_char, self.config.char_dim)
        self.pf_lookup = nn.Embedding(self.config.batch_t, self.config.pf_t)  # [batch, pf_dim]
        # 卷积
        self.conv = nn.Conv1d(self.config.char_dim+self.config.pf_t, self.config.feature_t, self.config.window_t,
                bias=True)
        # 全连接层
        self.L = nn.Linear(2*self.config.feature_t + 3*self.config.char_dim, self.config.num_t, bias=True)
        self.dropout = nn.Dropout(p=self.keep_prob)
        # 交叉熵损失函数
        self.loss = nn.CrossEntropyLoss()
    def init_word_weights(self):
        self.char_lookup.weight.data.copy_(torch.from_numpy(self.config.emb_weights))
    def init_pf_weights(self):
        nn.init.xavier_uniform_(self.pf_lookup.weight.data)
    # 动态多池化
    def pooling(self, conv):
        mask = np.array([[0, 0], [0, 1], [1, 0]])
        mask_emb = nn.Embedding(3, 2).cuda()
        mask_emb.weight.data.copy_(torch.from_numpy(mask))
        mask = mask_emb(self.masks)    # conv [batch, sen-2, feature]   mask [batch, sen-2, 2]
        pooled, _ = torch.max(torch.unsqueeze(mask*100, dim=2) + torch.unsqueeze(conv, dim=3), dim=1)
#torch.Size([170, 200, 2])
        pooled -= 100
        pooled = pooled.view(self.config.batch_t, -1)  #torch.Size([170, 400])
        return pooled
    def forward(self):
        x = torch.cat((self.char_lookup(self.char_inputs),
                self.pf_lookup(self.pf_inputs)), dim=-1)
        #x: 句子级特征向量，[batch, sen, feature]
        y = self.char_lookup(self.lxl_inputs).view(self.config.batch_t, -1)
        #y 词汇级特征向量，[batch, num_sen*CWF]
        x = torch.tanh(self.conv(x.permute(0, 2, 1)))
        # 经过卷积操作之后得到的特征向量，[batch, feature, sen-2]
        x = x.permute(0, 2, 1)
        # [batch, sen-2, feature]
        x = self.pooling(x)
        # 动态多池化操作得到的特征向量，[batch, 2*feature]
        x = torch.cat((x, y), dim=-1)
```

```
# 词汇级特征向量与句子级特征向量进行拼接，[batch, 2*feature+3*char]
x = self.L(x)
# 经过全连接层后进行类型分类，[batch, trigger]
loss = self.loss(x, self.trigger_inputs)
_, maxes = torch.max(x, dim=1) #170
return loss, maxes
```

以下代码为加载训练数据集，每个 batch 中句子数为 170，句子长度为 80。

```
def load_traint_data(self):
  print("Reading training data...")
  train_t = load_tri_sentences(self.path_t) #path_t：数据存储地址
  self.train_t_b = Batch_tri(train_t, self.batch_t, self.sen)
# train_t 为训练集，batch_t 为每个 batch 中的句子数，sen 为句子长度
  self.emb_weights = load_word2vec("data/100.utf8", 100, self.num_char, self.char_dim)
# 加载词向量
  print("finish reading")
```

初始化训练模型，代码如下：

```
def set_traint_model(self):
print("Initializing training model...")
  self.modelt = dmcnn_t(config=self) # 调用动态多池化卷积神经网络模型
  self.optimizer_t = optim.Adadelta(self.modelt.parameters(), lr=self.lr, rho=0.95, eps=1e-6,
      weight_decay=self.weight_decay) # 初始化参数
  self.modelt.cuda()
  for param_tensor in self.modelt.state_dict():
      print(param_tensor, "\t", self.modelt.state_dict()[param_tensor].size())
  print("Finish initializing")
```

模型训练，代码如下：

```
def train_one_step(self, batch):
  self.modelt.char_inputs = to_var(np.array(batch[0]))
  self.modelt.trigger_inputs = to_var(np.array(batch[1]))
  self.modelt.pf_inputs = to_var(np.array(batch[2]))
  self.modelt.lxl_inputs = to_var(np.array(batch[3]))
  self.modelt.masks = to_var(np.array(batch[4]))
  self.modelt.cuts = to_var(np.array(batch[5]))
  self.optimizer_t.zero_grad()
  loss, maxes= self.modelt()
  loss.backward()
  self.optimizer_t.step()
return loss.data, maxes
def train(self):
  for epoch in range(self.epoch):
    losses = 0
    tru = pre = None
    i = 0
    print("epoch: ", epoch)
    for batch in self.train_t_b.iter_batch():
      loss, maxes = self.train_one_step(batch)
      losses += loss
      if i == 0:
```

```
        tru = self.modelt.trigger_inputs
        pre = maxes
    else:
        tru = torch.cat((tru, self.modelt.trigger_inputs), dim=0)
        pre = torch.cat((pre, maxes), dim=0)
    i += 1
tru = tru.cpu()
pre = pre.cpu()
prec = precision_score(tru, pre, labels=list(range(1, 34)), average='micro')
rec = recall_score(tru, pre, labels=list(range(1, 34)), average='micro')
f1 = f1_score(tru, pre, labels=list(range(1, 34)), average='micro')
i = 0
if epoch % self.epoch_save == 0:
    torch.save(self.modelt.state_dict(), self.path_modelt)
print("loss_average:", losses/i)
print("Precision: ", prec)
print("Recall: ", rec)
print("FMeasure", f1)
```

我们使用以下标准来判断事件检测的正确性：触发词正确识别是指准确识别句子中所包含的事件触发词；触发词正确分类是指在触发词识别正确的情况下，将识别出的事件触发词准确分类为预定义的事件子类型。最后，使用准确率（Precision，P）、召回率（Recall，R）和 F1 值（F1-score，F1）作为模型的评估指标。

8.3.3 事件元素抽取

近年来，从自然语言文本中抽取结构化事件受到越来越多的关注，随着事件检测技术的推广、革新和性能的提升，事件元素抽取成为事件抽取的一个关键步骤。此外，由于事件元素抽取任务依赖于命名实体识别、关系抽取等底层自然语言处理任务，同时还需要深层次理解上下文的语义信息才能完成，也使其成为事件抽取的难点。事件元素抽取的目标是识别特定事件的元素并对它们在事件中扮演的角色进行分类，例如事件的参与者、事件发生时间和地点等，我们已经在 8.3.1 节中通过详细示例对该任务进行了解释，这里不再赘述。

与事件检测方法类似，根据抽取方法不同，事件元素抽取可以分为基于模式匹配的方法和基于机器学习的方法。基于模式匹配的方法是在一些模式的指导下进行的，采用模式匹配的方法进行事件元素抽取的过程一般分为两个步骤，模式获取和模式匹配。其中，最具代表性的是艾伦·里洛夫（Ellen Riloff）开发的 AutoSlog 基于模式匹配事件抽取系统，该系统基于"事件元素首次提及之处即可确定该元素与事件间的关系"和"事件元素周围的语句中包含了事件元素在事件中的角色描述"两个假设定义了 13 个模式，通过模式匹配实现事件抽取。下面列举部分系统定义的模式：

- ＜主语＞被动动词，例如：<someone> was killed。
- ＜主语＞动词不定式，例如：<perpetrator> attempted to kill。
- 被动动词＜直接宾语＞，例如：killed <victim>。
- 动词不定式＜直接宾语＞，例如：threatened to attack <target>。
- 被动动词＋介词＋＜名词＞，例如：was aimed at <target>。

这类方法在特定领域中取得了很好的效果，例如电力、金融领域，但是这类方法局限于领域背景，而且需要耗费大量的人力和时间来设计模板，学习效果也高度依赖于人工标注质量，因此很难推广到其他应用领域。基于模式匹配的方法可移植性差，召回率低，而基于机器学习的方法具有较强的泛化能力，逐渐成为主流的研究方向。当前大多数基于机器学习的方法将事件元素抽取任务视为多分类任务，事件元素识别被建模为判断实体词语是否为事件元素，元素角色分类被建模为将元素分类为特定事件类型下的角色类别，即判断元素在此类型事件中扮演什么样的角色。例如，Chen 等提出基于卷积神经网络的模型在进行元素抽取时就是首先判断候选事件元素是否为特定事件类型下的元素，然后对其进行角色分类。

本节我们将通过基于序列标注的元素抽取模型对事件元素抽取任务进行详细解释。首先将句子中的每个字输入词嵌入模块得到字向量，然后模型通过双向长短期记忆神经网络（BiLSTM）输出为句子中的字在每个标签上的预测分值，最后将预测分值输入条件随机场（CRF）层，得到最终的预测标签。模型结构如图 8-11 所示。

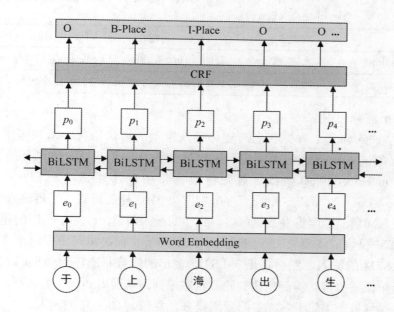

图 8-11　基于序列标注的事件元素抽取模型

下面将对事件元素抽取任务、上述模型所使用的数据集以及模型的各个部分进行详细介绍。

（1）任务描述。事件元素抽取任务需要以包含事件的自然语言文本作为输入，识别特定事件类型下的事件元素，并进行角色分类。例如自然语言文本"于上海出生的姚期智，在香港念小学一年级，50 年代到台湾升学。他忆述，中学时，很多同学都想做科学家，当时人人都崇拜爱因斯坦"，在这句话中存在一个出生类型的事件，为了使模型图简洁清晰，图中只展示了句子的一部分，即"于上海出生……"。我们需要识别由触发词"出生"触发的 Be-Born 类型的事件中的各元素，并对其进行角色分类，例如识别事件元素"上海"，并判断该元素在 Be-Born 类型的事件中扮演的角色，即"上海"在此 Be-Born 类型的事件中扮演的角色为 Place。

（2）数据集。本节所介绍模型使用的数据集是 ACE 2005 中文语料。在 ACE 2005 中，将事件定义为一个动作的发生或者状态的改变，其中事件包含事件触发词和事件元素两部分。一般情况下，不同的事件类型有不同的事件元素角色，我们在表 8-7 中展示了部分事件类型所涉及的事件元素角色。在序列标注中，一个序列指的是一个句子实例，而一个元素指的就是句子中的一个字或词，解决序列标注问题最简单的方法就是将其转化为序列中每个元素都需要被标注为一个标签的问题，标准做法就是使用 BIO 标注。BIO（B-begin，I-inside，O-outside）标注就是将每个元素标注为 B-X、I-X 或者 O，其中，B 表示开始，I 表示内部，O 表示不属于任何类型角色，B-X 表示此元素所在的片段属于 X 类型，并且此元素是此片段的开头，I-X 表示此元素所在片段属于 X 类型，并且在此片段的中间。例如，在实例片段"于上海出生的姚期智"中"上海"为出生事件的地点，在序列标注时，"上"被标注为 B-Place，"海"被标注为 I-Place，而"于""的"等字则被标注为 O。

表 8-7 ACE 2005 中部分类型事件所涉及的事件元素角色

事件类型	事件元素
出生（Be-Born）	人物（Person）、时间（Time）、地点（Place）
受伤（Injure）	实施者（Agent）、受害者（Victim）、工具（Instrument）、时间（Time）、地点（Place）
攻击（Attack）	攻击者（Attacker）、目标（Target）时间（Time）、地点（Place）
任职（Start-Position）	人物（Person）、时间（Time）、机构（Org）、地点（Place）
运输（Transport）	始发地（Origin）、目的地（Destination）、物品（Entity）、时间（Time）

模型的各个部分如下：

1）生成字嵌入向量：首先我们需要将输入模型的自然语言文本利用预训练模型或者随机初始化的嵌入矩阵将句子中的每个字转化为字向量形式。本节所介绍模型是利用 PyTorch 中 nn.embedding() 函数。首先将数据集中的字生成字典形式，例如 word_id={"于"：1，"上"：2，"海"：3，"出"：4，"生"：5} 这样的形式。然后输入字典的大小、需要生成的嵌入向量的维度等参数就可以得到字的嵌入向量，作为下一层的输入。

2）BiLSTM 模块：该模块的作用是用来抽取句子特征，将句子中每个字的字嵌入向量作为双向 LSTM 的输入，然后将正向 LSTM 输出的隐藏状态序列与反向 LSTM 输出的隐藏状态进行按位置拼接，得到完整的隐藏状态序列，从而得到句子的特征向量，之后加入全连接层，得到每个字属于各标签的预测得分，并作为 CRF 层的输入。

3）CRF 模块：虽然 BiLSTM 层的输出是句子中每个字的属于各标签的得分，我们可以挑选得分最高的一个作为该字的预测标签，但是我们并不能保证每次预测都是正确的，即存在标记偏置问题，因此 CRF 层的作用就是增加一些约束规则来降低预测结果错误的概率。可采用的约束规则：①句子中的第一个字的标签总是以标签 B-X 或 O 开始，而不是 I-X，这是因为句子开始的第一个字不可能是扮演某个角色的词的中间部分；②标签序列"O,I-X"是非法的，因为扮演某个角色的元素的首标签应该是 B-，而不会是 I-，即有效标签应该是"O,B-X"；③存在标签序列"B-label1,I-label2,I-label3…"，则 label1、label2、label3 应该是相同的，例如"B-Place,I-Place"是合法序列，但是"B-Place,I-Person"则是非法序列。利用这些约束就可以降低预测错误的可能性，以确保最终预测的元素角色序列是有效的，CRF 的基本原理这里不再赘述。

下面是基于 PyTorch 框架的 BiLSTM_CRF 的具体代码实现，整体结构是以字嵌入向量表示的句子作为模型的输入，通过 BiLSTM 层得到每个字属于各标签的分数，然后将 BiLSTM 层的预测结果输入 CRF 层，预测得分最高的标签作为最终的预测结果，

由于生成字向量、加载数据等模块相对简单，下面代码中仅展示模型的主体部分，即
BiLSTM_CRF。

```python
class BiLSTM_CRF(nn.Module):
    def __init__(self, vocab_size, tag_to_ix, embedding_dim=100, hidden_dim=128, batch_size=64):
        super(BiLSTM_CRF, self).__init__()
        self.vocab_size = vocab_size                    # 词表大小
        self.tag_to_ix = tag_to_ix                      # 标签字典
        self.embedding_dim = embedding_dim              # 字嵌入维度
        self.hidden_dim = hidden_dim                    # 隐藏向量维度
        self.tagset_size = len(tag_to_ix)               # 标签字典长度
        self.batch_size = batch_size
        self.word_embeds = nn.Embedding(self.vocab_size, self.embedding_dim)
        # 将输入的自然语言文本转化为向量形式
        self.lstm = nn.LSTM(self.embedding_dim, self.hidden_dim//2,
                    num_layers=1,bidirectional=True, batch_first=True)
        # 将 LSTM 的输出映射到向量空间
        self.hidden2tag = nn.Linear(self.hidden_dim, self.tagset_size)
        # 参数转移矩阵
        self.transitions = nn.Parameter(torch.randn(self.tagset_size, self.tagset_size))
        # 添加约束
        self.transitions.data[:, self.tag_to_ix[START_TAG]] = -10000.
        self.transitions.data[self.tag_to_ix[STOP_TAG], :] = -10000.
        self.hidden = self.init_hidden()
    def init_hidden(self):
        return (torch.randn(2, self.batch_size, self.hidden_dim//2)
                torch.randn(2, self.batch_size, self.hidden_dim//2))#.cuda(1)
        #LSTM 层获得隐藏层向量
    def _get_lstm_features(self, sentence):
        self.hidden = self.init_hidden()
        seq_len = sentence.size(1)
        embeds = self.word_embeds(sentence).view(self.batch_size, seq_len, self.embedding_dim)
        lstm_out, self.hidden = self.lstm(embeds, self.hidden)
        lstm_out = lstm_out.view(self.batch_size, -1, self.hidden_dim)
        lstm_feats = self.hidden2tag(lstm_out)
        return lstm_feats
    def _forward_alg(self, emissions):
        previous = torch.full((1, self.tagset_size), 0)#.cuda(1)
        for index in range(len(emissions)):
            previous = torch.transpose(previous.expand(self.tagset_size, self.tagset_size), 0, 1)
            obs = emissions[index].view(1, -1).expand(self.tagset_size, self.tagset_size)
            scores = previous + obs + self.transitions
            previous = log_sum_exp(scores)
        previous = previous + self.transitions[:, self.tag_to_ix[STOP_TAG]]
        # 计算得分
        total_scores = log_sum_exp(torch.transpose(previous, 0, 1))[0]
        return total_scores
    def _score_sentences(self, emissions, tags):
        # 标签序列得分
        # CRF
        score = torch.zeros(1)#.cuda(1)
        tags = torch.cat([torch.tensor([self.tag_to_ix[START_TAG]], dtype=torch.long), tags])
```

```python
        for i, emission in enumerate(emissions):
            score += self.transitions[tags[i], tags[i+1]] + emission[tags[i+1]]
        score += self.transitions[tags[-1], self.tag_to_ix[STOP_TAG]]
        return score
    def neg_log_likelihood(self, sentences, tags, length):
        self.batch_size = sentences.size(0)
        emissions = self._get_lstm_features(sentences)
        gold_score = torch.zeros(1)#.cuda(1)
        total_score = torch.zeros(1)#.cuda(1)
        for emission, tag, len in zip(emissions, tags, length):
            emission = emission[:len]
            tag = tag[:len]
            gold_score += self._score_sentences(emission, tag)
            total_score += self._forward_alg(emission)
        return (total_score - gold_score) / self.batch_size
    def _viterbi_decode(self, emissions): # 维特比
        trellis = torch.zeros(emissions.size())#.cuda(1)
        backpointers = torch.zeros(emissions.size(), dtype=torch.long)#.cuda(1)
        trellis[0] = emissions[0]
        for t in range(1, len(emissions)):
            v = trellis[t-1].unsqueeze(1).expand_as(self.transitions) + self.transitions
            trellis[t] = emissions[t] + torch.max(v, 0)[0]
            backpointers[t] = torch.max(v, 0)[1]
        viterbi = [torch.max(trellis[-1], -1)[1].cpu().tolist()]
        backpointers = backpointers.cpu().numpy()
        for bp in reversed(backpointers[1:]):
            viterbi.append(bp[viterbi[-1]])
        viterbi.reverse()
        viterbi_score = torch.max(trellis[-1], 0)[0].cpu().tolist()
        return viterbi_score, Viterbi


    def forward(self, sentences, lengths=None):
        sentence = torch.tensor(sentences, dtype=torch.long)#cuda(1)
        if not lengths:
            lengths = [sen.size(-1) for sen in sentence]
        self.batch_size = sentence.size(0)
        # 从 BiLSTM 获得 emission 得分
        emissions = self._get_lstm_features(sentence)
        scores = []
        paths = []
        for emission, len in zip(emissions, lengths):
            emission = emission[:len]
            score, path = self._viterbi_decode(emission)
            scores.append(score)
            paths.append(path)
        return scores, paths
```

模型训练代码如下：

```python
class EAE():
def __init__(self, entry='train'):
    self.train_manager = Data_preprocess(batch_size=BATCH_SIZE)
```

```python
    # total_size：所有实例
        self.total_size = len(self.train_manager.batch_data)
    data = {
        'batch_size': self.train_manager.batch_size,
        'input_size': self.train_manager.input_size,
        'vocab': self.train_manager.vocab,
        'tags_map': self.train_manager.tags_map
    }
    self.save_params(data)
    dev_manager = Data_preprocess(batch_size=BATCH_SIZE, data_type='dev')
    self.dev_batch = dev_manager.iteration()
    self.model = BiLSTM_CRF(
        vocab_size=len(self.train_manager.vocab),
        tag_to_ix=self.train_manager.tags_map,
        embedding_dim=EMBEDDING_SIZE,
        hidden_dim=HIDDEN_SIZE,
        batch_size=BATCH_SIZE
    )
    self.model#.cuda(1)
def train(self):
    optimizer = optim.Adam(self.model.parameters())
    for epoch in range(50): # 训练轮数为 50
        index = 0
        for batch in self.train_manager.get_batch():
            index += 1
            self.model.zero_grad()
            sentences, tags, id,length = zip(*batch)
            sentences_tensor = torch.tensor(sentences, dtype=torch.long)#.cuda(1)
            tags_tensor = torch.tensor(tags, dtype=torch.long)#.cuda(1)
            length_tensor = torch.tensor(length, dtype=torch.long)#.cuda(1)
            loss = self.model.neg_log_likelihood(sentences_tensor, tags_tensor, length_tensor)
            progress = (' ■ ' * int(index * 25 / self.total_size)).ljust(25)
            print("epoch[{}]|{}|{}/{}\n\tloss{}:.2f".format(epoch+1, progress,index,
                self.total_size,loss.cpu().tolist()[0]))
                print('-'*50)
                loss.backward()
                optimizer.step()
            self.evaluate()
            print('*' * 50)
        torch.save(self.model.state_dict(), '../data/params.pkl')
    # 保存模型
def evaluate(self):
    sentences, tags, id,lengths = zip(*self.dev_batch.__next__()), paths = self.model(sentences, lengths)
    print('\tevaluation')
    f1_score(tags, paths, lengths)
```

　　我们使用以下标准来判断事件元素抽取的正确性：事件元素正确识别是指准确识别句子中特定类型事件下的对应的事件元素；元素正确分类与触发词分类类似，是指在元素识别正确的情况下，将识别出的元素准确分类为特定的事件角色。同样，模型最后使用准确率（Precision，P）、召回率（Recall，R）和 F1 值（F1-score，F1）作为评估指标对模型的性能进行评估。

本章小结

　　信息抽取是自然语言处理的基础任务之一，也是近年来研究的重点和快速发展的方向之一。本章讲述了信息抽取的相关内容，包括命名实体识别、实体关系抽取和事件抽取等；重点对命名实体识别中的粗粒度实体抽取方法和细粒度实体抽取方法进行详细介绍；对实体关系抽取中的基于深度学习的方法以及联合抽取方法进行了深入探讨；从事件类型检测和事件元素抽取两个方面对事件抽取技术进行了阐述。

第 9 章　机器阅读理解

本章导读

机器阅读理解（Machine Reading Comprehension，MRC）是让机器具有阅读并理解文章的能力。机器阅读理解是自然语言处理的核心任务之一，在很多领域有着广泛的应用，例如问答系统、搜索引擎、对话系统等。机器阅读理解包含完形填空式、选择式、抽取式和生成式四种主要类型。本章主要介绍抽取式阅读理解和选择式阅读理解。

本章要点

- 机器阅读理解发展阶段
- 抽取式阅读理解
- 选择式阅读理解

9.1　机器阅读理解概述

机器阅读理解发展历程

机器阅读理解是自然语言处理领域中最重要的任务之一，同时关于机器阅读理解的研究也有着很长的历史，根据其技术特点大致分为三个发展阶段。

1. 基于规则的机器阅读理解（1970—2012）

早期的 MRC 系统都是基于规则的，其会根据不同的问题类型（WHO、WHAT、WHEN、WHERE、WHY）设计不同的规则集来对句子打分并选择得分最高的句子作为答案句。Quarc 是艾伦·里洛夫（Ellen Riloff）和迈克尔·塞伦（Michael Thelen）开发的基于规则的 QA 系统，它通过阅读一篇短故事并根据给定的问题返回模型的预测答案。下面以 Quarc 为例简单介绍基于规则的阅读理解方案。

针对 WHO、WHAT、WHEN、WHERE、WHY 五种问题类型，Quarc 分别设计了五组规则集。以 WHO 规则集为例，其中 Q 为问题，S 为句子：

- Score(S) += WordMatch(Q, S)。
- If ¬ contains(Q, NAME) and contains(S, NAME)
  Then Score(S) += confident。
- If ¬ contains(Q, NAME) and contains(S, name)
  Then Score(S) += good_clue。
- If contains(S, {NAME, HUMAN})
  Then Score(S) += good_clue。

WHO 规则集包含 4 条规则：

（1）WordMatch 函数负责计算问题 Q 和句子 S 中共有单词的个数并返回匹配得分（先将问题 Q 和句子 S 分别按照字符拆分为字符集，并去除停用词，例如 the、of、a 等），其中每个匹配单词的匹配得分都为 3 分；规则（2）、（3）、（4）中的 NAME、HUMAN 代表语义类，Quarc 中包含多个语义类，例如 HUMAN、LOCATION、MONTH、TIME。HUMAN 中包含 2608 个单词，包括姓氏、名字和一些职业名词等。NAME 被定义为至少包含一个 HUMAN 单词的名词短语。同时，每条规则匹配成功时会奖励特定的分数：clue（+3）、good_clue（+4）、confident（+6）、slam_dunk（+20）。

（2）奖励那些问题中不包含 NAME，但是句子中包含 NAME 的句子。

（3）奖励那些问题中不包含 NAME，但是句子中包含单词 name 的句子。

（4）奖励包含 NAME 或者 HUMAN 的句子。在完成了对每个句子的得分计算之后，Quarc 会选择得分最大的句子作为答案所在句。

基于规则的阅读理解系统大都是领域相关的，不具有很好的泛化能力，同时需要人工设计大量的特征，且预测准确度最高只有 30% ~ 40%，导致在这个阶段 MRC 的研究十分缓慢。

2. 基于机器学习的机器阅读理解（2013—2015）

随着机器学习技术的兴起，研究者们尝试将 MRC 定义为一种监督学习问题。他们希望将人工标注的（段落、问题、答案）三元组数据集训练为一个统计学模型，使得该模型可以在测试时将（段落、问题）映射到对应的答案。其中 Richardson 发布的 MCTest 数据集直接推动了当时机器学习模型的发展。MCTest 数据集包含 500 篇故事和 2000 个问题，每个问题对应四个候选项，要求机器能够通过阅读故事和问题，从多个选项中选择正确的候选项作为预测答案。下面介绍一个基于机器学习的阅读理解算法。

给定包含 n 个句子的文章 $P=\{c_1,c_2,\cdots,c_n\}$，以及根据该篇文章提出的问题 q，和一组答案候选项 $A=\{a_1,a_2,\cdots,a_m\}$，a_i^* 表示第 i 个选项为正确选项，k 表示文章 P 中的第 k 个句子。学习任务的目的是尽可能增大 $P(a_i^* \mid q)$。

$$P(a_i^* \mid q) = \sum_{i=1}^{n} P(a_i^*, c_k \mid q) \tag{9.1}$$

通过条件概率公式将联合概率 $P(c,a \mid q)$ 转换为两个概率的乘积，如式（9.2）所示。

$$P(c,a \mid q) = P(c \mid q) \cdot P(a \mid c,q) \tag{9.2}$$

其中，$P(c \mid q)$ 表示给定问题的情况下，句子作为答案所在句的概率，用于判断该句子中是否包含答案。$P(a \mid c,q)$ 表示给定问题和句子 c 的情况下，a 为正确候选项的条件概率。$P(c \mid q)$ 和 $P(a \mid c,q)$ 计算公式如下：

$$P(c \mid q) \propto e^{\theta_1 \cdot \phi_1(q,c)} \tag{9.3}$$

$$P(a \mid c,q) \propto e^{\theta_2 \cdot \phi_2(q,a,c)} \tag{9.4}$$

其中 θ_1 和 θ_2 是两个权重向量，ϕ_1 和 ϕ_2 是两个特征函数。$\propto$ 表示正比例。由此，将学习问题转换为了对参数权重的估计问题。

基于机器学习的阅读理解模型相比于基于规则的阅读理解系统取得了一定的进展，但是性能提升十分有限，并且有着很多与基于规则的阅读理解系统一样的问题（例如：特征主要基于手工构造、模型没有很好的泛化能力、模型不能很好地捕获文本上下文信息等），所以也没有应用到实际中去。

3. 基于深度学习的机器阅读理解（2015 年至今）

深度神经网络和大量大规模 MRC 数据集的出现极大地加快了 MRC 领域研究的进展。大量大规模数据集的出现使得使用深度神经网络模型解决阅读理解问题成为了可能。同时由于深度神经网络模型可以很好地捕获上下文信息，因此性能显著优于传统的方法，并在各个应用领域都得到了广泛的引用（如图 9-1 所示，MRC 技术在搜索引擎中的应用）。本章 9.2、9.3 节主要介绍基于深度学习的机器阅读理解算法。

图 9-1 使用机器阅读理解技术的搜索引擎例子

9.2 抽取式阅读理解

本节将介绍阅读理解中抽取文章片段作为答案的任务——抽取式阅读理解（Extractive Machine Reading Comprehension）。抽取式阅读理解的常见形式是给定文章与待回答的问题，机器需要从文章中挑选出一个片段作为对该问题的回答。

9.2.1 抽取式阅读理解概述

抽取式阅读理解任务可以描述为给定一篇包含 n 个字符的文章 $P=\{t_1,t_2,\cdots,t_n\}$、包含 q 个字符的问题 Q，要求模型学习函数 F 选择正确的连续子序列 $A=\{t_i,t_{i+1},\cdots,t_{i+k}\}$ $(1 \leqslant i \leqslant i+k \leqslant n)$ 作为答案，即 $A=F(P,Q)$。例如：

P：五岳为群山之尊,泰山为五岳之长。五岳是中国五大名山的总称，一般指东岳泰山（位于山东）、西岳华山（位于陕西）、南岳衡山（位于湖南）、北岳恒山（位于山西）、中岳嵩山（位于河南）。泰山因其气势之磅礴，又有"天下名山第一"的美誉。

Q：五岳中哪一座山有"天下名山第一"的美誉？

A：泰山。

在上面这个例子中，机器阅读文章内容 P，根据问题 Q 在文章 P 中选择答案片段，最终确定答案片段的起始位置是 88，结束位置是 89，即"泰山"是整个任务的预测答案。由于抽取式阅读理解数据标注简单，因此相应的数据集有很多，见表 9-1。其中比较经典的英文数据集有 SQuAD1.0、SQuAD2.0 等；常用的中文数据集有 CMRC2018 等。

表 9-1 抽取式阅读理解数据集

数据集	语言	数据来源	数据特点	问题规模
SQuAD 1.0	英文	维基百科	片段式答案	100000
SQuAD 2.0	英文	维基百科	新增无答案类型	150000
CoQA	英文	多个来源	问题为对话形式	127000
DuReader	中文	百度搜索	答案是人类回答	200000
CMRC 2018	中文	维基百科	问题由专家构建	20000
CMRC 2019	中文	叙事故事	多种任务类型	100000

SQuAD 数据集是学术界第一个包含大规模自然语言问题的抽取式阅读理解数据集，借助这一数据集，研究者们在几年内提出了大量基于深度学习的阅读理解模型。BiDAF（BiDirectional Attention Flow）是这个时期提出的经典模型，该模型使用双向注意力机制，

通过将上下文和问题进行交互来得到根据问题所表征的上下文编码结果。但是基于深度神经网络的 MRC 模型仍然存在缺陷：循环神经网络的依赖距离过长导致不能很好地支持并行计算、预定义的词向量不能很好地表示上下文敏感的词汇。2017 年自注意力机制的出现使得基于自注意力机制实现的模型同时具有并行计算和最短的最大路径长度这两个优势，同期产生了基于自注意力机制设计的具有深层结构的 Transformer 模型。Transformer 及其变体由于其良好的模型结构，被广泛地应用到许多预训练模型当中。而 BERT 就是其中的佼佼者，基于 BERT 设计的 MRC 模型在阅读理解数据集测评中取得了当时最好的效果。我们将在 9.2.2 和 9.2.3 小节详细介绍 BiDAF 模型和基于 BERT 的抽取式阅读理解模型。

针对抽取式阅读理解任务，常用的评价指标为 Exact Match（EM）和 F1 值。EM 是模型预测答案中与标准答案相同的数量占全部答案数量的比值。F1 值是模型准确率和召回率的调和平均，在阅读理解任务中准确率通常使用预测回答与标准回答交集（以字为单位）的长度与预测回答长度（以字为单位）的比值，而召回率使用预测回答与标准回答交集（以字为单位）的长度与标准回答长度（以字为单位）的比值。

$$F1 = 2 \times \frac{准确率 \times 召回率}{准确率 + 召回率} \tag{9.5}$$

9.2.2　基于 BiDAF 的抽取式阅读理解案例

基于 BiDAF 的抽取式
阅读理解

基于深度神经网络的阅读理解模型，可以很好地捕获上下文信息，比起传统方法有很大的优越性，其中 BiDAF 是抽取式阅读理解模型中基于神经网络设计的经典模型。

1. 基于 BiDAF 模型进行抽取式阅读理解的大致流程

BiDAF 模型的输入为问题 $q=\{q_1, \cdots, q_J\}$ 和上下文段落 $p=\{p_1, \cdots, p_T\}$，即问题长度为 J，上下文段落长度为 T。模型包含三个部分：嵌入层、表征层和输出层。嵌入层负责对输入数据中的上下文和问题编码。表征层会生成对问题敏感的上下文编码，方便之后更好地预测。输出层生成答案在段落中的起始位置和终止位置。下面介绍基于 BiDAF 解决抽取式阅读理解问题的大致流程，其模型结构如图 9-2 所示。

（1）嵌入层。在 BiDAF 中，嵌入层包含三个模块：词嵌入层、字符嵌入层和上下文嵌入层。词嵌入层（使用 Glove 词向量）的输入为上下文段落 p 和问题 q，输出为对应的词嵌入表示 $P_w \in \mathbf{R}^{d_1 \times T}$ 和 $Q_w \in \mathbf{R}^{d_1 \times J}$，其中 d_1 表示词向量的维度。虽然使用 Glove 就能够得到大多数单词的向量表示。但是，训练时仍然可能存在 Glove 字典中不存在的单词，这样的单词我们称为 OOV 词（Out-Of-Vocabulary）。对于这些词，Glove 会简单地分配一些随机向量值，然而，这种随机分配会对 BiDAF 模型产生影响。所以，引入了字符嵌入层来处理 OOV 词。字符嵌入层使用一维的卷积神经网络来研究单词的字符从而构造单词的表示。字符嵌入层的输入也是问题 q 和上下文段落 p，输出 $P_c \in \mathbf{R}^{d_2 \times T}$ 和 $Q_c \in \mathbf{R}^{d_2 \times J}$，其中 d_2 表示卷积滤波器的数量。然后将字符嵌入层和词嵌入层的输出连接，生成 $P \in \mathbf{R}^{d \times T}$、$Q \in \mathbf{R}^{d \times J}$，其中 $d=d_1+d_2$。之后将 P 和 Q 经过上下文嵌入层编码，上下文嵌入层包含双向 LSTM 网络，会根据前面生成的结果进行编码，最终输出嵌入层的编码结果 $H \in \mathbf{R}^{2d \times T}$、$U \in \mathbf{R}^{2d \times J}$。

（2）表征层。将嵌入层生成的 H 和 U 作为本层的输入。首先通过式（9.6）计算 H 和 U 的相似矩阵 S，S_{tj} 表示上下文段落 H 中第 t 列向量 h 与问题 U 中第 j 列向量 u 的相似度值，计算公式如下：

$$S_{tj} = \alpha(H_t, U_{tj}) \in \mathbf{R} \tag{9.6}$$

之后使用相似矩阵 S 计算 Context-to-Query Attention（C2Q）和 Query-to-Context Attention（Q2C）。

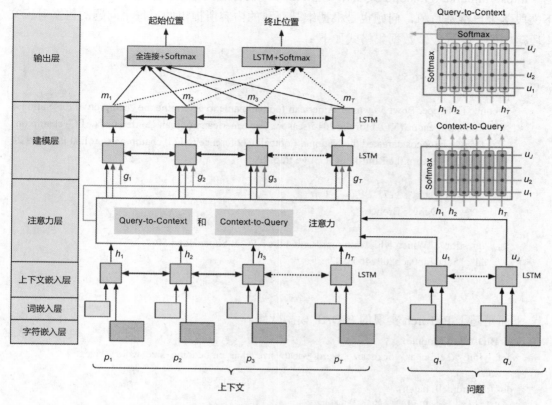

图 9-2　BiDAF 模型结构

C2Q 计算的是对于每个上下文单词而言，哪个问题单词与之最相关。将相似矩阵按行做 Softmax 后作为注意力值 α_t。将 U 中的每一列根据 α_t 加权求和得到 $\hat{U}_{:t}$，最后拼接为问题编码 $\hat{U}$，如式（9.7）和式（9.8）所示。

$$\alpha_t = Softmax(S_{t:}) \in \mathbf{R}^J \tag{9.7}$$

$$\hat{U}_{:t} = \sum_j a_{tj} U_{:j} \tag{9.8}$$

Q2C 计算的是对于每个问题单词而言，哪个上下文单词与之最相关。取相关性矩阵最大的一列，对其进行 Softmax 归一化后计算上下文向量的加权和，然后重复 T 次得到 $\hat{H}$，如式（9.9）和式（9.10）所示。

$$b = Softmax(max(S)) \in \mathbf{R}^T \tag{9.9}$$

$$\hat{h} = \sum_t b_t H_{:t} \in \mathbf{R}^{2d} \tag{9.10}$$

在得到 $\hat{U}$ 和 $\hat{H}$ 后，将两者拼接起来得到文本表示 G。建模层中包含两层双向 LSTM：第一层双向 LSTM 对注意力层的输出 G 编码，输出 $M \in \mathbf{R}^{2d \times T}$；第二层双向 LSTM 输入 M，输出 $M^2 \in \mathbf{R}^{2d \times T}$。两层双向 LSTM 用于捕获更多与问题相关的特征。

（3）输出层。输出层用于预测答案的起始位置 p^1 和结束位置 p^2。起始位置得分的计算公式和终止位置得分的计算公式如式（9.11）和式（9.12）所示。最后，选取起始位置得分最大的位置为答案片段的起始点，终止位置得分最大的位置为答案片段的结束点。

$$p^1 = Softmax(W_{(p^1)}^{\mathrm{T}}[G; M]) \tag{9.11}$$

$$p^2 = Softmax(W_{(p^2)}^{\mathrm{T}}[G; M^2]) \tag{9.12}$$

2. 案例实现

本小节介绍 BiDAF 模型的具体实现。训练使用的阅读理解数据集为 SQuAD v1.1 数据（https://rajpurkar.github.io/SQuAD-explorer/），包含超过 100000 个问题。数据集中的上下文段落来自维基百科，问题也是根据维基百科的内容所提出的。每个问题的答案对应文本段落中的一个片段，数据集格式如下：

```
{
  "title": "Super_Bowl_50",
  "paragraphs": [{
    "context": "Super Bowl 50 was an American football game to determine the champion of the National
        Football League (NFL) for the 2015 season. The American Football Conference (AFC) champion
        Denver Broncos defeated the National Football Conference (NFC) champion Carolina Panthers 24\
        u201310 to earn their third Super Bowl title. ",
    "qas": [{
        "answer_start": 177,
        "text": "Denver Broncos"
      }],
      "question": "Which NFL team represented the AFC at Super Bowl 50?",
      "id": "56be4db0acb8001400a502ec"
  }]
}
```

下面是基于 PyTorch 实现的 BiDAF 模型代码。

```python
class BiDAF(nn.Module):
    def __init__(self, char_vocab_size, word_vocab_size, char_embedding_size, word__size, ...):
        ......
    def forward(self, batch):
        # 1. 得到上下文和问题的字符向量
        c_char = char_emb_layer(batch.c_char)
        q_char = char_emb_layer(batch.q_char)
        # 2. 得到上下文和问题的词嵌入向量
        c_word = self.word_emb(batch.c_word[0])
        q_word = self.word_emb(batch.q_word[0])
        c_lens = batch.c_word[1]
        q_lens = batch.q_word[1]
        # Highway network，将问题和上下文生成的字符向量和词向量连接
        c = highway_network(c_char, c_word)
        q = highway_network(q_char, q_word)
        # 3. 上下文嵌入层编码
        c = self.context_LSTM(c)[0]
        q = self.context_LSTM(q)[0]
        # 4. 注意力层
        g = att_flow_layer(c, q)
        # 5. 使用 LSTM 编码
        m = self.modeling_LSTM2(self.modeling_LSTM1(g)[0])[0]
        # 6. 生成起始点和终止点的得分
        p1, p2 = output_layer(g, m, c_lens)
        return p1, p2
```

其中注意力层的实现如下，输入是嵌入层对上下文段落和问题分别编码后的结果。

```python
def att_flow_layer(c, q):
    # 生成相似矩阵 s
    s = torch.bmm(c, q.reshape(q.size()[0], q.size()[-1], -1))
```

```
# 通过对 s 执行 Softmax 操作得到注意力得分
a = F.Softmax(s, dim=2)
# 分别计算 c2q 注意力值和 q2c 注意力值
c2q_att = torch.bmm(a, q)
b = F.softmax(torch.max(s, dim=2)[0], dim=1).unsqueeze(1)
q2c_att = torch.bmm(b, c).squeeze(1)
q2c_att = q2c_att.unsqueeze(1).expand(-1, c_len, -1)
# 连接
x = torch.cat([c, c2q_att, c * c2q_att, c * q2c_att], dim=-1)
return x
```

下面是损失函数的实现。输入模型计算结果 p1、p2 和该问题正确的回答 start_labels、end_labels。分别计算预测的起始位置和终止位置的损失，之后将损失相加得到最终损失。

```
def compute_loss(p1, p2, start_labels, end_labels):
    loss_fct = BCELoss(reduction="mean")
    start_loss = loss_fct(torch.sigmoid(p1), start_labels)
    end_loss = loss_fct(torch.sigmoid(p2), end_labels)
    total_loss = (start_loss + end_loss) / 2
    return total_loss
```

9.2.3 基于预训练模型的抽取式阅读理解

得益于预训练模型的庞大规模，它可以有效地从大量的未标注文本中学习到知识。以预训练模型 BERT 为例，它不仅使用双向编码器来理解文本内容，而且使用 MLM 来正确地训练模型参数，从而达到更好地对文本进行表征的效果。本节基于预训练模型的抽取式阅读理解模型（SpanQA）包含表征层和输出层，其中表征层负责对输入进行交互与表征，而输出层负责对答案片段进行预测，整体架构如图 9-3 所示。

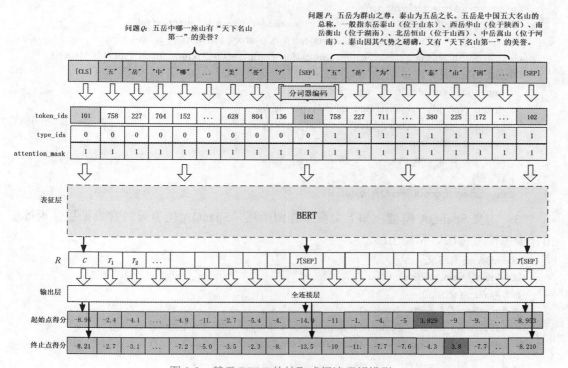

图 9-3 基于 BERT 的抽取式阅读理解模型

（1）表征层。输入为上下文段落 P 和问题 Q。首先将 P、Q 按字符进行拆分，分别生成字符数组 P^a 和 Q^a。之后将问题 Q 和上下文 P 按照 BERT 标准输入表示进行连接得到 $R(R=[CLS]+Q^a+[SEP]+P^a+[SEP])$。在得到表示 R 后，使用 BERT 的分词器对其进行编码得到 R 对应的 token_id、type_ids 和 attention mask，并将其作为 BERT 模型的输入。在经过 BERT 模型表征后，生成输出结果 R_o。

（2）输出层。输出层包含一个全连接层，用于输出所有字符的起始点得分和终止点得分。输出层的输入为表征层的输出 R_o，预测时会根据起始、终止位置得分产生多个备选片段，筛选掉其中不符合规则的备选答案片段（例如：预测的起始点在终止点之后的片段），最终选取得分最高的片段作为模型的预测结果 $\hat{A}$。

基于预训练模型的抽取式阅读理解模型算法的实现比较简单。下面是实现该算法的大致流程。

（1）使用 transformers 库加载预训练模型。

```
config = AutoConfig.from_pretrained(args.model_path)    # args.model_path 表示预训练模型路径
tokenizer = AutoTokenizer.from_pretrained(args.model_path)
pretrain_model = AutoModel.from_pretrained(args.model_path, config=config)
```

（2）将全部训练数据 train_examples（文章、问题、正确答案片段）和测试数据 test_examples（文章、问题）中每个样本都通过分词器进行编码，进而得到每个训练样本和测试样本的特征表示 SpanQAFeature。之后将训练样本和测试样本生成的 SpanQAFeature 分别放到数组 train_dataset、test_dataset 中。下面是创建 train_dataset 的代码（test_dataset 的创建流程与之类似）：

```
for (p, q, start_pos, end_pos) in train_examples:
    q_array = tokenizer.tokenize(q)
    truncated_q=tokenizer.encode(q_array,add_special_tokens=False,max_length=24,
truncation=True)    # 将问题长度截断为 24 个字符
    p_array = tokenizer.tokenize(p)
    # 使用分词器进行编码，得到每个样本的 token ids、type ids、attention mask
    encoded_dict = tokenizer.encode_plus(truncated_q, p_array, add_special_tokens=True,
max_length=512,padding="max_length",truncation="only_second",return_token_type_ids=True)
    SpanQAFeature = {
        input_ids =encoded_dict["input_ids"],
        token_type_ids=encoded_dict["token_type_ids"],
        attention_mask=encoded_dict["attention_mask"],
        start_position=start_pos,
        end_position=end_pos,
    }
    train_dataset.append(SpanQAFeature)
```

（3）定义 SpanQA 模型。如上文模型介绍所述，SpanQA 模型只包含表征层（表征层由预训练模型实现）和输出层。

```
# SpanQA 模型定义
class SpanQA(nn.Module):
  def __init__(self, ...):
      super(SpanQA, self).__init__()
      self.pretrain_model = BertModel.from_pretrained(args.model_path, config=config)
      self.qa_outputs = nn.Linear(pretrain_model.config.hidden_size, 2)
```

（4）对模型进行训练，进而提高对答案片段的预测准确率。

（5）对测试集进行预测。下面是该模型对测试集的预测输出示例：

```
[ {
    "id": 0,
    "answer": [
      "1258889 元 "
    ]
}, {
    "id": 1,
    "answer": [
      "2019 年 3 月 14 日 "
    ]
}, ......
]
```

9.3　选择式阅读理解

本节将介绍阅读理解中需要从多个选项中选择一个候选项作为答案的任务——选择式阅读理解（Multiple-choice Machine Reading Comprehension，MMRC）。选择式阅读理解即给定问题、文章和多个选项，要求根据问题和文章内容从多个选项中选择一个选项作为正确答案。选择式阅读理解的答案候选项往往不是直接从文章中抽取的文本片段，而是对文章内容相关片段的归纳总结、文本改写或知识推理。

9.3.1　选择式阅读理解概述

选择式阅读理解任务的定义：给定一篇包含 n 个句子的文章 P、包含 q 个单词的问题 Q，以及包含 m 个选项的列表 $A=\{A_1, A_2, \cdots, A_m\}$，要求模型学习函数 F 选择正确答案 $A_i(A_i \in A)$，即 $A_i=F(P, Q, A)$。举例如下。

P：燕山大学校徽以"书籍""海燕"和"海洋"为基本造型元素。书籍体现学校教书育人之根本；海燕体现的是燕大的"燕"字，因学校背靠燕山而得；海洋体现的是燕山大学的地域因素，因秦皇岛地处渤海之滨，面朝大海，象征燕大学子遨游在知识的海洋，勇于探索真理和未知的科学精神；蓝色是燕山大学标志的主色，代表理性、智慧、天空一样广阔的未来。

Q：燕山大学校徽中"书籍"标识有什么含义？

A：

A_1：体现了学校教的教育本质。

A_2：表示燕大的"燕"字。

A_3：意味着燕山大学的地域因素，因秦皇岛地处渤海之滨，面朝大海，象征燕大学子遨游在知识的海洋，勇于探索真理和未知的科学精神。

A_4：象征理性、智慧、天空一样广阔的未来。

在上面的例子中，机器通过阅读文章 P 和选项 A，在给定问题 Q 的情况下，选择选项 A_1 作为最终答案。MMRC 常用数据集为 RACE 数据集。MMRC 模型通常首先对上下文、问题和选项编码，然后通过下游的匹配网络计算每个选项的得分。最初的匹配网络分为两种：第一种是将问题和候选答案连接后与段落匹配；第二种先将段落与问题进行匹配，然后再将其匹配结果与候选项匹配。然而这两种匹配方式都损失了问题和候选项之间交互的信息，之后提出的 Co-Match 模型首次实现了将文章同时与问题和候选项做匹配，解决了这个问题，并在 RACE 数据集上取得了当时最好的效果。2019 年 BERT 预训练模型的提出极大地增强了模型的文本表示能力，基于 BERT 设计的方案在各个 MMRC 数据集测评上都达到了最好效果。后续产生了许多基于预训练模型的选择式阅读理解模型。如 DCMN 模型，其主要改进思路：实现对文章、问题、选项两两交互，添加选项之间的比较信息等。随着越来越多改进思路的提出，基于预训练模型的选择式机器阅读理解模型得以不断完善。

针对选择式阅读理解任务，常用的评价指标为 Accuracy（准确率），即模型预测结果中预测正确的问题数 n 占全部问题 m 的百分比，计算公式如下：

$$Accuracy = \frac{n}{m} \tag{9.13}$$

9.3.2　基于 Co-Match 的选择式阅读理解案例

Co-Match 模型是选择式阅读理解中的经典模型，下面将以 Co-Match 为例介绍基于神经网络的选择式阅读理解方法。

1. 基于 Co-Match 模型进行选择式阅读理解的大致流程

Co-Match 模型包含编码层、表征层和输出层，模型架构如图 9-4 所示。

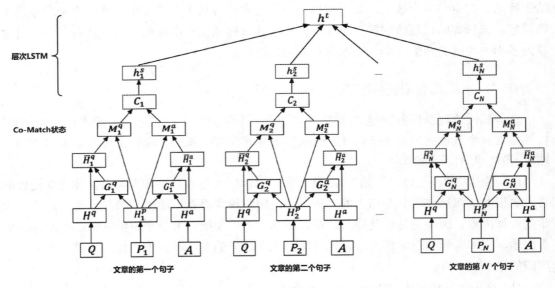

图 9-4　Co-Match 模型结构图

（1）编码层。输入上下文段落 P、问题 Q 和候选答案 A。首先通过嵌入层对 P、Q、A 进行编码，得到对应的词嵌入表示 P_w、Q_w、A_w。之后将得到的词嵌入表示传入双向 LSTM 层，得到文本序列特征的表示 H^p、H^q、H^a（这里 $H^p \in \mathbf{R}^{l \times P}$，$H^q \in \mathbf{R}^{l \times Q}$，$H^a \in \mathbf{R}^{l \times A}$，$l$ 为双向 LSTM 层输出维度）。

（2）表征层。使用注意力机制将文章中的每个状态与问题和候选答案的聚合表示相匹配。在式（9.14）和式（9.15）中，$W^g \in \mathbf{R}^{l \times l}$ 和 $b^g \in \mathbf{R}^l$ 是模型要学习的参数。$b^g \otimes e_Q$ 表示将 b^g 重复 Q 次得到一个 $l \times Q$ 的矩阵。通过式（9.14）和式（9.15）的计算，可以得到问题和候选答案序列中隐藏状态的注意力权重 $G^q \in \mathbf{R}^{Q \times P}$ 和 $G^a \in \mathbf{R}^{A \times P}$。然后通过式（9.16）和式（9.17）计算得到问题和候选答案的对文章敏感的带权重的表示 $\overline{H}^q$ 和 $\overline{H}^a$。

$$G^q = Softmax((W^g H^q + b^g \otimes e_Q)^{\mathrm{T}} H^p) \tag{9.14}$$

$$G^a = Softmax((W^g H^a + b^g \otimes e_Q)^T H^p) \tag{9.15}$$

$$\bar{H}^q = H^q G^q \tag{9.16}$$

$$\bar{H}^a = H^a G^a \tag{9.17}$$

之后，根据式（9.18）和式（9.19）将得到的 $\bar{H}^q$ 和 $\bar{H}^a$ 分别与文章表示做匹配，得到匹配结果 M^q 和 M^a。其中 $W_g \in \mathbf{R}^{l \times 2l}$、$b^m \in \mathbf{R}^l$ 是模型要学习的参数。$\ominus$ 表示按元素减法，$\otimes$ 表示按元素乘法。$M^q \in \mathbf{R}^{l \times P}$、$M^a \in \mathbf{R}^{l \times A}$。

$$M^q = ReLU\left(W^m \begin{bmatrix} \bar{H}^q & \ominus & H^p \\ \bar{H}^q & \otimes & H^p \end{bmatrix} + b^m\right) \tag{9.18}$$

$$M^a = ReLU\left(W^m \begin{bmatrix} \bar{H}^a & \ominus & H^p \\ \bar{H}^a & \otimes & H^p \end{bmatrix} + b^m\right) \tag{9.19}$$

$$C = \begin{bmatrix} M^q \\ M^a \end{bmatrix} \tag{9.20}$$

最后根据式（9.20）将 M^q 和 M^a 连接得到最终表示 $C \in \mathbf{R}^{2l}$，其表示单个句子、问题及候选项融合之后的信息。

（3）输出层。通过式（9.18）～式（9.20）得到第 n 个句子的匹配状态 C_n 后，使用层级 LSTM 来捕获句子的结构信息，得到 h_N^s。之后将所有这些表示连接，使用 BiLSTM 来得到最终的三元组匹配表示 h^t，如式（9.21）～式（9.23）所示。

$$h_N^s = MaxPooling(Bi\text{-}LSTM(C_N)) \tag{9.21}$$

$$H^s = [h_1^s; h_2^s; \cdots, h_N^s] \tag{9.22}$$

$$h^t = MaxPooling(Bi\text{-}LSTM(H^s)) \tag{9.23}$$

对于每个选项 A_i，模型会分别生成该选项对应的匹配表示 h_i^t。最后通过全连接层和 Softmax 层，选取得分最高的选项作为预测答案选项。

2. 案例实现

本小节介绍 Co-Match 模型的具体实现。训练使用的阅读理解数据集为 RACE 数据集，该数据集主要包含中国 12 ～ 18 岁之间学生的初中和高中英语考试阅读理解，包含 28000 个短文、接近 100000 个问题。数据集格式如下：

```
{
  "answers": ["A"],
  "options": [
    ["the smallest school that was closed down", "the only pupil in the smallest school", "the new teacher
        and her teaching", "the old teacher who just retired"],
  ],
  "questions": ["The reading is about_."],
  "article": "Britain's smallest school was closed down because its only pupil failed to turn up for class,
    a famous Britain newspaper reported in May.\nThe newspaper said the six-year-old girl's parents were
    unhappy with a teacher who just got the new job to teach the only pupil.\nThe school had been closed
    for the last nine months after its former teacher retired and the only other pupil moved on to a
    secondary school. The new teacher, Ms. Puckey was to start teaching the girl and reopen the school.
    \nBut the girl's mother is keeping her daughter at home.\n\"I was not pleased with the new teacher,
    \"the mother said. \"I had told the old teacher as far back as last September that if Ms. Puckey got
    the job, my child would not be going to school.\"\nThe school lies on an island off the northeast of
    Scotland. Although there was only one pupil, the school is very good in many ways and has a
```

headmaster, three computers, a television, and an art room as well as a school house with three bedrooms.",
}

下面是基于 PyTorch 实现的 Co-Match 模型代码。

```python
class CoMatch(nn.Module):
    def __init__(self, corpus, args):
        ......
    def forward(self, inputs):
        # 得到嵌入层表示
        d_embs = self.drop_module( Variable(self.embs(d_word), requires_grad=False) )
        o_embs = self.drop_module( Variable(self.embs(o_word), requires_grad=False) )
        q_embs = self.drop_module( Variable(self.embs(q_word), requires_grad=False) )
        # 通过 LSTM 编码
        d_hidden = self.encoder([d_embs.view(d_embs.size(0)*d_embs.size(1), d_embs.size(2),
            self.emb_dim), d_l_len.view(-1)] )
        o_hidden = self.encoder([o_embs.view(o_embs.size(0)*o_embs.size(1), o_embs.size(2),
            self.emb_dim), o_l_len.view(-1)])
        q_hidden = self.encoder([q_embs, q_len])
        d_hidden_3d = d_hidden.view(d_embs.size(0), d_embs.size(1) * d_embs.size(2), d_hidden.size(-1))
        d_hidden_3d_repeat = d_hidden_3d.repeat(1, o_embs.size(1), 1).view(d_hidden_3d.size(0) *
            o_embs.size(1), d_hidden_3d.size(1), d_hidden_3d.size(2))
        # 匹配网络编码
        do_match = self.match_module([d_hidden_3d_repeat, o_hidden, o_l_len.view(-1)])
        dq_match = self.match_module([d_hidden_3d, q_hidden, q_len])
        dq_match_repeat=dq_match.repeat(1,o_embs.size(1),1).view(dq_match.size(0)*o_embs.size(1),
            dq_match.size(1), dq_match.size(2))
        # 连接
        co_match= torch.cat([do_match, dq_match_repeat], -1)
        co_match_hier=co_match.view(d_embs.size(0)*o_embs.size(1)*d_embs.size(1), d_embs.size(2), -1)
        # 得到每个句子的三元组匹配表示
        l_hidden = self.l_encoder([co_match_hier, d_l_len.repeat(1, o_embs.size(1)).view(-1)])
        l_hidden_pool, _ = l_hidden.max(1)
        h_hidden=self.h_encoder([l_hidden_pool.view(d_embs.size(0)*o_embs.size(1), d_embs.size(1), -1),
            d_h_len.view(-1, 1).repeat(1, o_embs.size(1)).view(-1)])
        h_hidden_pool, _ = h_hidden.max(1)
        # 全连接层 +Softmax 输出每个选项的得分
        o_rep = h_hidden_pool.view(d_embs.size(0), o_embs.size(1), -1)
        output = torch.nn.functional.log_softmax( self.rank_module(o_rep).squeeze(2) )
        return output
```

MatchNet 的实现代码如下：

```python
class MatchNet(nn.Module):
    ...
    def forward(self, inputs):
        proj_p, proj_q, seq_len = inputs
        trans_q = self.trans_linear(proj_q)
        # 计算得到注意力权重
        att_weights = proj_p.bmm(torch.transpose(proj_q, 1, 2) )
        att_norm = masked_softmax(att_weights, seq_len)
```

```
# Match 操作
att_vec = att_norm.bmm(proj_q)
elem_min = att_vec - proj_p
elem_mul = att_vec * proj_p
all_con = torch.cat([elem_min,elem_mul], 2)
output = nn.ReLU()(self.map_linear(all_con))
return output
```

基于预训练模型的
选择式阅读理解

9.3.3　基于预训练模型的选择式阅读理解

基于预训练模型的选择式阅读理解算法（MultipleChoiceQA）和 9.2.3 中介绍的模型结构类似，主要包含表征层和输出层，如图 9-5 所示。其中表征层负责对输入的问题 Q、选项 A_i 和上下文段落 P 编码；输出层负责对不同选项在表征层的输出打分，并选择得分最高的候选项作为答案。

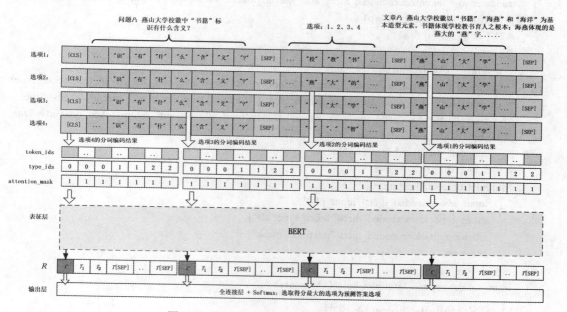

图 9-5　基于 BERT 的选择式阅读理解模型

（1）表征层。输入是上下文段落 P、问题 Q 和选项 $A = \{A_1, A_2, \cdots, A_n\}$。首先将 P、Q 和所有的选项 A_i（$A_i \in A$）按照字符进行拆分，得到字符数组 P^a、Q^a 和 A_i^a。之后将每个选项 A_i 与问题 Q 和上下文 P 按照 BERT 标准输入表示进行连接得到 R_i，如图 9-5 中的选项 1、2、3、4 所示。在得到表示 R_i 后，使用 BERT 的分词器对其进行编码得到 R_i 对应的 token_ids、type_ids 和 attention_mask，并将其传入 BERT 模型中做编码，得到最终的编码表示 R_i^o。

（2）输出层。输出层包含全连接层和 Softmax 函数，用于对不同的选项打分并选取得分最高的选项作为预测候选项。表征层的输出 R_i^o 作为输出层的输入。以图 9-5 为例，4 个不同的选项在经过表征层后得到了 R_1^o、R_2^o、R_3^o、R_4^o。分别选取 R_1^o、R_2^o、R_3^o、R_4^o 在 [CLS] 位置（即首位）的输出作为全连接层的输入，在经过全连接层的计算，并使用 Softmax 函数做归一化处理后得到四个分数 $Score_1$、$Score_2$、$Score_3$、$Score_4$，选取其中得分最高的选项作为对问题 Q 的预测答案。

基于预训练模型的选择式阅读理解模型的实现和 9.2.3 节的实现类似。下面是实现该算法的大致流程。

（1）使用 transformers 库加载预训练模型。

```
config = AutoConfig.from_pretrained(args.model_path)    # args.model_path 表示预训练模型路径
tokenizer = AutoTokenizer.from_pretrained(args.model_path)
pretrain_model = AutoModel.from_pretrained(args.model_path, config=config)
```

（2）将全部训练数据 train_examples（文章、问题、选项列表、正确选项）和测试数据 test_examples（文章、问题、选项列表）中每个样本都通过分词器进行编码，进而得到每个训练样本和测试样本的特征表示 MultipleChoiceQAFeature。之后将训练样本和测试样本生成的 MultipleChoiceQAFeature 分别放到数组 train_dataset、test_dataset 中。下面是创建 train_dataset 的代码（test_dataset 的创建流程与之类似）：

```
for (p, q, options, ans) in train_examples:
    q_array = tokenizer.tokenize(q)
    truncated_q = tokenizer.encode(q_array, add_special_tokens=False, max_length=24, truncation=True)
    p_array = tokenizer.tokenize(p)
    # 对不同的选项分别编码
    for option in options:
        o_array = tokenizer.tokenize(option)
        truncated_o = tokenizer.encode(o_array, add_special_tokens=False, max_length=24, truncation=True)
        encoded_dict = tokenizer.encode_plus(truncated_q, truncated_o, p_array, add_special_tokens=True,
            max_length=512, padding="max_length", truncation="only_second", return_token_type_ids=True)
        for key, value in encoded_dict.items():
            encoded_dicts[key].append(value)
    # 构造每个训练样本的特征
    MultipleChoiceQAFeature = {
        input_ids =encoded_dicts["input_ids"],
        token_type_ids=encoded_dicts["token_type_ids"],
        attention_mask=encoded_dicts["attention_mask"],
        ans = ans
    }
    train_dataset.append(MultipleChoiceQAFeature)
```

（3）定义 MultipleChoiceQA 模型。

```
class MultipleChoiceQA(nn.Module):
    def __init__(self, ...):
        super(MultipleChoiceQA, self).__init__()
        self.pretrain_model = BertModel.from_pretrained(args.model_path, config=config)
        # 输出维度为 4，表示对 4 个不同的选项进行打分
        self.qa_outputs = nn.Linear(pretrain_model.config.hidden_size, 4)
```

（4）对模型进行训练，进而提高对正确候选项的预测准确率。

（5）对测试集进行预测。

本章小结

（1）抽取式阅读理解任务可以描述为，给定文章段落 P，给定问题 Q，要求机器根据该问题从文章段落中找出一个连续的片段作为该问题的答案。

（2）抽取式阅读理解数据集大多由人工标注为大量的"文章 - 问题 - 答案"三元组。

如著名的 SQuAD、DuReader、MS MARCO 等数据集。本章介绍了抽取式阅读理解经典模型 BiDAF，以及基于 BERT 的抽取式阅读理解模型，它们都是通过问题和文章进行交互来得到语义信息，并通过全连接层和 Softmax 函数来对答案片段起始点和终止点进行预测。

（3）选择式阅读理解类似评估一个人对文章理解程度。选择式阅读理解任务是给定了文章、问题和候选答案，机器经过理解和推理，从候选答案中选择出正确的答案，候选答案大多都是对文中相关句子的改写。

（4）选择式阅读理解常用的数据集包含 RACE 数据集。本章主要介绍了 Co-Match 模型以及基于 BERT 的选择式阅读理解模型，它们都是将每个选项与问题和文章进行语义交互得到每个选项匹配的语义信息，并通过全连接层和 Softmax 函数对每个选项匹配的语义信息进行打分，最终选取得分最高选项作为模型的预测答案。

第 10 章　文本生成与文本摘要

本章导读

随着信息时代的到来，我们每天要接触大量的文本信息。文本摘要旨在将文本或文本集合转换为包含关键信息的简短概要，为用户提供简洁而不丢失原意的信息，可以有效地降低用户的信息负担、提高用户的信息获取速度，从而将用户从烦琐、冗余的信息中解脱出来，节省人力物力。目前，文本摘要在信息检索、舆情分析、内容审查等领域均具有较高的研究价值。

本章要点

- 文本生成与文本摘要的概念
- 抽取式文本摘要原理与方法
- 生成式文本摘要原理与方法

10.1　文本生成与文本摘要概述

文本生成（Text Generation）是 NLP 中的一个重要研究领域，具有广阔的应用前景。其定义为接收各种形式的文本信息作为输入，生成可读的文字表述，即由数据到文本的生成，且输入信息的形式可以是问题（做问答）、文章（做摘要）、外文（做翻译）等。

大家在网上可能尝试过这些有趣的东西：藏头诗生成器，给定几个字，生成相应的藏头诗；AI 续写，自己输入一段文本，让 AI 生成后续的文章。这些应用就涉及了文本生成技术，似乎上边两个例子更像是玩具，而文本摘要作为文本生成的一个应用，则有很重要的现实意义，本章将对文本摘要进行重点介绍。

文本摘要是文本生成的应用，旨在将文本或文本集合转换为包含关键信息的简短摘要。随着互联网的蓬勃发展，我们接触的文本数据越来越多，文本信息过载问题日益严重，为了节省人们的精力，对各类文本进行一个"瘦身"处理显得非常必要，文本摘要便是其中一个重要的手段。

摘要应该涵盖最重要的信息，同时要连贯，无冗余，语法上可读。如表 10-1 所列，将一则较长的新闻原文，摘要为一段简略的文字，该示例选自 NLPCC 数据集。

表 10-1　摘要示例

原文	综合 2015-01-1012:06 显示图片现场：被打开的逃生门。图片来自当事乘客警方赶赴现场处理扣押乘客。东航向新浪提供的涉事航班照片。昨晚，昆明降下大雪，长水机场航班大范围延误，东航 MU2036 延误较长引发乘客不满。在飞机滑出除雪除冰过程中，有乘客强行打开 3 扇逃生门，阻止飞机起飞。机场警方随后赶赴现场，扣押了涉事乘客。【最新消息：中广网报道，目前除了 25 个涉事旅客还在接受调查，因下雪被延误的昆明至北京 MU2036 航班其他旅客都已成行。】一名涉事乘客发微博称，"机长大骂乘客，情绪激动，强行开机，乘客报警无效，打开逃生门，阻止飞机起飞，警察到现场扣留了全部乘客"。上述说法遭到航空业内人士质疑，微博认证为航空摄影师的网友 @sqshane 表示，"基本可以认定是一群对于航空比较无知，但被近期各种事件吓怕了的人，自以为是评价飞机适航状态，然后做出各种过激行为，还以为是自己有理"。多数网友也跟帖表示，谴责强行打开逃生门做法，支持警方采取强制措施。有跟帖表示，"对这些滋事者者，除了要严惩外，还必须把他们列入黑名单，终身不得乘坐飞机"。MU2036 系达卡经行昆明飞抵北京航班，原定昨晚 20:45 在昆明起飞，今天 00:05 抵京。据悉，截至今早 11 时，MU2036 仍未能起飞，昆明长水机场还有 30 架次延误航班。新浪新闻综合报道
摘要	昆明大雪致航班延误，有乘客在飞机滑出除雪除冰过程中，强行打开逃生门阻止起飞；涉事乘客已被扣押，业内人士呼吁严惩。

文本摘要按照不同维度可以分为不同的类型，见表 10-2。在本章中，我们会按照输出类型分类，分别对抽取式和生成式摘要进行介绍。

表 10-2　文本摘要的分类方式

分类方式	类别	含义及区别
输入类型	单文档摘要	从给定的一个文档中生成摘要
	多文档摘要	从给定的一组主题相关的文档中生成摘要
输出类型	抽取式摘要	从源文档中抽取关键句和关键词组成摘要，摘要全部来源于原文
	生成式摘要	根据原文，允许生成新的词语、短语来组成摘要
训练方式	有监督摘要	训练数据为有监督数据
	无监督摘要	训练数据为无监督数据
语言种类	单语言摘要	输入的源文本与输出的摘要是同种语言，如前面所举的例子，原文与摘要都是中文
	跨语言摘要	原文和摘要是不同语言，如对一篇较长的英文新闻，生成简短的中文摘要

那么，我们如何判断一则摘要是好还是不好呢？常用的评价指标是 ROUGE（Recall-Oriented Understudy for Gisting Evaluation）分数，其中最常用的是 $ROUGE$-1、$ROUGE$-2 和 $ROUGE$-L。$ROUGE$-1 和 $ROUGE$-2 的计算方式相同，即：

$$ROUGE_N = \frac{\sum_{S\in\{\text{参考摘要}\}}\sum_{gram_N\in S} Count_{\text{match}}(gram_N)}{\sum_{S\in\{\text{参考摘要}\}}\sum_{gram_N\in S} Count(gram_N)} \tag{10.1}$$

其中，分母是参考摘要中 N-gram（N 个连续单词组成的序列）的总个数，分子是参考摘要与自动摘要共有的 N-gram 个数。$ROUGE$-L 中，L 即最长公共子序列（Longest Common Subsequence，LCS），计算方式如下：

$$R_{\text{LCS}} = \frac{LCS(X,Y)}{M} \tag{10.2}$$

$$P_{\text{LCS}} = \frac{LCS(X,Y)}{N} \tag{10.3}$$

$$F_{\text{LCS}} = \frac{(1+\beta^2)\, R_{\text{LCS}}\, P_{\text{LCS}}}{R_{\text{LCS}} + \beta^2\, P_{\text{LCS}}} \qquad (10.4)$$

其中，$LCS(X,Y)$ 是 X 和 Y 的最长公共子序列的长度，M、N 分别表示参考摘要和自动摘要的长度（一般就是所含词的个数），R_{LCS} 和 P_{LCS} 分别表示召回率和准确率。最后的 F_{LCS} 即是我们所说的 *ROUGE-L*。β 常被设置为一个很大的数，所以 *ROUGE-L* 几乎只考虑了 R_{LCS}，即一般只考虑召回率。

ROUGE 评分可以判断自动摘要和参考摘要的符合程度，从而可被作为一种对摘要质量的评判标准。

下面介绍一些文本摘要工具，这些工具用于在摘要过程中进行预处理，例如查找命名实体、进行句子切分、语义角色标注、查找同义词等。

WordNet10：这是一个英语词汇数据库，它可以进行文本分类，找到文本中的概念，从而帮助文本摘要过程。

FrameNet11：它是一个人类和机器可读的英文词汇数据库，带有注释示例。它帮助分配语义角色，帮助发现谓词之间的关系。

GATE：一个基于组件的开源 NLP 工具，有助于词性标注和语义标注。

Stanford NLP：它可以执行许多基于 NLP 的应用，如句子拆分、词性标注、命名实体识别、选区解析、依赖关系解析、开放信息抽取等。因此，它帮助执行文本摘要。在大多数的文献中，都使用了 Stanford NLP 解析器来创建依赖树。Stanford CoreNLP 被广泛用于执行共同引用解析。

LIBSVM：一个简单、易于使用且快速有效的 SVM 模式识别与回归软件包。在摘要任务中，可以通过 SVM 对文本进行分类、组块和相关性分析来帮助发现重要的句子。

NLTK：用于删除停用词，分割句子，查找每个单词的频率。

HanLP：由一系列模型预算法组成的工具包，结合深度神经网络的分布式自然语言处理，具有功能完善、性能高效、架构清晰、语料时新、可自定义等特点，提供词法分析、句法分析、文本分析和情感分析等功能，是 GitHub 最受欢迎、用户量最大、社区活跃度最高的自然语言处理技术。

10.2　抽取式文本摘要

抽取式方法是从原文中选取关键词句组成摘要，可以看作一种序列标注问题，如图 10-1 所示。

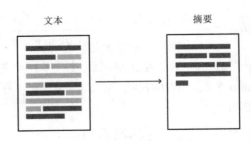

图 10-1　抽取式摘要示意

抽取式摘要由于摘要内容都来自原文，在天然语法、句法上错误率低，保证了一定的摘要质量，非常适合科技文献、法律文书、医疗诊断书等文本载体。

　　当然，抽取式摘要也有一定的缺陷，当我们要抽取句子的数量确定时，可能会有较重要的语句不会被抽取，如取 3 条句子作为摘要，但实际上要 4 条句子才能对原文进行较好的概括，这会造成摘要内容的不连贯和缺失。而且一个句子所表达的内容并不一定都是重要的，以句子为单位做摘要，可能会有很大冗余。

　　抽取式方法主要考虑两点：摘要的相关性和句子的冗余度。相关性用于衡量摘要候选句子是否能够代表原文的主旨，冗余度是用来评估候选句子中有多少信息是无用的，也许两个句子表达的主旨相同，但其中一个表达包含了许多冗余信息，一个表达简洁明了，显然我们应该选择后者。

　　传统的抽取式摘要方法使用图、聚类等方式进行无监督摘要，目前主流的则是基于神经网络的方法。下面将对几种常用的抽取式摘要方法做简要介绍。当前主流的是基于深度神经网络的方法，本节将做重点介绍和举例。

10.2.1　传统方法

　　（1）Lead-3。Lead-3 是最简单的抽取式方法，直接选取文章的前三句作为摘要。一般来说，作者常常会在标题和文章开始就表明主题，因此 Lead-3 方法虽然简单直接，但往往有着不错的效果。

　　（2）TF-IDF。TF-IDF 对文本所有候选关键词进行加权处理，根据权值对关键词进行排序。假设 D_n 为测试语料集的大小，该算法的关键词抽取步骤如图 10-2 所示。

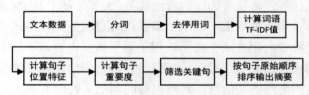

图 10-2　TF-IDF 算法的关键词抽取步骤

　　1）对于给定的文档 D 进行分词、词性标注和去停用词等数据预处理操作。保留如名词、动词、形容词等有实意的词语，最终得到 n 个候选关键词，即

$$D=[t_1, t_2, \cdots, t_n] \tag{10.5}$$

　　2）统计词语 t_i 在文本 D 中的词频 TF。

　　3）统计词语 t_i 的逆文档频率 IDF，整个语料库文档个数为 D_n，D_t 为语料库中词语 t_i 出现的文档个数。

$$IDF=\log(D_n/(D_t+1)) \tag{10.6}$$

　　4）基于 $TF\text{-}IDF$ 公式，计算得到词 t_i 的权重值，并重复步骤 2）～ 4）得到所有候选关键词的 $TF\text{-}IDF$ 数值。

$$TF\_IDF= TF \times IDF \tag{10.7}$$

　　5）前边得到了词的权重，就可以计算句子的权重，例如一个句子分词得到的词序列为 $[t_1, t_2, \cdots, t_n]$，那么该句子权重为

$$score = \sum_{i=1}^{n} TF\text{-}IDF(t_i) \tag{10.8}$$

　　6）按照句子分数由高到低对句子排序，然后截取权重最高的几条句子，按照它们在原文中的原始顺序排序，输出摘要。

　　（3）基于聚类的方法。通常情况下，文档中的相近的语句或段落会描述相近的内容。例如一则新闻的前半部分是东京奥运会赛况，后半部分是新冠疫情最新消息，所以我们可

以使用聚类完成摘要任务。聚类是无监督的方法，将文章中的句子视为一个点，按照聚类的方式完成摘要生成。具体而言，可以通过余弦相似度的度量指标，将一篇文档中里的语义相近的句子聚到一簇，不同簇间往往表征着差别较大的语义。然后通过对簇内部句子的筛选可以达到精简句子、提炼主题关键句的目的。

也可以使用数十个单词的 *TF-IDF* 表示，用高频词代表一个聚类的主题，计算句子与高频词即聚类主题的关系，针对不同的主题选择摘要句，最后拼接起来作为整体的摘要。

例如 Padmakumar 和 Saran 先对文章中的句子进行编码，得到句子的向量表示，再使用 K 均值聚类和 Mean-Shift 聚类进行句子聚类，得到 N 个类别。最后从每个类别中，选择距离质心最近的句子，得到 N 个句子，作为最终摘要。

（4）TextRank。TextRank 算法是一种用于文本的基于图的排序算法，仿照了 PageRank 算法。PageRank 是定义在网页集合上的一个函数，它对每个网页给出一个正实数，表示网页的重要程度，PageRank 值越高，网页就越重要，在互联网搜索的排序中可能就被排在前面。而 TextRank 算法通过把文本分割成若干组成单元（句子），构建节点连接图，用句子之间的相似度作为边的权重，通过循环迭代计算句子的 TextRank 值，最后抽取排名最高的几个句子组合成文本摘要。在本章的 10.4.2 小节将介绍 TextRank 的原理及其实现。

10.2.2 基于 RNN 的抽取式文本摘要

抽取式摘要生成任务通常被视为序列标注任务，大都是基于 RNN 的，通常由句编码器、文档编码器和解码器（句子抽取器）组成。摘要内容对应分类标签，将原文中的每一个句子都对应一个二分类标签，用 0 或 1 表示该句子属于摘要内容或不属于摘要内容。解码器沿着待压缩文档逐句进行二分类，每一步解码时，综合当前的句子语义信息、上一步的解码状态和待压缩文档的全局语义信息，判断当前的句子是否应被选择为摘要。

例如在论文"Neural Extractive Summarization with Side Information"中，使用 CNN 作为句编码器，在该方案中：

（1）句编码器：采用的是 CNN 模型来对每个句子进行编码，图中使用了两个大小为 $4 \times d$ 和 $2 \times d$ 的一维卷积核（d 为词向量维度），卷积结果拼接后得到句向量，进而得到句向量序列。

（2）文档编码器：通过 RNN 对整个文档进行编码。

（3）解码器（句子抽取器）：通过编码结果给每个句子分配一个二分类标签，判断是否要将当前句子放入摘要。

（4）辅助信息（边缘信息序列）：包括文章标题、图片描述、文章首句，这些信息可能对文章语义编码与摘要生成有一定的影响。

该模型示意图如图 10-3 所示。

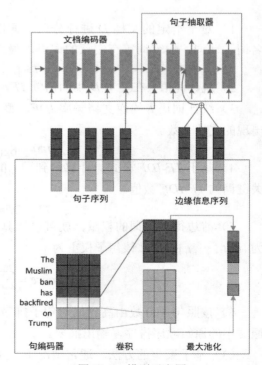

图 10-3　模型示意图

10.2.3　基于预训练模型的抽取式文本摘要

前面的章节中我们已经介绍了预训练模型，近年来预训练模型在 NLP 的各个领域都取得了优异的表现，文本摘要领域当然也不例外。

2019 年张星星等提出的 HIBERT 是专为抽取式文本摘要任务设计的，他们采用的方法便是将摘要任务看作序列标注任务。预训练的模型整体分为两个部分，第一部分对文档进行编码，第二部分对文档解码预测 mask 的句子，具体结构如图 10-4。

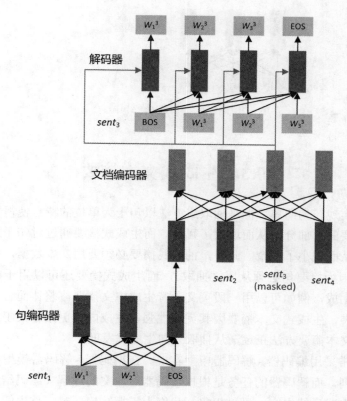

图 10-4　HIBERT 预训练模型

第一部分：模型的编码器分为两部分，句编码器和文档编码器。先用句编码器对句子的每个单词（即 $[W_1^1, W_2^1, \text{EOS}]$）进行编码，句向量就是最后一层的编码器输出（即 $sent_1$），并输入文档编码器获得整个文档的向量。

第二部分：预训练的任务是预测被 mask 的句子，和 BERT 的 MLM 任务有异曲同工之妙，只是现在的处理单位是句子。未 mask 的句子（即原文句子）不需要额外的标签。mask 句子处理的方式也和 BERT 的方法很像：80% 的句子 mask（整句话每个单词都 mask），10% 的句子直接使用原来的句子，10% 的句子使用随机的一句话替换。

在预训练完成后，使用预训练的句编码器和文档编码器得到句子的向量表示，对文本表示做一个二分类（是否选入最后的摘要），即可得到最终摘要，如图 10-5 所示。

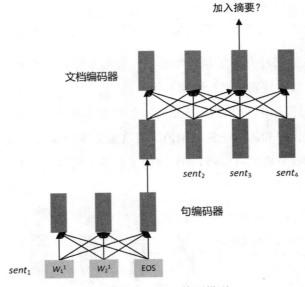

加入摘要?

文档编码器

句编码器

$sent_1$ W_1^1 W_2^1 EOS

$sent_2$ $sent_3$ $sent_4$

图 10-5   HIBERT 摘要模型

10.3   生成式文本摘要

抽取式摘要实现较为简单,但是抽取式方法以句子为单位的特点使得句子中的无关部分可能会成为摘要的一部分,从而增大了冗余。而生成式摘要通过对句子进行融合,减小了句子的长度,从而减小了冗余。此外,抽取式摘要必须要用文本数据,并且只能得到当前语言的摘要(因为摘要句必须从原文抽取),而生成式摘要还可以用于非文本数据和跨语言数据的摘要生成,例如可以用一段英文录音生成中文摘要。整体而言,随着神经网络和深度学习的发展,生成式文本摘要因其灵活性强,生成内容更接近人工撰写,受到了越来越多的关注,文本摘要方法正逐渐从抽取式向生成式发展。

生成式摘要常采用编码器 - 解码器模型实现。在编码器 - 解码器模型中,编码器的任务是理解输入序列,而解码器的任务是根据编码器对原文的理解(编码结果)和已生成的部分摘要信息来生成后续内容。可以想象,我们人工撰写摘要时,首先阅读原文(对应编码器输入),然后得到了自己的理解(对应编码器的输出),然后再用自己的方式,简短地表达出来(对应解码器)。

通常而言,编码器将单词转换为向量表示,从而获取上下文表示。解码器通常是自回归的,在前一段文字的基础上生成摘要中的下一个词,进而生成一段摘要。如图10-6 所示,首先向解码器输入编码器输出的语义向量和 BOS,生成 I,然后将 I 作为编码器下一时间步的输入,生成 LOVE,以此类推直到输出 EOS 结束。当输入和输出都是序列形式时,编码器 - 解码器结构也被称为 Seq2Seq 结构。

通过前面的学习我们知道可以利用注

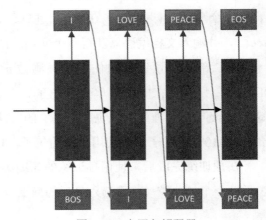

I   LOVE   PEACE   EOS

BOS   I   LOVE   PEACE

图 10-6   自回归解码器

意力机制计算注意力分数，使解码器知道每个时间步应该着重关注哪里的信息，并将这些信息用于解码器的生成。

10.3.1　早期的 Seq2Seq 模型

Seq2Seq 模型是 RNN 模型的变体，一般可以分为三部分，Encoder 部分、Decoder 部分和连接两部分的中间状态向量 C。模型结构如图 10-7 所示。Encoder 部分、Decoder 部分分别是两个 RNN 神经网络。

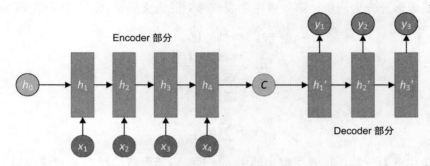

图 10-7　Seq2Seq 模型结构图

图中的 x 对应原文输入，y 部分对应输出的摘要。编码器对输入语句 x 进行编码，经过函数变换为中间语义向量 C，此时便完成了对原文的理解。

解码器得到中间语义向量 C 之后，进行解码，根据中间状态向量 C 和已经生成的历史信息（$y_1, y_2, \cdots, y_{t-1}$）来生成 t 时刻的单词 y_t。

10.3.2　Seq2Seq+Attention 模型

在 Seq2Seq 模型基础上，引入注意力机制。原来的 Seq2Seq 中语义向量 C 长度固定，无法完全表达整个输入序列的信息，并且 Seq2Seq 模型编码和解码的中间只有语义编码 C 进行连接，先前编码好的信息会被后来的生成信息覆盖，造成信息的丢失。为了解决这个问题，引入 Attention 机制，引入 Attention 机制后的模型如图 10-8 所示。

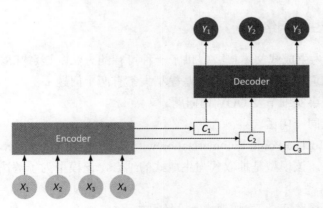

图 10-8　Seq2Seq+Attention 模型

前边的章节中已经介绍了 Attention 机制，Attention 机制自动学习和计算输入数据对输出数据的贡献大小。在本章开始的例子中，很容易看出原文中的"昆明降下大雪，长水机场航班大范围延误"与摘要中的"昆明大雪致航班延误"相对应，则生成摘要时，原文中对应部分的词被赋予较高的注意力权重，即表示会更多地考虑这部分的信息。

　　引入注意力机制后，在解码的不同时刻，原文各位置有不同的贡献。这样的好处就是，在对于我们认为是摘要的内容和不是摘要的内容进行区分时，要给予不同的权重。而以前的做法是无论是不是摘要的词都给予相同的权重进行解码。编码器部分和 RNN 类似，如下所示：

$$h_i = \tan h(w[h_{i-1}, x_i] + b) \tag{10.9}$$

$$o_i = Softmax(Vh_i + d) \tag{10.10}$$

其中，h_i 为时刻 i 的隐藏层状态，x_i 为当前输入，o_i 为编码器在 i 时刻的输出，w、b、V 和 d 为可学习参数。

　　在解码器部分分为两步，第一步先生成该时刻的语义向量 c_t，具体公式如下所示：

$$e_{ti} = v_\alpha^T \tan h(w_\alpha[s_{i-1}, h_i]) \tag{10.11}$$

$$\alpha_{ti} = \frac{\exp(e_{ti})}{\sum_{k=1}^{T} \exp(e_{tk})} \tag{10.12}$$

$$c_t = \sum_{i=1}^{T} \alpha_{ti} h_i \tag{10.13}$$

其中，e_{ti} 即注意力分数，代表了编码器中 i 时刻编码器隐藏层状态 h_i 对解码器中 t 时刻隐藏层状态 s_t 的影响程度；α_{ti} 通过 Softmax 函数将 e_{ti} 归一化后得出，这里的归一化确保了注意力总和等于 1；最后的 c_t 即该时刻的语义向量，与不带注意力的 Seq2Seq 不同，c_t 有多个，对应解码器所处的不同时期，而 Seq2Seq 则只有一个中间语义向量 C，与时间无关。

　　第二步是将得到的 c_t 进行传递并预测结果，如下所示：

$$s_t = \tan h(w[s_{t-1}, y_{t-1}, c_t] + b) \tag{10.14}$$

$$o_t = Softmax(Vs_{ti} + d) \tag{10.15}$$

其中，s_t 为解码器 t 时刻的隐藏状态，y_{t-1} 为前一个时间步即解码器在 t-1 时刻的输出，作为解码器 t 时刻的输入，o_t 为解码器 t 时刻的输出，w、b、V、d 为可学习参数。

　　可根据不同情况设计出不同的 Attention 变换，从而改变模型效果。例如 Transformer 中 Self-Attention 和多头自注意力（Multi-head Self-Attention）的出现，都是在 α_{ti} 的基础上增加了词进行二次变换，由注意力机制转向自注意力机制。

10.3.3　指针生成网络

指针生成网络讲解

　　Seq2Seq 模型为生成式文本摘要提供了一种可行的方法，这意味着它们不局限于简单地从原文中选择和重排段落。然而，这些模型大都有两个问题：

● 错误再现事实细节及 OOV 词问题。

● 重复生成同一句话。

　　在论文 "Get To The Point: Summarization with Pointer-Generator Networks" 中，提出了一种指针生成网络，该模型是抽取式与生成式的结合，该模型为了解决上述两个问题，引入了两种机制。

　　（1）引入生成概率 p_{gen}。生成概率 p_{gen} 计算如下：

$$p_{gen} = \sigma(w_{h*}^T h_t^* + w_s^T s_t + w_x^T x_t + b_{ptr}) \tag{10.16}$$

其中，h_t^* 是上下文向量（Context Vector），表征当前时刻加入注意力后的语义信息，s_t 为解码器状态，x_t 为解码器的输入，其余为可学习向量。p_{gen} 决定了当前时间步是生成还是从原文中抽取，可以通过指针从原文中复制单词，从而准确地复制信息，同时保留了通过生成器生成新词汇和词组的能力，解决了第一个问题。

（2）覆盖机制（Coverage Mechanism）。将之前所有时间步的注意力权重加到一起，得到覆盖向量 c^t：

$$c^t = \sum_{t'=0}^{t-1} a^{t'} \qquad (10.17)$$

其中，$a^{t'}$ 表示 t' 时刻的注意力权重，然后将其添加到注意力权重的计算过程中，覆盖向量 c_t 用来计算新的注意力权重 e_i^t：

$$e_i^t = v^{\mathrm{T}} \tan h(W_h h_i + W_s s_t + w_c c_i^t + b_{\mathrm{attn}}) \qquad (10.18)$$

其中，h_t 即当前时刻的编码器隐藏状态，s_t 为解码器状态，c_i^t 为当前时间步的覆盖向量，其余为可学习向量。得到的 e_i^t 用来进行注意力分配。该方法用之前的注意力权重分配来影响当前注意力权重的分配，这样就避免在同一位置重复，从而避免重复生成文本。指针生成网络模型如图 10-9 所示。

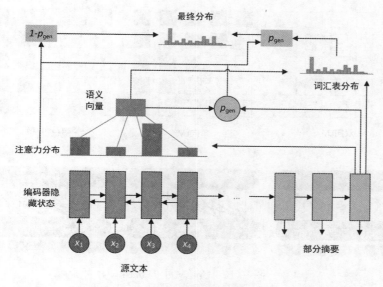

图 10-9　指针生成网络模型

10.3.4　预训练模型 + 微调

我们很容易发现 RNN 的每一时刻总是需要上一时刻的运算结果，所以说 RNN 是串行的，在大规模计算的时候效率较低。Transformer 去除了 RNN 结构，而采用了 Self-Attention，Self-Attention 可以进行并行计算，并且相对于只能关注前文信息的 RNN，能同时关注上下文信息。同时 Transformer 也是编码器 - 解码器结构，并在应用了 Multi-head Self-Attention 的基础上，加入了词的位置等信息，使得文本生成任务更为精准。

预训练模型，如 BERT 的诞生引发了 NLP 领域的一场技术革命。但是 BERT 本身只是应用了 Transformer 的编码器，不具有文本生成功能，无法直接应用于文本摘要等自然语言生成（NLG）任务。于是在 BERT 的基础上出现了 UniLM、BART、PreSumm 等预训练模型。

（1）UniLM 由微软研究院提出，其模型结构与 BERT 相同，使用三种不同的自注意力掩码（Self-Attention Mask）矩阵，以完成三种预训练语言模型任务：单向语言模型、双向语言模型、Seq2Seq 语言模型。在生成式摘要、生成式问题回答和语言生成数据集的抽样领域取得了优秀的成绩。其中 Seq2SeqLM 是使得 UniLM 具有生成能力的关键，模型中左侧的序列是源序列，右侧的序列是目标序列。左侧的序列属于编码阶段，所以能看到所有上下文信息；右侧的序列属于解码阶段，能看到所有源序列的信息、目标序列中当前位置及左侧的信息。

在训练时，源序列和目标序列中的 token 会被随机替换为 [MASK]。在预测 [MASK] 的同时，因为源序列与目标序列被打包在一起，其实模型也无形中学到了两个语句之间存在的紧密关系，这在 NLG 任务如生成式摘要中非常有用。

微调过程类似于预训练，用 S_1 和 S_2 分别表示源序列和目标序列，构建出输入序列：[SOS] S_1 [EOS] S_2 [EOS]。对目标序列中的字符进行掩蔽，让模型预测被掩蔽词。微调时，目标端的结束标识 [EOS] 也可以被掩蔽，让模型学习预测，从而模型可以学习如何自动结束 NLG 任务。UniLM 应用于文本摘要任务时，将原文（S_1）和摘要（S_2）连接起来作为输入，并根据预定义的最大长度进行截断。UniLM 中的 mask 如图 10-10 所示。

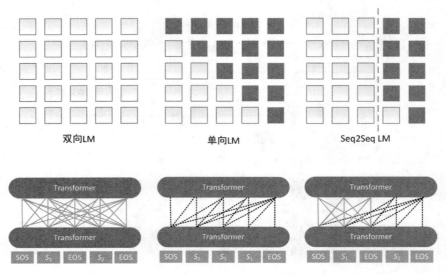

双向LM　　　　单向LM　　　　Seq2Seq LM

图 10-10　UniLM 中的 mask

（2）BART（Bidirectional and Auto-Regressive Transformers）则是一个结合双向和自回归的预训练模型，可以看作 BERT（双向编码器）和 GPT（从左到右的解码器）的结合与泛化，尤其适合文本生成任务，如图 10-11 所示。

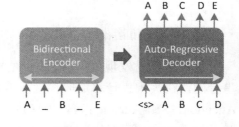

图 10-11　BART 示意图

BART 的预训练分为两个步骤：

1）使用多种任意的方式加入噪声来破坏原始文本。

2）让模型学习重构原始文本。

如图 10-12 所示，相对于 BERT 中单一的噪声类型（用 [MASK] 进行替换），BART 在编码器端尝试了多种噪声。BERT 的简单替换导致编码器端的输入携带了序列结构的一些信息（如序列长度），而这些信息在文本生成任务中并不会提供给模型。而 BART 采用更加多样的噪声，意图是破坏掉这些有关序列结构的信息，防止模型去"依赖"这些信息。

由于 BART 的解码器部分本身就采用了自回归方式，在微调文本摘要等序列生成任务时，可直接在编码器部分输入原始文本，解码器部分即可用于生成自动摘要。

图 10-12　BART 的多种噪声

10.4　文本摘要案例

前边大概介绍了几种文本摘要方法的原理和方法，本节将用两个案例具体介绍，以便理解。

10.4.1　文本摘要常用数据集

几个常用的单文本摘要数据集见表 10-3。

表 10-3　常用文本摘要数据集

数据集	语言	摘要方法	数据规模 / 条
CNN/Daily Mail	英文	抽取式 / 生成式	300000
Gigaword	英文	生成式	4000000
LCSTS	中文	生成式	2400000
NLPCC 2017	中文	生成式	200000

以 NLPCC 2017 为例，title 对应一则新闻的标题，content 对应一则新闻的内容，则 title 字段可以认为是 content 字段的摘要，其数据格式如下：

```
[
    {
        "title":" 知情人透露章紫一怀孕后，父母很高兴。章母已开始悉心照料。据悉，
            预产期大概是 12 月底 ",
        "content":" 四海网讯，近日，有媒体报道称：章紫一真怀孕了！报道……而且章紫一已经赴
            上海准备参加演唱会了，怎知遇到台风，只好延期，相信 9 月 26 日的演唱会应该还
            会有惊喜大白天下吧。"
    },
]
```

10.4.2　使用 TextRank 进行简单的抽取式摘要

TextRank 算法即是一种基于图的无监督抽取式文本摘要算法。在 TextRank 算法之前，需要先了解一下 PageRank 算法，PageRank 算法主要用于对在线搜索结果中的网页进行排序。PageRank 对于每个网页页面都给出一个正实数，表示网页的重要程度，PageRank 值越高，表示网页越重要，在互联网搜索的排序中越可能被排在前面。

假设整个互联网是一个有向图，每个结点代表一个网页，每个网页中包含跳转到其他网页的链接，那么结点间的边就是相应的转移概率。网页浏览者在每个页面上根据其指向其他网页的超链接，以等概率跳转到下一个网页，并且在网页上持续不断地进行这样的随机跳转，这个过程形成了一阶马尔可夫链。

TextRank 算法进行抽取式
文本摘要

PageRank 的核心公式如下：

$$PR(V_i) = (1-d) + d \sum_{j \in In(V_i)} \frac{1}{|Out(V_j)|} PR(V_j) \qquad (10.19)$$

其中，$PR(V_i)$ 表示结点 V_i 的权重，$In(V_i)$ 表示结点 V_i 的前驱结点集合，$Out(V_j)$ 表示结点 V_j 的后继结点集合。阻尼系数 d（damping factor）的意义是，在任意时刻，用户到达某页面后并继续向后浏览的概率，$1-d$ 就是用户停止点击，随机跳到新网页的概率。

引入阻尼系数是因为有些网页没有跳出去的链接，那么转移到其他网页的概率将会是 0，无法保证存在马尔可夫链的平稳分布。于是，假设悬空页面（没有链接）以等概率（$1/n$）跳转到任何网页，再按照阻尼系数 d，将这个等概率（$1/n$）与存在链接的网页的转移概率进行线性组合，那么马尔可夫链一定存在平稳分布，一定可以得到网页的 PageRank 值。

所以 PageRank 的定义意味着网页浏览者按照以下方式在网上随机游走：以概率 d 按照网页内存在的超链接随机跳转，以等概率从超链接跳转到下一个页面；或以概率（$1-d$）进行完全随机跳转，这时以等概率（$1/n$）跳转到任意网页。

那么，如果我们现在有 4 个网页 w1、w2、w3、w4，这些页面包含指向彼此的链接，有些页面没有链接，即悬空页面，页面链接见表 10-4。

表 10-4　页面链接

网页	链接
w1	[w4, w2]
w2	[w3, w1]
w3	[]
w4	[w1]

为了获取用户从一个页面跳转到另一个页面的概率，我们将创建一个 $n \times n$ 矩阵，矩阵中的每个元素表示从一个页面链接进另一个页面的可能性，则概率初始化见表 10-5。

表 10-5　概率初始化

转移概率	w1	w2	w3	w4
w1	0	0.5	0	0.5
w2	0.5	0	0.5	0
w3	0.25	0.25	0.25	0.25
w4	1	0	0	0

随后，每个结点的权重按式（10.18）迭代地更新，转移概率矩阵也随之更新，最终 V_i 收敛，得到网页排名。

而 TextRank 算法与 PageRank 类似，TextRank 用句子代替网页，任意两个句子的相似性代替网页跳转概率，相似性得分存储在一个方阵中。使用 TextRank 算法进行文本摘要的流程如下：

（1）对源文本进行处理，分成若干句子。

（2）获得句子的向量化表示：先对句子进行分词，去掉停用词后，获取每个词的词向量（可使用预训练的词向量文件），然后将词向量求和并取平均作为句向量表示。

（3）计算句子向量间的余弦相似度。

（4）将相似矩阵转换为以句子为结点、相似性得分为边的图结构，用于句子 TextRank

计算，计算 TextRank 得分可以直接调用 networkx 包中的 pagerank 函数。

（5）取 N 个得分最高的结点作为摘要。

关键代码如下：

```
class ExtractableAutomaticSummary:
    # 定义一系列函数，略
    ...
    def calculate(self.num_sents):
        self.__get_word_embeddings()                       # 获取词向量
        self.__get_stopwords()                             # 获取停用词
        sentences = self.__get_sentences(self.article[0])  # 将文章分割为句子
        cutted_sentences = [jieba.lcut(s) for s in sentences]   # 对每个句子分词
        cutted_clean_sentences = [self.__remove_stopwords_from_sentence(sentence) for sentence in
        cutted_sentences]
                                                           # 去停用词
        self.__get_sentence_vectors(cutted_clean_sentences)   # 获取句向量
        self.__get_simlarity_matrix()                      # 获取相似度矩阵
        # 将相似度矩阵转为图结构
        nx_graph = networkx.from_numpy_array(self.similarity_matrix)
        scores = networkx.pagerank(nx_graph)               # 计算得分
        # 按重要程度进行排序
        self.ranked_sentences = sorted(
            ((scores[i], s) for i, s in enumerate(sentences)), reverse=True
        )
        # 取得分最高的 N 个句子输出作为摘要
        for i in range(num_sents):
            print(self.ranked_sentences[i][1])
```

10.4.3　使用预训练模型进行文本摘要

BertSum 算法进行抽取式
文本摘要

刘洋的 *Fine-tune BERT for Extractive Summarization* 中提出了 BertSum 算法，该算法基于 BERT 进行抽取式摘要。原版的 BERT 只有一个 [CLS]，只能生成单句或句子对的句向量，BertSum 将文档中每个句子前面加上 [CLS]，后面加上 [SEP]，然后输入 BERT，则 BERT 的输出中每个 [CLS] 对应的位置就是对应句子的句向量。此外，为 BERT 额外添加一个区间段嵌入，交替使用 E_A 和 E_B 用以区分不同的句子。

每个句子对应 BERT 输出的一个句向量表示，在图 10-13 中第二条句子的句向量表示即 T_2，然后通过摘要层，判断该句是否属于摘要。

摘要层可以直接使用线性层，用 Sigmoid 函数来获得预测分数公式为

$$\hat{Y}_i = \sigma(W_o T_i + b_o) \tag{10.20}$$

其中，$\hat{Y}_i$ 为第 i 句属于摘要的概率，T_i 为第 i 句的 BERT 编码表示，W_o 和 b_o 为可学习参数。

摘要层也可以使用句间 Transformer，将多个 Transformer 层只应用于句子表示，从 BERT 输出中抽取文档级特征公式如下：

$$\tilde{h}^l = LN(h^{l-1} + MHAtt(h^{l-1})) \tag{10.21}$$
$$h^l = LN(\tilde{h}^l + FFN(\tilde{h}^l))$$

其中，LN 为层归一化操作，$MHAtt$ 是多头注意力操作，FFN 是一个两层的前馈神经网络，上标 l 表示堆叠层的深度，当 $l=0$ 时，$h^0 = PosEmb(T)$，T 为 BERT 输出的句向量，$PosEmb$ 为向 T 添加位置嵌入（表示每个句子的位置）的函数。即先为 BERT 输出的句向量添加位置嵌入，然后经过多个 Transformer 层，每层先经过多头注意力和层归一化操作得到 $\tilde{h}^l$，再送入前馈神经网络进行残差连接并进行层归一化，h^l 便对应句子对应的 Transformer 的

顶层（第1层）的向量。最后一层是与式（10.19）中相同的 Sigmoid 分类器。在实验中，发现 l=2 时性能最好。

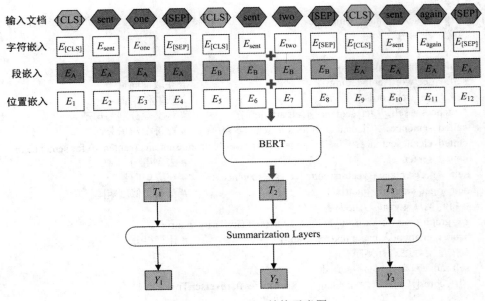

图 10-13　BertSum 结构示意图

摘要层也可以使用 RNN，在 BERT 的输出后添加 LSTM，公式如下：

$$\begin{pmatrix} F_i \\ I_i \\ O_i \\ G_i \end{pmatrix} = LN_h(W_h\,h_{i-1}) + LN_x(W_x T_i) \tag{10.22}$$

$$C_i = \sigma(F_i) \odot C_{i-1} + \sigma(I_i) \odot \tan h(G_{i-1})$$

$$h_i = \sigma(O_t) \odot \tan h(LN_c(C_t))$$

其中，F_i、I_i、O_i 分别代表 LSTM 的遗忘门、输入门、输出门，G_i 为隐向量，C_i 为记忆向量，h_i 为输出向量，LN_h、LN_x、LN_c 为差分层归一化操作；最后一层仍然是式（10.19）的 Sigmoid 分类器。

BERT 的定义如下：

```
class Bert(nn.Module):
    def __init__(self, temp_dir, load_pretrained_bert, bert_config):
        super(Bert, self).__init__()
        self.model = BertModel.from_pretrained('bert-base-uncased', cache_dir=temp_dir)

    def forward(self, x, segs, mask):
        encoded_layers, _ = self.model(x, segs, attention_mask =mask)
        # 取 BERT 的顶层向量
        top_vec = encoded_layers[-1]
            return top_vec
```

为简便起见，这里摘要层使用线性分类器，本书对应的 GitHub 仓库中还有其他的实现，读者可自行参考。

```
class Classifier(nn.Module):
    def __init__(self, hidden_size):
        super(Classifier, self).__init__()
```

```
      self.linear1 = nn.Linear(hidden_size, 1)
      self.sigmoid = nn.Sigmoid()
   def forward(self, x, mask_cls):
      h = self.linear1(x).squeeze(-1)
      sent_scores = self.sigmoid(h) * mask_cls.float()
         return sent_scores
```

加入摘要层，模型的输出 sent_scores 即经过 Sigmoid 后每个句子的得分，大于 0.5 则作为摘要的一部分，模型定义如下：

```
class Summarizer(nn.Module):
   def __init__(self, args, device, load_pretrained_bert = False, bert_config = None):
      super(Summarizer, self).__init__()
      …
      self.bert = Bert(args.temp_dir, load_pretrained_bert, bert_config)   # BERT 模型定义
      # 使用线性分类器作为摘要层
      self.summer = Classifier(self.bert.model.config.hidden_size)
   def forward(self, x, segs, clss, mask, mask_cls, sentence_range=None):
      # 取 BERT 的顶层向量
      top_vec = self.bert(x, segs, mask)
      # 取 [CLS] 对应的向量作为句向量
      sents_vec = top_vec[torch.arange(top_vec.size(0)).unsqueeze(1), clss]
      sents_vec = sents_vec * mask_cls[:, :, None].float()
      # 摘要层
      sent_scores = self.summer(sents_vec, mask_cls).squeeze(-1)
         return sent_scores, mask_cls
```

到这里介绍了抽取式文本摘要的两种方法，事实上简单的 Lead-3 方法（即选取文章前三句作为摘要）往往拥有很优秀的效果，这是由于我们使用的是新闻数据集，往往在文章开头就会介绍主要内容。而基于新闻文本的这个特点，也可以对模型进行改进，这提醒我们对不同的应用领域往往还有特别的解决方案。

而在现在的实际应用和 NLP 相关竞赛中，生成式方法起着越来越重要的作用并成为主流，受限于篇幅，这里不再对生成式方法详细举例。本书的 GitHub 仓库中同样上传了生成式摘要的代码示例，读者可自行查阅。

本章小结

本章对文本生成和文本摘要进行了简单介绍，文本摘要是文本生成的一个重要应用，按照输出类型可以分为抽取式摘要和生成式摘要。

（1）抽取式摘要的传统方法有最简单的 Lead-3、基于 TF-IDF 抽取关键词的方法、基于聚类的方法和基于图的算法如 TextRank；现在主流的是基于深度学习的方法，将原文中的每一个句子都对应一个二分类标签，用 0 或 1 代表该句子属于摘要内容或不属于摘要内容。基于预训练模型的方法效果较好，如本章介绍的 HIBERT、BertSum。

（2）生成摘要主要模型结构有 RNN 作为解码器的 Seq2Seq 模型，加入注意力机制的 RNN 模型，基于 Transformer 的预训练模型。本章以 UniLM 和 BART 为例对预训练微调模型做了简要介绍，生成式摘要具有很大的实际应用意义和广阔的应用前景，而当前基于 Transformer 的预训练模型在生成式摘要任务上拥有较好的表现，是当前的主流研究方向。

第 11 章　对话系统

对话系统是人机交互的典型应用，根据应用的不同，对话系统可以大致分为两类：

（1）面向任务的对话系统。

（2）非面向任务的对话系统（也称为聊天机器人或者闲聊对话系统）。

面向任务的对话系统是为了完成特定任务而设计的，例如网站客服、车载助手、预订会议和餐馆等，主要以任务的完成情况来衡量对话的质量。实现上主要有模块的方式和端到端的方式。非面向任务的对话系统是无任务驱动、为了纯聊天或者娱乐而开发的，它的目的是生成与对话历史内容相关且有意义的回复。

本章要点

- 任务型对话系统原理与方法
- 闲聊式对话系统原理与方法
- 基于 PyTorch 框架的对话系统实战

11.1　任务型对话系统

任务型对话系统主要应用于固定领域。任务型对话广泛应用的方法有两种，一种是模块法，另一种是端到端的方法。模块法是将对话响应视为模块，每个模块负责特定的任务，并将处理结果传送给下一个模块，如图 11-1 所示。模块法首先理解给出的信息，将其表示为内部状态，然后根据对话状态的策略采取相应的动作，最后将动作转化为自然语言的形式反馈给用户。当前大多数已开发的任务型对话系统主要使用人工特征或人工编制的规则来表示对话状态跟踪、意图检测和槽填充。这种方式的对话系统部署起来费时费力，而且限制了它在其他领域的使用。

端到端的任务型对话系统不再独立地设计各个子模块，而是直接学习对话上下文到系统回复的映射关系，设计方法更简单。相关研究可以划分为两大类：基于检索的方法和基于生成的方法。然而，由于端到端的方法存在着回复问题不确定和不准确等问题，在某些场景（例如客服）下使用会有比较大的风险。当前主流的面向任务型的系统还是以模块法为主。在本节中，我们将详细介绍模块法构建面向任务的对话系统。而在下一节闲聊对话系统中再采用检索和生成的方式进行讲解。

11.1.1　模块化方法

图 11-1 展示了基于端到端的面向任务的对话系统的典型结构。它由四个关键部分组成。

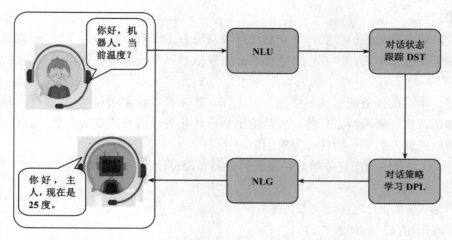

图 11-1 模块法在任务型对话系统的应用

（1）自然语言理解（Natural Language Understanding，NLU），主要涉及对问题的领域分类（有些工作不考虑领域分类）、提问意图分类和语义槽填充（语义槽是完成对话任务所需的关键信息）。例如在询问天气对话系统中，交互过程可能会涉及的"地点""时间"和"温度"等属性称为语义槽。

（2）对话状态跟踪（Dialogue State Tracking，DST）。对话状态跟踪模块负责记录和更新对话过程中所涉及的变量及其相应的属性值。它管理每个回合的输入以及对话历史记录，并输出当前对话状态。例如在询问天气领域，用户可以利用天气的"地点"的"时间"来确定天气情况。那么，对话状态跟踪模块需要记录这两个属性所对应的值。

（3）对话策略学习（Dialogue Policy Learning，DPL）。根据之前的对话状态和用户输入更新的属性值，系统会依据当前的对话状态同后台数据库交互，并选取某一对话策略作为系统行为。

（4）自然语言生成（Natural Language Generation，NLG）。当对话管理模块选择系统行为后，语言生成模块会根据相应的系统行为来生成对话内容。语言生成模块一般基于规则实现。开发者会预先构造回复模板，然后依据系统行为选择相应的回复模板，最后把回复模板中的通配符替换为相应的实体信息。例如，对话策略学习模块的输出"temperature(temperature=25 度)"表示告诉用户的当前气温。那么，语言生成模块会选择回复模板"今天的气温为 temperature"。其中，通配符 temperature 可以被替换为当前温度。进行实体替换操作后的回复模板将作为语言生成模块的输出。基于规则的语言生成方法因为实现简单，所以在商用系统中得到了广泛的应用。

在下面的小节中，我们将给出关于每个模块的更多细节，以及这些模块的相关算法。

11.1.2 自然语言理解（NLU）

在面向任务的对话系统中，用户给定一个话语 x_n 作为 NLU 的输入，NLU 模块解析 x_n 后得到用户动作 u_n 作为输出。（NLU）模块的主要任务是将用户输入的自然语言映射为用户的意图和槽位。也就是意图参数识别和槽位值填充。该模块的主要作用会以三元组的形式输出用户意图、槽位和槽位对应的槽值给对话状态跟踪模块。

意图识别，就是将用户输入的自然语言会话进行类别划分，类别对应的就是用户的意图分类，例如"现在几点了"，其意图为"询问时间"。其实意图识别就是典型的分类问题，并且一般为多分类问题。也就是我们常用的文本分类任务。如今，深度学习技术被广泛应用于意图识别。

槽位，即意图对应的参数，一个意图可以对应若干个参数，例如在线图书馆查找一本图书时，需要给出书名、作者、出版社等必要参数，以上参数即"查询图书"这一意图对应的槽位。

要使一个面向任务的对话系统能正常工作，首先要设计意图和槽位。意图和槽位能够让系统知道该执行哪项特定任务，并且给出执行该任务时需要的参数类型。我们以一个具体的"询问天气"的单一的任务需求为例。

【例 11-1】介绍面向任务的对话系统的意图和槽位设计。

【案例分析】

用户输入："今天北京天气怎么样"。

用户意图定义：询问天气。

槽位定义：槽位一为时间；槽位二为地点。

我们针对"询问天气"任务定义了两个必要槽位，即"时间"和"地点"，如图 11-2 所示。

例 11-1 面向任务的对话系统意图和槽位设计

图 11-2　单一任务意图与槽位定义

针对于询问内容的多样性，往往要为多任务询问划分领域，例如询问"北京现在气温多少度"，询问"天气"和"温度"都属于天气领域意图。这个时候，领域就是一个个意图的集合。利用任务和领域相关的特定知识和特征，往往能够显著提升 NLU 模块的效果。

【例 11-2】意图识别。

【案例分析】

用户输入：1. "今天北京天气怎么样"。
　　　　　2. "北京今天气温多少度"。

领域定义：天气

用户意图定义：1. 询问天气。
　　　　　　　2. 询问温度。

槽位定义：槽位一为"地点"；槽位二为"时间"。

改进后的"询问天气"的意图和槽位如图 11-3 所示。

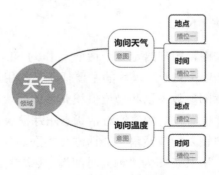

图 11-3　多任务意图与槽位定义

意图识别的目标是提取用户输入语句的意图，意图识别通常有三种方法。

（1）通过语法规则判断用户的语句是疑问句还是陈述句等，结合词性定位用户意图。

（2）通过序列标注。将每一句话对应的槽值进行标注。这样就变成了序列问题，一般通过隐马尔可夫模型（HMM）和条件随机场模型（CRF）生成对应的槽值。该种方法一般表述内容可控，回答问题比较准确，也是任务型对话系统主要采取的方式。

（3）通过采用分类的思想。先将问句通过 N-gram 等模型提取特征，有多少意图和槽值就训练多少个分类器，将不同的输入内容输入到不同的分类器进行分类。分类器通过判定该句话的相似性，来最终输出槽值对应的概率。

单一任务可以建模为分类问题，例如询问天气可以建模为是询问天气问题，或不是询问天气的二分类问题。如果是多任务问题，系统需要判别各个询问意图，二分类问题就变成了多分类问题。

那么系统是怎么会像人一样思考并且和用户互动的？其实系统会有针对性的"思考"是全靠槽位填充来实现的，在定义好意图和槽位以后，当系统识别出"询问天气"的意图之后，它列出了该意图所对应的语义槽来做"填空"。

【例 11-3】语义槽格式分析。

【案例分析】

"北京现在天气 ":{
    " 地点 ":_____,
    " 时间 ":_____,
    " 温度 ":_____,
      }

需要填的槽包含了地点、时间、温度等信息，系统通过命名实体识别和槽位预测来填空。首先对用户的输入 " 北京现在天气 " 识别出询问地点是北京，时间是现在时间，系统根据当前时间回复进行填槽。对于用户输入"今天北京天气怎么样"，在监督机器学习中，我们已经定义好了意图和相应槽位的标签，模型经过训练后，应该能抽取到"今天"和"北京"填充到"时间"和"地点"的槽位。这个时候意图识别就变成了分类问题，即询问的是天气还是时间等多分类问题，槽位就变成了序列标注问题。

这个时候槽位就变成了输入是由一系列单词 ID 组成的句子，输出是一系列槽位 ID，例如有如下对话，通过多轮对话完成航班的时间、出发地、到达地的几个槽位填充。

【例 11-4】槽位填充。

【案例分析】

用户：$X1$="请给我来一张飞机票。"

系统：$Y1$="请问需要什么时间的？"

用户：$X2$="后天的。"

系统：$Y2$="请问从哪里起飞？"

用户：$X3$="秦皇岛。"

系统：$Y3$="请问飞到哪里？"

用户：$X4$="上海。"

系统：$Y4$="后天上午 9 点，秦皇岛到上海可以吗？"

用户：$X5$="可以。"

系统：$Y5$="为您成功预订后天上午 9 点秦皇岛到上海的航班。"

预先定义好的语义框架"为您成功预订<u>时间（槽位 1）</u>，<u>出发地（槽位 2）</u>，<u>到目的地（槽位 3）</u>的航班"，我们可以归纳出用户槽位填充就变成了抽取语义框架中预先定义好的槽位 ID，词槽的填充就变成了一个序列标注任务，例如针对订机票意图的城市实体的标注，我们一般用 BIO 标记法，B（Begin）代表词槽值的开始，I（Inside）代表词槽的中间或结尾，O（Outside）为无关信息。例如：我 /O 是 /O 河 /B 北 /I 人 /I。

经过多轮对话，槽位填充完毕之后，基本就完成了 NLU 模块的任务。NLU 模块会以三元组的形式输出用户意图、槽位和槽位对应的槽值给对话状态跟踪模块。如上面订机票的例子中将用户订机票意图，同时对应了出发时间、出发地点和到达地点，对应的槽值是"后天上午""秦皇岛"和"上海"，将以上信息以三元组形式传递给对话状态跟踪模块。

11.1.3 对话状态跟踪（DST）

由于填槽工作可能是通过多轮对话来完成的，状态跟踪模块包括持续对话的各种信息，它根据旧状态（即对话历史）、用户状态（即目前槽值填充情况）与系统状态（即通过与数据库的查询情况）来更新当前的对话状态。简而言之，对话状态跟踪主要是跟踪了槽位的填充情况和历史对话状态。DST 模块以当前的用户动作 n、前 n-1 轮的对话状态和相应的系统动作作为输入，输出是 DST 模块判定得到的当前对话状态 S_n。对话状态跟踪的常用方法主要有三种：基于规则的方法、生成式模型、判别式模型。当前使用最多的方法是判别式模型，其效果表现也最好。

判别式模型的模型公式如下：

$$b'(s')=P(s'|f') \tag{11.1}$$

其中 $b'(s')$ 表示当前状态的概率分布，f' 表示对 NLU 输入的特征表示，在此过程中，机器学习会利用 SVM、最大熵等模型。最近对话状态跟踪引入了深度学习模型，Henderson 等通过使用一个滑动窗口来输出任意数目可能值的概率序列分布。Thomson 等开发出了多领域 RNN 对话状态跟踪模型，它首先利用所有可用的数据训练出一个非常通用的状态跟踪模型，然后针对每个领域对通用模型进行专门化，以学习特定于领域的状态。

对话状态跟踪是保证对话系统鲁棒性的核心组成部分。它跟踪用户在每一轮对话的状态。对话的状态通常由以下 3 部分构成。

（1）当前槽位填充情况。

（2）本轮对话过程中的用户动作。

（3）对话历史。

在对话系统中，对话状态由多个槽值对组成，例如"request={ 名称：天下第一关，…}"，表示对话系统已经确定要获取槽值为"天下第一关"的信息，并向系统发送请求。对话状态跟踪表见表 11-1。

表 11-1 对话状态跟踪表

对话轮数	角色	输入内容	对话状态			
			槽值内容	票价	游玩时间	等级评分
1	用户	您好，请推荐一家 4.6 分以上的景点。	无	无	无	4.6 分以上
	对话系统	推荐去鸽子窝公园、老龙头景区、天下第一关景区。				

续表

对话轮数	角色	输入内容	对话状态			
			槽值内容	票价	游玩时间	等级评分
2	用户	我想去天下第一关景区，可以游玩多久啊，位置在哪？	天下第一关	无	无	4.6 分以上
	对话系统	地址在秦皇岛市山海关区东大街 1 号，预计游览时间 2 小时到 3 小时。	天下第一关	无	2 ～ 3 小时	4.6 分以上
3	用户	好的，谢谢，再见！				
	对话系统	不客气！祝您游玩愉快,再见！	天下第一关	无	2 ～ 3 小时	4.6 分以上

如表 11-1 所列，系统通过与用户展开多轮对话，逐步明确用户需求，用户表达需求的过程，就是不断填槽的过程。状态跟踪做的就是根据当前用户提供的信息与上一轮系统反馈识别出的槽值对，及时更新对话状态，获得准确的用户需求。通过人工预定义槽位名称和槽位值，就能够将对话状态跟踪任务看作基于多轮对话的分类任务了。

Henderson 等提出将对话状态跟踪看作多分类问题，输入是从最近 T 轮次的对话中提取出来的人工特征，输出是每个 Slot-Value 对的概率值。模型结构如图 11-4 所示，图中包含 M 个特征函数，用来抽取最近 T 轮次对话的 M 个特征，将最后的特征拼接为一个 $M \times T$ 维度的特征向量，通过深度神经网络（Deep Neural Network，DNN）预测槽位值。图中特征函数的输入参数包括当前轮次对话 t 和槽位信息 v，因此最终构建的特征向量是包含槽位名称信息的。

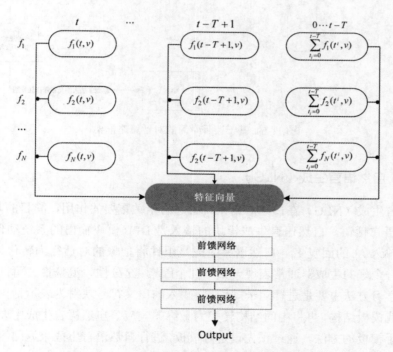

图 11-4　基于 DNN 的对话状态跟踪模型

11.1.4　对话策略学习（DPL）

对话策略学习（DPL）用来决策模型在当前状态下采取何种回复策略。它与所应用任务的场景息息相关，通常作为对话管理模块的输出。对话策略学习是以对话状态跟踪模块输出的最新的对话状态 S_t 作为输入，通常基于深度学习模型，从候选动作空间 $\{r^1, r^2, \cdots, r^n, \mathrm{inf}\}$ 中选出对于当前对话状态而言最优的系统动作 A_t 作为输出。

最直接的对话策略是人工制定对话流程，结合专家知识库形成对话流的树状结构，这种方式能够严格控制每一轮交互并保证系统回复的质量，但需要投入大量人工设计来构建对话流程，并且当知识发生变化或动态增加时，对话流程也需要进行相应修改，缺乏灵活性。基于统计学的方法是由模型做出决策，能减少人工成本且更具有可扩展性。可以将对话策略看作分类任务，根据统计的"状态—动作"数据集训练模型，训练好的模型将新一轮的对话状态分类到某一动作上。但在实际情况中，训练数据集并不可能覆盖所有可能的情况，并且系统仅根据历史数据集中的信息不能完全适应新的交互。基于监督学习的对话策略框架如图 11-5 所示。当用户输入语句后，由 NLU、DST 模块处理后形成 3 个结果向量，其中意图、槽位、槽值三个向量会拼接成一个高维度的特征向量，输入 LSTM 模型，LSTM 经过 Softmax 激活函数输出系统当前时刻应该执行各系统动作的概率分布，再经过概率最大化取到概率最大元素所在的索引等一系列动作处理和特定生成模板，生成系统的回复返回给用户。

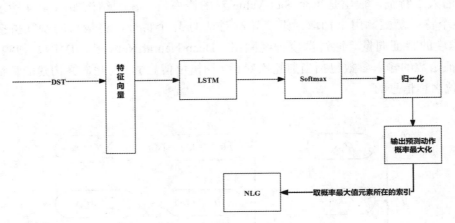

图 11-5　基于监督学习的对话策略框架

11.1.5　自然语言生成（NLG）

自然语言生成（NLG）在口语对话系统中起着至关重要的作用，其目的是将语义表示转化为自然语言话语。自然语言生成模块的输入是 DPL 模块输出的系统动作 a_n。输出是系统对用户输入 X_n 的回复 Y_n。自然语言生成是组件将抽象的对话行为转化为自然语言表面的话语。一个好的生成器通常表现于如下几个因素：充分性、流畅性、可读性和多样性。传统的语言学习方法主要是进行句子规划。将输入的语义符号映射为表示话语的中间组件，如树状结构或模板结构，再将中间结构转换为最终的响应。自然语言生成主要有三种方法。

（1）基于模板的方法。通过预先设定好模板，进行自然语言生成来返回给用户。例如，已经为您预订 {time} 的从 {origin} 到 {destination} 的机票。

（2）基于语法规则的方法。和自然语言理解中提到的方法类似，判断用户的语句是疑问句还是陈述句等，结合词性进行自然语言内容的生成。

（3）基于生成的方法。通过 Seq2Seq 等模型，计算上下文向量；最终 Decoder 部分结合 Encoder 的输入状态、上下文向量以及 Decoder 的历史输入，预测当前输出对应于词典的概率分布。

近年来，与传统的使用统计机器学习方法的模型相比，基于深度神经网络（DNN）的对话生成模型取得了更好的效果。与传统方法相比，基于深度神经网络的方法由于能够有效地利用海量数据来捕获高级特征表示而获得了更优越的性能。自动学习策略响应生成只需要最低限度的监督。各种深度学习体系结构，如 Seq2Seq、RNNSearch、Transformer、生成对抗网、强化学习和预先训练的语言模型，已被用于不同数据集，并实现了优秀的响应生成效果。

由于 NLG 模块基本都是针对 DPL 模块传过来的概率索引来设定与之相对应的问题，可以通过 Seq2Seq 模型来生成精准且泛化性强的回复。如果对话管理模块传播过来 Request（singer，songs：“雨天”），对话生成模块会根据问题的类型和具体的属性内容（singer，songs：“雨天”）去生成对应意图的答复，传播过来的意图表明需要了解用户喜欢哪个歌手，因此生成模块需要询问用户喜欢哪个歌手唱的歌曲。针对这个对话行为，我们可能设定了好几种模板，如“你想听哪位歌手唱的雨天？”“你喜欢哪位歌手唱的雨天？”“你想听谁唱的雨天？”“唱雨天的歌手中，谁是你现在最想听的？”等，生成问题的时候就会随机选择其中一个模板来进行回复。基于模板的问题生成方法主要包括两个部分：问题模板收集和选择生成。具体模板生成过程如图 11-6 所示。

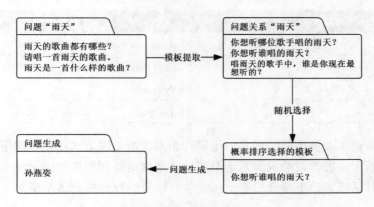

图 11-6　基于模板的问题生成

在对话系统中，需要从训练语料中提取大量的问题模板，并构成一个对应的模板池。从问题集里通过关系向量与答案模板池形成多对多对应。

11.2　闲聊对话系统

闲聊对话系统也被称为开放领域对话系统，或者聊天机器人，是无任务驱动、为了纯聊天或者娱乐而开发的，它的目的是生成有意义且相关的内容回复。在开放领域对话系统方面，微软针对不用语种开发了聊天机器人 xiaoice、rinna、Zo、Ruuh 等，使用用户达到数千万。在开放领域的对话系统研究中，检索式和生成式对话系统都有许多很有意义的研究成果。如在检索式对话系统中，有通过对用户的输入信息先进行查询和排序，再给出最佳答案的方法。检索或对话系统的核心是如何构建较好的查询 - 回复匹配模型。现有方法中可以通过将深度学习引入匹配模型之中增强模型的计算能力；为了增加匹配率，有学者又提出了将卷积神经网络融入检索式对话系统中，通过卷积、池化、计算相似度的方法提升句子的匹配度；为了进一步提升句子匹配度，又有学者提出了双向的长短期记忆网络，这样可以考虑到每一个词的前后词语，再通过改进对相似度的计算以及维度压缩的方法使得性能进一步得到了提升。

当前生成式闲聊对话系统有着重要的研究价值和广阔的应用前景，然而基于深度学习的生成式闲聊对话系统依然存在着一致性、逻辑性偏差较大的问题，聊天中存在所答非所问、生成回复非正常语义内容等现象，稳定性还与检索式有较大的差距，在情感交互、策略应对方面还存在显著不足。目前生成式闲聊对话系统的研究属性大于应用属性，很多问题尚在探索阶段，故不宜在本书中介绍，望有兴趣的读者在专业文献中汲取更多养分，形成自己的建树，早日使此类闲聊对话系统在应用层面更加完善。

闲聊对话系统以场景设置为标准，对话系统可以分为单轮对话系统和多轮对话系统。单轮对话系统将对话问题简化，只考虑找到给定查询的回复。多轮对话系统需要综合考虑对话上下文（包括历史对话信息和查询），建立对话的长期依赖关系，最后给出更加符合对话逻辑的回复。假设 q 表示作为查询的话语，r 表示回复话语，c 代表历史对话信息，

（1）单轮对话：以 q 为前提，得到语句 r 作为回复。

（2）多轮对话：在 c 的背景下，以 q 为前提，得到语句 r 作为回复。

给出中英文对话示例见表 11-2。

表 11-2　中英文对话示例

中文	英语
你今天好吗？	How are you today?
不错啊。你呢？	Not bad.How about you?
我很好。	Pretty good.
那太好了。	That is great.

目前无论是在工业界还是学术界，闲聊对话系统的处理方式还是以深度学习技术为主要研究基础，基于深度学习的闲聊对话系统以大规模对话语料库作为训练语料，利用深度学习算法学习对话模式。下面介绍基于深度学习模型的检索式对话系统。

11.2.1　检索式对话系统

检索式对话系统通过匹配技术从预定义数据库中检索与用户查询匹配的话语并排序，选取出排名最高的回复，该方法具有回复质量高的特点，但是其依赖于人工撰写的大量预定义对话数据。

最早的自动聊天系统也主要是基于检索的方式获取的，并且通常只支持单轮模式。单轮对话是指只包含一组提问与回复的对话。一般不涉及上下文、指代、省略或隐藏信息。单轮系统通常既不能进行连续对话，所涉及问题又不能有一点出入。接下来，我们就开始构建第一个简单的对话系统。

```
import random
# 提问数据存储
greetings = [' 你好 ', 'hello', 'hi', ' 早上好 ', 'hey!','hey']
# 随机函数选择提问
random_greeting = random.choice(greetings)
# 对于"你好吗？ "这个问题的回复
question = ['How are you?',' 你好吗 ?']
#"我很好"
responses = ['Okay',"I'm fine"]
```

```
# 随机选一个回复
random_response = random.choice(responses)
# 死循环让程序不断接受提问，当输入"再见"程序退出
while True:
    userInput = input(">>> ")
    if userInput in greetings:
        print(random_greeting)
    elif userInput in question:
        print(random_response)
    # 当你说"拜拜"程序结束
    elif userInput == ' 再见 ':
        break
    else:
        print(" 我不知道你在说什么 ")
```

输出如下结果：

```
>>> 你好
早上好
>>> 你好吗？
我不知道你在说什么？
>>> 你好吗？
I'm fine
```

检索式聊天机器人的架构过程通常经过问题解析、规则系统、粗排、精排等几个过程，最后选择语料库中得分最高的回复。其技术流程图如图 11-7 所示。

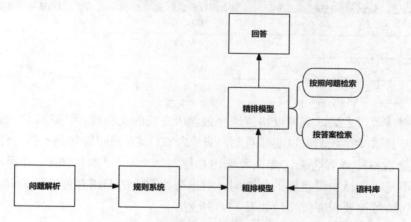

图 11-7　检索或对话系统技术流程图

问题解析阶段属于意图识别范畴，当系统接收到问题时，先确定问题是否是可以回答的种类或者常见问题，如果不在系统归类的大类问题中，通常以"难住我了""我还没有学习到"等回复直接结束回答。规则系统就像我们前面举例一样，通常通过 If-else 语句加正则表达式的形式，针对例如问"机器人你多大啦""你叫什么名字"等常见特定型问题进行快速回答，从而提升用户体验，节省系统开销。如果不是规则系统中的问题，则进入粗排模型，在百万级语料库中进行快速检索，粗排定位一些相近问题，然后进入精排模型，将粗排模型大致确定的问题进行精排。精排有两种方式，分别是根据查找按语料的问题句排序和按照语料的答案进行检索。

11.2.2　粗排模型

下面介绍用 TF-IDF 模型实现的候选回复词排序的粗排模型。首先需要了解倒排索引。

粗排模型

倒排索引（inverted index）也常被称为反向索引。倒排索引是用列表记载了出现过某个单词的所有文档的文档列表及单词在该文档中出现的位置信息，每条记录称为一个倒排项（posting）。例如需要在文档 C1 ～ Cn 中查询问句"燕山大学在哪里？"的相关文档，见表 11-3。

表 11-3　查询问句示例

需要查询的对话问句	语料库问题句编号	语料库问题句包含内容
查询问句：燕山大学在哪里？	C1	燕山大学源于哈尔滨工业大学
	C2	你现在在哪里
	C3	天津是北京的近邻
	C4	燕山大学坐落在河北秦皇岛
	C5	北京是中国的首都
	C6	小明正在打电话
	Cn	……

如果我们按文档查找，当文档内容过多时，速度和效率就会明显下降。如果根据倒排列表，即可获知哪些文档包含某个单词。如表 11-4 列出的包含所在词的文档。

表 11-4　包含所在词的文档

需要查询语料库问题句每个词	语料库问题句编号
燕山大学	C1、C4
在	C2、C4、C6
哪里	C2
……	……

当有了倒排索引之后，就可以快速地将包含所在词的文档找到，这样就大大提高了搜索速度，从表 11-3 中，我们可以明显看到，编号为 C3、C6 的回答句并不包含任何一个词，所以就会被靠后排序或者舍去。那么我们也知道，如"在""的""the"等词，虽然出现次数多，但不是一句话中最重要的关键词。而出现次数少的词越有可能是关键词，所以粗排后的回答句编号重要程度排序应如表 11-5 所列。

表 11-5　粗排模型结果

需要查询语料库问题句的每个词	语料库问题句编号
哪里	C2
燕山大学	C1、C4
在	C1
……	……

如前文所述，基本就完成了文档的粗排过程。书中 5.2.2 小节也详细介绍了 TF-IDF 模型的具体算法，这里就不再赘述。

11.2.3　精排模型

精排模型

在粗排模型中是按照词的方式进行比较，而精排模型则是要比较两句问答句的相似度。我们不难发现，查询词的语序问题并没有被考虑进去，"我请你吃饭"和"你请我吃饭"在粗排模型中都是一个结果，并且倒排索引也严重依赖分词，例如上面例子中"燕山""大学"和"燕山大学"就是两种不同的分词，结果也是完全不同的。所以以上的问题要在精排模型中进行解决。针对分词问题，最近两年主要的解决方式是以字为输入单位，其效果优于以词为输入单位的方式。而词序的问题可以通过深度学习网络解决。

图 11-7 的检索式对话系统技术流程图中，精排模型分为按照问题检索和按照答案检索，一些客服语料或评论语料中的问题通常都是口语化、随意化的，而答案都是书面化、标准化的，所以进行问题检索和进行答案检索是有着本质差异的。又因为通常问题是口语化、随意化的，语料库问题也是口语化、随意化的，所以对两者计算相似度并进行问题检索的方法既容易效果又好，因此我们推荐按照问题进行检索。以 Sentence2Vector 模型为例介绍按照问题检索，Sentence2Vector 模型与 CBOW 用多个词预测一个词结构基本类似，只是 Sentence2Vector 把词换成了句子，是一个对句子进行向量化，同时可以进行相似度计算的模型。其模型结构如图 11-8 所示，分别由 Sentence、LSTM、Self-Attention、Dense 几个模块组成。

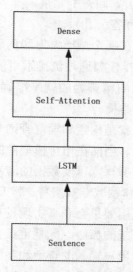

图 11-8　Sentence2Vector 模型结构图

从图 11-8 的结构框架中我们可以看出，Sentence2Vector 模型以句子为单位，并将其输入到 LSTM 模块中，LSTM 模块工作的主要目的是把句子处理成时序信息，为句子中的每个字都建立关联。将每个字上一时刻的输出作为这一时刻的输入。这样"你请我吃饭"和"我请你吃饭"由于字的时序不一样，就能够被很好地区分。这样就完美地解决了粗排模型中遗留的语序问题和必须分词的问题。

将经过 LSTM 时序后的序列输入 Self-Attention 模块，Self-Attention 与人类的注意力分配过程类似，就是在信息处理过程中，对不同的词分配不同的注意力权重。这样通过该模块就确定了哪些词是句子中的关键词。例如问题为"我今天去商场买衣服，顺便买了双鞋子"，经过 Self-Attention 相似度计算，"商场""衣服""鞋子"的相似度会很高，将其确定为该句的关键词。Self-Attention 模型在前文中有详细讲解，有兴趣的读者可以参阅谷歌在 2017 年发表的论文 "Attention Is All You Need"。

最后经过 Dense 模块，将 Self-Attention 层的输出转换成向量，分别将问题句和语料库中的问题句做向量内积，从而得到两句话的相似程度。Dense 模块计算句子相似度如图

11-9 所示，在训练语料库中，通常的做法是将答案相同的问题界定为语义相似度为 1，就是完全相似。

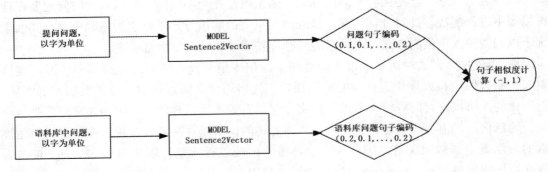

图 11-9　Dense 模块计算句子相似度

【例 11-5】Dense 模块介绍。

【案例分析】

问题 1：中国的首都是哪个城市？回答：北京。

问题 2：中国的首都在哪里？回答：北京。

我们认为问题 1 "中国的首都在哪个城市？" 和问题 2 "中国的首都在哪里？" 的语义完全相似，语义相似度为 1。粗排模型通过倒排索引能快速大致确定问题回答范围，找到 TOP200 的可能的答案，语义上的精排为的就是准确地从 TOP200 中找到 10 个比较准确的答案进行排序，最终确定回答结果。

检索式对话系统最核心的部分就是构建和学习查询与回复的匹配模型，也就是路线图当中所涉及的粗排模型和精排模型。当然在粗排模型前的规则系统和粗排模型依赖的语料库中，需要进行正则表达式模板的书写，以及数据的清洗等相关工作。数据获取可以通过爬取评论回复、电影对白、相关具体领域专家撰写、聊天记录以及开源数据集等方式获得，不过开源数据集往往过于干净，使用效果会和真实场景有一定的出入。具体来说，粗排模型和精排模型属于整个检索聊天系统的核心，既是重点也是难点。在深度学习中，在基于词向量的分布式表示工作模式下，用户输入的查询和系统给出的候选回复都会编码成向量的形式，然后计算两个向量直接的语义关系来计算它们之间的匹配程度。

11.2.4　检索式对话系统实现

基于问答库的检索式问答系统在处理用户查询时主要包括文本预处理和问答检索两个部分，预处理作为问答模型检索的前置工作对系统性能的影响很大。

（1）文本预处理。通过对文本进行规范的预处理操作能够得到包含较少噪声的词序列，该词序列将为问答系统的后续工作提供与原始文本相比更简单易用的数据支持。预处理包括三个部分：文本分词、停用词处理和主题实体扩展。

1）文本分词。如果通过句子匹配进行检索，只有当答案空间中存在和查询一模一样的句子时，才能得到正确的检索结果，一字之差的相关答案均无法被检索到，这样的检索结果无法令人满意。当然也可以考虑使用字进行检索，但是字表达的含义比较宽泛，通过字提取的句子关键信息会出现大量的冗余和歧义现象。因此在检索前，应对文本进行分词，相比于整句的低匹配率以及字的高冗余率和高歧义率，通过词获取句子关键信息进行问答检索是更佳选择。句子分词的方法有很多种，如基于词典匹配的分词方法、基于统计的分词方法和基于理解的分词方法，由于篇幅原因，这里不再赘述。

2）停用词处理。构成句子的词中包含一些没有实际含义的词，例如数字、英文字符、标点符号、连词、数词、拟声词、语气词以及一些使用频率较高的单个词等。这些词被称为停用词，在词典中被解释为"计算机检索中的虚字，非检索用字"。例如，句子"由此可见，停用词是无用的词呀"中"由此可见""是""的""呀"属于停用词。这些停用词在文章中大量存在但没有实质性的意义，为了提高检索效率和检索性能，应在检索时自动忽略这些词。停用词类似于过滤词，但过滤词的范围较大，包含不健康、不文明以及政治等敏感内容的词都会被视为过滤词，而停用词没有此项约束。由于汉语词具有一词多义、一词多性的特性，因此通过算法来判断某个词是否是停用词存在较大难度，较为常见的做法是使用停用词库对停用词进行过滤。当然对需要特殊处理的词，也可以手动编辑停用词库。

3）主题实体扩展。一个实体经常有许多别名，例如句子"红军是什么时候成立的？"和"工农革命军建立于何时？"，其中的主题实体分别为"红军"和"工农革命军"，这两个主题实体是同一实体的不同表达形式。如果仅用分词后识别出的主题实体进行问答检索，生成的答案候选集合中会缺失部分相关答案，很可能造成查询失败。为了避免无法识别实体别名而造成问答检索失败的情况，在句子分词后通常会对主题实体进行扩展。主题实体的扩展虽然可以增加与用户查询相关的答案候选项的数量，但是过度扩展会导致问答检索的准确率下降，所以对文本中的主题实体进行扩展时应慎重。

HowNet 词典包含众多词语和这些词语丰富的语义信息，可通过该词典实现句子的主题实体扩展。但是由于汉语词具有一词多义的特点，需要先进行词义消歧才能确定主题实体在 HowNet 中的正确义原，接着才能进行主题实体扩展。另一种较为简单的方式是使用同义词林进行扩展。《哈工大信息检索研究室同义词词林扩展版》收集记录了约 7 万条词语并根据语义将这些词进行划分。该词林参照了多个电子词典，只保留在人民日报的语料库中出现次数不低于 3 的部分词语，移除了 14706 个较生僻用词，最终词库包含了 77343条词语。同义词林中的词被分成了三个级别，第一级别包括 12 个类，第二级别包括 97 个类，而第三级别包括 1400 个类。每个第三级别的类中都包含众多词语，这些词基于词义被分为若干词群。每个词群都包括若干行词语，相同行的词都具有较强的语义关联。同义词林将所有收录的词语按照树状的层次结构组织在一起并提供了五层编码：第一层用大写的英文字母表示，第二层用小写的英文字母表示，第三层用两位十进制的整数表示，第四层用大写的英文字母表示，第五层用两位十进制的整数表示。

【例 11-6】同义词林编码。

【案例分析】"Aj04A01= 同学 同窗 同班 学友 校友 同桌 同校 同室"，"Aj04A01=" 是编码，"同学 同窗 同班 学友 校友 同桌 同校 同室"是该类的词群。词群的编码包括 8 个字符，第八位字符有 "=""#""@" 三种取值，"=" 代表词语同义，"#" 代表较相关，"@" 代表该行的词群只有一个词。对主题实体"美女"进行扩展能够得到扩展集合 { 美人 姝 娥 花 媛 佳人 丽人 仙人……}，该集合包括同义词 32 个。这样的扩展结果存在两个问题：一方面对某些主题实体进行扩展后得到的同义词群包含大量的词语，而这些词语部分是不常用词，且部分词与主题实体的相关性较弱，如果将这些词都用于检索将会降低系统检索的效率；另一方面扩展后的词重要性较低，因此需要一种客观的方法来赋予这些扩展词权重进行原词和扩展词的区分。较为常用的做法是采用 HowNet 计算主题实体和扩展词相似度的方式来解决以上问题。

（2）文本向量化和计算文本相似度。文本向量化和计算文本相似度是问答检索部分的核心技术。由于问答系统研究的文本对象属于短句，因此句子中的词在去除标点符号和停用词之后都将被视为关键词，文中也称其为特征词。我们需要通过模型将特征词进行向量化。

计算文本相似度。文本相似度计算方法能够从特定角度来衡量查询与答案候选项的相关性，问答系统根据该相关性对答案候选项进行排序并为用户返回相关度最高的回复，因此文本相似度计算方法是问答系统的核心工作，它对问答系统的准确率具有明显影响。

此处以基于 TF-IDF 的相似度计算方法为例介绍文本相似度的计算方法。基于 TF-IDF 的文本相似度计算方法采用向量空间模型（VSM）来将文本表示为向量，并为向量中的特征词赋予不同的权值，最终通过余弦方法来计算向量距离。向量中特征词的权值通过 TF-IDF 加权技术来确定，该技术中特征词的权值取决于两个因素：特征词 j 在文档 i 中出现的频率 tf_{ij} 以及整个文档集合中包含特征词 j 的数量 df_j。特征词 j 在 i 中的权重 w_{ij} 公式计算如下：

$$w_{ij} = tf_{ij} \log \frac{N}{df_j} \tag{11.2}$$

其中，N 是整个文档集合的规模，这种方法能够使在文档 i 中出现频率高且在整个文档集合中出现频率低的词语具有较高的权值。

文本 Q 基于 VSM 和 TF-IDF 可被表示为向量 $Q=(w_{q1},w_{q2},w_{q3},\cdots,w_{qn})$，而通过主题实体检索得到的文本 C 同理可被表示为 $C=(w_{c1},w_{c2},w_{c3},\cdots,w_{cn}) \odot (\lambda_1,\lambda_2,\lambda_3,\cdots,\lambda_n)$，为主题实体扩展词的权值，如果该词不是扩展词则值为 1。例如：对文本"网络是什么时候出现的？"中的主题实体"网络"进行扩展后得到扩展词"互联网"，通过该扩展词可检索得到答案候选项"互联网发展于何时？"。假设"网络"和"互联网"的词语相似度为 0.9，进行停用词过滤后词空间为（网络：互联网 0.9，什么时候，出现，发展，何时），则 $Q=(w_{q1},w_{q2},w_{q3},0,0)$，$C=(w_{c1},0,0,w_{c4},w_{c5}) \odot (0.9,1,1,1,1,1)$。文本 Q 和 C 基于 TF-IDF 的相似度 $Sim\_TFIDF(Q,C)$ 公式如下：

$$Sim\_TFIDF(Q,C) = \frac{w_q \cdot w_c}{\|w_q\|_2 \|w_c\|_2} \tag{11.3}$$

其中，w_q 和 w_c 分别为 Q 和 C 基于 VSM 和 TF-IDF 的向量。

（3）代码示例。以下将分段实现分词、向量化、计算文本相似度等相关示例，具体完整数据和代码可到 GitHub 上查看。

```
# 引进方法进行分词和去除停用词代码示例
import jieba
import pandas as pd
import csv
import time
start_time=time.time()
# 创建停用词列表
def stopwordslist():
    stopwords = [line.strip() for line in open('/root/Data/HGD_StopWords.txt',encoding='UTF-8').readlines()]
    return stopwords
# 对句子进行中文分词
def seg_depart(sentence):
    # 对文档中的每一行进行中文分词
    #print(" 正在分词 ")
    sentence_depart = jieba.cut(sentence.strip())
    # 创建一个停用词列表
```

```
        stopwords = stopwordslist()
        # 输出结果为 outstr
        outstr = ''
        # 去停用词
        for word in sentence_depart:
            if word not in stopwords:
                if word != '\t':
                    outstr += word
                    outstr += " "
        return outstr


# 给出文档路径
filename = "/root/Car_Doctorwei/Data/test_test.txt"
outfilename = "/root/Car_Doctorwei/Data/stop_seg_word.txt"
inputs = open(filename, 'r', encoding='UTF-8')
output=open(outfilename, 'w', encoding='UTF-8')
# 将输出结果写入 out 中
count=0
for line in inputs:
    line_seg = seg_depart(line)
    #writer.writerows(line_seg + '\n')
    output.writelines(line_seg + '\n')
```

文本向量化和文本相似度计算示例代码。

```
# 基于 TF-IDF 进行文本向量化和用 Word2Vec 计算文本相似度实现代码示例
from sklearn.feature_extraction.text import TfidfVectorizer, CountVectorizer
# 导入 TfidfVectorizer，CountVectorizer 库函数
TF_Vec=TfidfVectorizer()
# 拟合数据，将数据转为标准形式，一般在训练集中使用
train_x_vec=TF_Vec.fit_transform(train_x)
# 通过中心化和缩放实现标准化，一般在测试集中使用
test_x_vec=TF_Vec.transform(test_x)
from gensim.models import word2vec
w2v=word2vec.Word2Vec(word_list,window=5,iter=5)
w2v.most_similar([" 奇瑞 "])
```

输出结果：

```
[(' 车身 ', 0.9997298717498779),
(' 车门 ', 0.9997198581695557),
(' 生锈 ', 0.9997026920318604),
(' 导致 ', 0.9996733665466309),
(' 更换 ', 0.9996703863143921),
(' 前 ', 0.9996617436408997),
(' 玻璃 ', 0.9996541142463684),
(' 车辆 ', 0.9996512532234192),
('4S 店 ', 0.9996494054794312),
(' 维修 ', 0.9996463656425476)]
```

11.3　基于 PyTorch 框架的对话系统实战

本节中我们介绍使用 Seq2Seq 模型搭建一个聊天机器人。使用的训练数据来自康纳尔

电影对话语料库。传统的对话系统要么基于检索的方法，提前准备一个问答库，根据用户的输入寻找类似的问题和答案，但这样更像一个问答系统，它很难进行多轮的交互，而且答案是固定不变的；要么基于预先设置的对话流程，这主要用于填槽的任务，例如查询机票需要用户提供日期、到达城市等信息。这种方法的缺点是比较死板，如果用户的意图在设计的流程之外，就无法处理，而且对话的流程也一般比较固定，想要支持用户随意的话题内跳转和话题间切换比较困难。

目前研究热点是根据大量的对话数据，通过深度学习技术，使用 Seq2Seq 模型端到端地学习对话模型。它的好处是不需要人来设计这个对话流程，完全是数据驱动的方法。它的缺点是流程不受人（开发者）控制，在严肃的场景（例如客服）下使用会有比较大的风险，而且需要大量的对话数据，这在很多实际应用中是很难得到的。这点在我们给移动公司打客服电话的时候，就会发现明显的改变。以前我们是在听到语音提示后按键进行选择，而如今更多的是，让你说出需求，客服会根据你说出的需求进行选择和回答。

在本例中，我们将在 PyTorch 中实现这种模型，并分步骤具体讲解实现过程。下面是具体实现后的对话效果示例。

```
> hello?
Bot: hello.
> where am I?
Bot: you are in a hospital .
> who are you?
Bot: I'm a lawyer.
> how are you doing?
Bot: I'm fine.
> are you my friend?
Bot: no.
> you're under arrest.
Bot: I'm trying to help you!
> I'm just kidding.
Bot: I'm sorry.
> where are you from?
Bot: san francisco.
> it's time for me to leave.
Bot: I know.
> goodbye.
Bot: goodbye.
```

11.3.1 数据准备和模块加载

首先我们通过网址（http://www.cs.cornell.edu/~cristian/data/cornell_movie_dialogs_corpus.zip）下载训练语料库，这是一个 zip 文件，把它下载后解压到项目目录的子目录 data 下。接下来导入需要用到的模块，这主要是 PyTorch 的模块。

```
from __future__ import absolute_import
from __future__ import division
from __future__ import print_function
from __future__ import unicode_literals
import torch
from torch.jit import script, trace
import torch.nn as nn
```

```
from torch import optim
import torch.nn.functional as F
import csv
import random
import re
import os
import unicodedata
import codecs
from io import open
import itertools
import math
USE_CUDA = torch.cuda.is_available()# 该内容是对 CPU 和 GPU 进行选择
device = torch.device("cuda" if USE_CUDA else "cpu")
```

11.3.2　加载和预处理数据

接下来我们需要对原始数据进行变换然后用合适的数据结构加载到内存里。康奈尔电影对话语料库是电影人物的对话数据，它包括：

- 10292 对电影人物的 220579 个对话（一部电影有多个人物，他们两两之间可能存在对话）。
- 涉及 617 部电影的 9035 个角色。
- 总共 304713 次发言（该发言可能是对话中的语音片段，不一定是完整的句子）。

该数据集庞大而多样，在语言形式、时间段、情感等方面有很大的变化。而我们的希望是，这种多样性使模型对多种形式的输入和查询具有鲁棒性。首先，我们将查看数据文件中部分行，以查看原始格式。

```
corpus_name = "cornell movie-dialogs corpus"
corpus = os.path.join("data", corpus_name)
def printLines(file, n=10):
    with open(file, 'rb') as datafile:
        lines = datafile.readlines()
    for line in lines[:n]:
        print(line)
printLines(os.path.join(corpus, "movie_lines.txt"))
```

输出结果如下：

```
b'L1045 +++$+++ u0 +++$+++ m0 +++$+++ BIANCA +++$+++ They do not!\n'
b'L1044 +++$+++ u2 +++$+++ m0 +++$+++ CAMERON +++$+++ They do to!\n'
b'L985 +++$+++ u0 +++$+++ m0 +++$+++ BIANCA +++$+++ I hope so.\n'
b'L984 +++$+++ u2 +++$+++ m0 +++$+++ CAMERON +++$+++ She okay?\n'
b'"L925 +++$+++ u0 +++$+++ m0 +++$+++ BIANCA +++$+++ Let\'s go.\n"'
b'L924 +++$+++ u2 +++$+++ m0 +++$+++ CAMERON +++$+++ Wow\n'
b'"L872 +++$+++ u0 +++$+++ m0 +++$+++ BIANCA +++$+++ Okay -- you\'re gonna need to learn
    how to lie.\n"'
b'L871 +++$+++ u2 +++$+++ m0 +++$+++ CAMERON +++$+++ No\n'
b'L870 +++$+++ u0 +++$+++ m0 +++$+++ BIANCA +++$+++ I\'m kidding.  You know how sometimes
    you just become this "persona"?  And you don\'t know how to quit?\n'
b'L869 +++$+++ u0 +++$+++ m0 +++$+++ BIANCA +++$+++ Like my fear of wearing pastels?\n'
```

为了使用方便，我们会把原始数据处理成一个新的文件，这个新文件的每一行都是用 TAB 分割问题（query）和答案（response）对。为了实现这个目的，我们首先定义一些用于处理原始文件 movie_lines.txt 的辅助函数。

- loadLines 把 movie_lines.txt 文件切分成（lineID, characterID, movieID, character, text）。
- loadConversations 把上面的行组成一个个多轮的对话。
- extractSentencePairs 从上面的每个对话中抽取句对。

将文件的每一行语料都拆分成一个字段字典，关键字是 lineID、characterID、movieID、character 和 text，分别代表这一行的 ID、人物 ID、电影 ID、人物名称和文本。最终输出一个字典，关键字是 lineID，value 是一个字典（dict）。value 这个字典的关键字是 lineID、characterID、movieID、character 和 text。loadLines 代码如下：

```python
# 将文件的每一行拆分为一个字段字典
def loadLines(fileName, fields):
    lines = {}
    with open(fileName, 'r', encoding='iso-8859-1') as f:
        for line in f:
            values = line.split(" +++$+++ ")
            # 提取字段
            lineObj = {}
            for i, field in enumerate(fields):
                lineObj[field] = values[i]
            lines[lineObj['lineID']] = lineObj
    return lines
```

接下来我们根据 movie_conversations.txt 文件内容和以上输出的 lines，把发言组成对话，最终输出一个列表。这个列表的每一个元素都是一个字典，关键字分别是 character1ID、character2ID、movieID 和 utteranceIDs。分别表示此对话的第一个人物的 ID、第二个人物的 ID、电影的 ID 以及它包含的发言 IDs。最后根据 lines，给每一行的字典增加一个关键字为 lines，其数值是个列表，包含所有发言（以上得到的 lines 的值）。loadConversations 代码如下：

```python
def loadConversations(fileName, lines, fields):
    conversations = []
    with open(fileName, 'r', encoding='iso-8859-1') as f:
        for line in f:
            values = line.split(" +++$+++ ")
            # 提取字段
            convObj = {}
            for i, field in enumerate(fields):
                convObj[field] = values[i]
            # convObj["utteranceIDs"] 是一个字符串，形如 ['L198', 'L199']
            # 我们用 eval 函数把这个字符串变成一个字符串的列表
            lineIds = eval(convObj["utteranceIDs"])
            # 根据 lineIds 构造一个数组，根据 lineId 在 lines 里检索出存储 utterance 对象
            convObj["lines"] = []
            for lineId in lineIds:
                convObj["lines"].append(lines[lineId])
            conversations.append(convObj)
    return conversations
```

接下来从对话中抽取句对，假设一段对话包含 s1、s2、s3、s4 这 4 个发言，那么就会返回 3 个句对：s1-s2、s2-s3 和 s3-s4。extractSentencePairs 代码如下：

```python
def extractSentencePairs(conversations):
    qa_pairs = []
    for conversation in conversations:
    # 遍历对话中的每一个句子，并人为忽略最后一个句子，因为不会有答案出现
        for i in range(len(conversation["lines"]) - 1):
            inputLine = conversation["lines"][i]["text"].strip()
            targetLine = conversation["lines"][i+1]["text"].strip()
            # 如果有空的句子就去掉
            if inputLine and targetLine:
                qa_pairs.append([inputLine, targetLine])
    return qa_pairs
```

接下来我们利用上面的 3 个函数对原始数据进行处理，最终得到 formatted_movie_lines.txt。

```python
# 定义新的文件
datafile = os.path.join(corpus, "formatted_movie_lines.txt")
delimiter = '\t'
# 对分隔符 delimiter 进行 decode，这里对 tab 进行 decode，结果并没有变
delimiter = str(codecs.decode(delimiter, "unicode_escape"))
# 初始化 dict lines、list conversations 以及前面我们介绍过的 field 的 id 数组
lines = {}
conversations = []
MOVIE_LINES_FIELDS = ["lineID", "characterID", "movieID","character", "text"]
MOVIE_CONVERSATIONS_FIELDS=["character1ID","character2ID", "movieID", "utteranceIDs"]
# 首先使用 loadLines 函数处理 movie_lines.txt
print("\nProcessing corpus...")
lines=loadLines(os.path.join(corpus,"movie_lines.txt"), MOVIE_LINES_FIELDS)
# 接着使用 loadConversations 处理上一步的结果，得到 conversations
print("\nLoading conversations...")
conversations=loadConversations(os.path.join(corpus,"movie_conversations.txt"),lines,
        MOVIE_CONVERSATIONS_FIELDS)
# 输出到一个新的 csv 文件
print("\nWriting newly formatted file...")
with open(datafile, 'w', encoding='utf-8') as outputfile:
    writer = csv.writer(outputfile, delimiter=delimiter, lineterminator='\n')
    # 使用 extractSentencePairs 从 conversations 里抽取句对
    for pair in extractSentencePairs(conversations):
        writer.writerow(pair)
# 输出一些行用于检查
print("\nSample lines from file:")
printLines(datafile)
```

输出内容如下：

```
Processing corpus...
Loading conversations...
Writing newly formatted file...
Sample lines from file:
b"Can we make this quick? Roxanne Korrine and Andrew Barrett are having an incredibly horrendous
        public break- up on the quad. Again.\tWell, I thought we'd start with pronunciation,
        if that's okay with you.\r\n"
b"Well, I thought we'd start with pronunciation, if that's okay with you.\tNot the hacking and gagging and
        spitting part. Please.\r\n"
```

b"Not the hacking and gagging and spitting part. Please.\tOkay... then how 'bout we try out some French
        cuisine. Saturday? Night?\r\n"
b"You're asking me out. That's so cute. What's your name again?\tForget it.\r\n"
b"No, no, it's my fault -- we didn't have a proper introduction ---\tCameron.\r\n"
b"Cameron.\tThe thing is, Cameron -- I'm at the mercy of a particularly hideous breed of loser. My sister.
        I can't date until she does.\r\n"
b"The thing is, Cameron -- I'm at the mercy of a particularly hideous breed of loser. My sister. I can't date
        until she does.\tSeems like she could get a date easy enough...\r\n"
b'Why?\tUnsolved mystery. She used to be really popular when she started high school, then
it was just like she got sick of it or something.\r\n'
b"Unsolved mystery. She used to be really popular when she started high school, then it was just like she
        got sick of it or something.\tThat's a shame.\r\n"
b'Gosh, if only we could find Kat a boyfriend...\tLet me see what I can do.\r\n'

11.3.3　创建词典

接下来我们需要构建词典然后把问答句对加载到内存里。输入是一个句对，每个句子都是词的序列，因为机器学习只能处理数值，所以我们需要建立词到数字 ID 的映射。为此，我们会定义一个 Voc 类，它会保存词到 ID 的映射，同时也保存反向的从 ID 到词的映射。除此之外，它还记录每个词出现的次数，以及总共出现的词的个数。这个类提供 addWord 方法来增加一个词，用 addSentence 方法来增加句子，也提供 trim 方法来去除低频的词。此过程代码如下：

```python
# 预定义的 token
PAD_token = 0 # 表示填槽
SOS_token = 1 # 句子的开始
EOS_token = 2 # 句子的结束
class Voc:
    def __init__(self, name):
        self.name = name
        self.trimmed = False
        self.word2index = {}
        self.word2count = {}
        self.index2word = {PAD_token: "PAD", SOS_token: "SOS", EOS_token: "EOS"}
        self.num_words = 3    # 目前有 SOS、EOS、PAD 这 3 个 token
    def addSentence(self, sentence):
        for word in sentence.split(' '):
            self.addWord(word)
    def addWord(self, word):
        if word not in self.word2index:
            self.word2index[word] = self.num_words
            self.word2count[word] = 1
            self.index2word[self.num_words] = word
            self.num_words += 1
        else:
            self.word2count[word] += 1
    # 删除频次小于 min_count 的 token
    def trim(self, min_count):
        if self.trimmed:
            return
        self.trimmed = True
```

```
        keep_words = []
        for k, v in self.word2count.items():
            if v >= min_count:
                keep_words.append(k)
        print('keep_words {} / {} = {:.4f}'.format(
            len(keep_words), len(self.word2index), len(keep_words) / len(self.word2index)
        ))
        # 重新构造词典
        self.word2index = {}
        self.word2count = {}
        self.index2word = {PAD_token: "PAD", SOS_token: "SOS", EOS_token: "EOS"}
        self.num_words = 3 # Count default tokens
        # 重新构造后词频就没有意义了（都是 1）
        for word in keep_words:
            self.addWord(word)
```

有了上面的 Voc 类我们就可以通过问答句对来构建词典了。但是在构建之前我们需要进行一些预处理。首先我们需要使用函数 unicodeToAscii 来把 Unicode 字符来变成 ASCII，例如把 à 变成 a。注意，这里的代码只是用于处理西方文字，如果是中文，这个函数直接将其丢弃。接下来把所有字母变成小写，同时丢弃字母和常见标点（.!?）之外的所有字符。最后为了训练收敛，我们会用函数 filterPairs 去掉长度超过 MAX_LENGTH 的句子（句对）。此过程代码如下：

```
MAX_LENGTH = 10 # 句子最大长度是 10 个词（包括 EOS 等特殊词）
# 把 Unicode 字符串变成 ASCII
# 参考
def unicodeToAscii(s):
    return ''.join(c for c in unicodedata.normalize('NFD', s)
        if unicodedata.category(c) != 'Mn'
    )

def normalizeString(s):
    # 变成小写、去掉前后空格，然后 Unicode 变成 ASCII
    s = unicodeToAscii(s.lower().strip())
    # 在标点前增加空格，这样把标点当成一个词
    s = re.sub(r"([.!?])", r" \1", s)
    # 字母和标点之外的字符都变成空格
    s = re.sub(r"[^a-zA-Z.!?]+", r" ", s)
    # 因为把不用的字符都变成空格，所以可能存在多个连续空格
    # 下面的正则替换把多个空格变成一个空格，最后去掉前后空格
    s = re.sub(r"\s+", r" ", s).strip()
    return s
# 读取问答句对并且返回 Voc 词典对象
def readVocs(datafile, corpus_name):
    print("Reading lines...")
    # 文件每行读取到 list lines 中
    lines = open(datafile, encoding='utf-8')
        read().strip().split('\n')
# 每行用 tab 切分成问答两个句子，然后调用 normalizeString 函数进行处理
    pairs = [[normalizeString(s) for s in l.split('\t')] for l in lines]
    voc = Voc(corpus_name)
    return voc, pairs
def filterPair(p):
    return len(p[0].split(' ')) < MAX_LENGTH and len(p[1].split(' ')) < MAX_LENGTH
```

```
# 过滤太长的句对
def filterPairs(pairs):
    return [pair for pair in pairs if filterPair(pair)]
# 使用上面的函数进行处理，返回 Voc 对象和句对的 list
def loadPrepareData(corpus, corpus_name, datafile):
    print("Start preparing training data ...")
    voc, pairs = readVocs(datafile, corpus_name)
    print("Read {!s} sentence pairs".format(len(pairs)))
    pairs = filterPairs(pairs)
print("Trimmed to {!s} sentence pairs".format(len(pairs)))
    print("Counting words...")
    for pair in pairs:
        voc.addSentence(pair[0])
        voc.addSentence(pair[1])
    print("Counted words:", voc.num_words)
    return voc, pairs
# 装载 voc 和句子对
save_dir = os.path.join("data", "save")
voc, pairs = loadPrepareData(corpus, corpus_name, datafile)
# 输出一些句对
print("\npairs:")
for pair in pairs[:10]:
    print(pair)
```

输出内容如下：

```
Start preparing training data ...
Reading lines...
Read 221282 sentence pairs
Trimmed to 64271 sentence pairs
Counting words...
Counted words: 18008
pairs:
['there .', 'where ?']
['you have my word . as a gentleman', 'you re sweet .']
['hi .', 'looks like things worked out tonight huh ?']
['you know chastity ?', 'i believe we share an art instructor']
['have fun tonight ?', 'tons']
['well no . . .', 'then that s all you had to say .']
['then that s all you had to say .', 'but']
['but', 'you always been this selfish ?']
['do you listen to this crap ?', 'what crap ?']
['what good stuff ?', 'the real you .']
```

为了更快收敛，我们可以去除掉一些低频词。这可以分为两步。

（1）使用 voc.trim 函数去掉频次低于 MIN_COUNT 的词。

（2）去掉包含低频词的句子。

此过程代码如下：

```
MIN_COUNT = 3    # 阈值为 3
def trimRareWords(voc, pairs, MIN_COUNT):
    # 去掉 voc 中频次小于 3 的词
    voc.trim(MIN_COUNT)
    # 保留的句对
```

```
        keep_pairs = []
        for pair in pairs:
            input_sentence = pair[0]
            output_sentence = pair[1]
            keep_input = True
            keep_output = True
            # 检查问题
            for word in input_sentence.split(' '):
                if word not in voc.word2index:
                    keep_input = False
                    break
            # 检查答案
            for word in output_sentence.split(' '):
                if word not in voc.word2index:
                    keep_output = False
                    break
            # 如果问题和答案都只包含高频词，我们才保留这个句对
            if keep_input and keep_output:
                keep_pairs.append(pair)
        print("Trimmed from {} pairs to {}, {:.4f} of total".format(len(pairs), len(keep_pairs),
                len(keep_pairs) / len(pairs)))
        return keep_pairs
    # 实际进行处理
    pairs = trimRareWords(voc, pairs, MIN_COUNT)
```

输出内容如下：

```
keep_words 7823 / 18005 = 0.4345
Trimmed from 64271 pairs to 53165, 0.8272 of total
```

18005 个词之中，频次大于等于 3 的只有 43%，删掉低频的 57% 的词之后，保留的句子为 53165，占原总句子数的 82%。

11.3.4 为模型准备数据

我们构建了词典，并且对训练数据进行预处理和滤掉一些句对，但是模型最终用到的数据形式是张量（Tensor）。最简单的办法是一次处理一个句对，这意味着我们所要做的就是将句子对中的单词转换为词汇表中对应的索引，并将其提供给模型。为了加快训练速度，尤其是重复利用 GPU 的并行能力，我们需要一次处理一个批量（batch）的数据。使用小批量也意味着我们必须注意批量中句子长度的变化。为了在同一个批处理中容纳不同大小的句子，我们将使用批处理输入形状张量（max_length, batch_size），其中小于 max_length 的句子在 EOS_token 后填充 0。

如果我们只是通过将单词转换为它们的索引（indexesFromSentence）和零填充（zero-pad）将英语句子转换为张量，那么张量将具有形状（batch_size, max_length），对第一个维度进行索引将返回跨所有时间步的完整序列。我们需要能够索引批处理的时间和跨批处理中的所有序列。

因此，我们将输入批处理形状转换为（max_length, batch_size），这样对第一个维度的索引就会返回批处理中所有句子的时间步长。我们在加零函数中隐式处理这个转置，如图 11-10 所示。

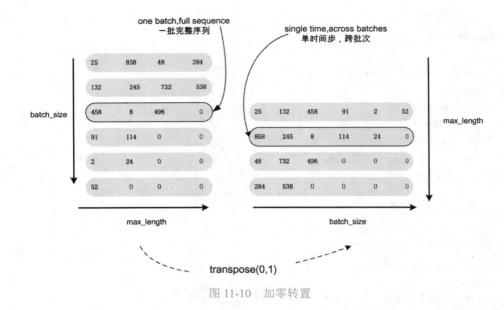

图 11-10　加零转置

　　具体来说，使用 inputVar 函数处理将句子转换为张量的过程，最终创建一个正确形状的补零张量。它还返回批处理中每个序列的长度张量，稍后将其传递给解码器。

　　outputVar 函数执行与 inputVar 类似的功能，但它返回的不是一个长度张量，而是一个二进制掩码张量和最大目标句子长度。

　　二进制掩码张量与输出目标张量具有相同的形状，但是 PAD_token 的每个元素都是 0，其他的都是 1。这样做的目的是后面计算方便。当然这两种表示是等价的，只不过 lengths 表示更加紧凑，但是计算起来不大方便，而 mask 矩阵和 outputVar 直接相乘就可以把 padding 的位置给 mask 掉（变成 0），这在计算 loss 时会非常方便。

　　batch2TrainData 函数则利用上面的两个函数把一个 batch 的句对处理成合适的输入和输出 Tensor。

　　代码如下：

```
def indexesFromSentence(voc, sentence):
    return [voc.word2index[word] for word in sentence.split(' ')] + [EOS_token]
# 合并数据，相当于行列转置
def zeroPadding(l, fillvalue=PAD_token):
    return list(itertools.zip_longest(*l, fillvalue=fillvalue))
# 记录 PAD_token 的位置为 0，其他的为 1
def binaryMatrix(l, value=PAD_token):
    m = []
    for i, seq in enumerate(l):
        m.append([])
        for token in seq:
            if token == PAD_token:
                m[i].append(0)
            else:
                m[i].append(1)
    return m
# 返回填充前（加入结束 index EOS_token 做标记）的长度和填充后的输入序列张量
def inputVar(l, voc):
    indexes_batch = [indexesFromSentence(voc, sentence) for sentence in l]
    lengths = torch.tensor([len(indexes) for indexes in indexes_batch])
```

```
        padList = zeroPadding(indexes_batch)
        padVar = torch.LongTensor(padList)
        return padVar, lengths
    # 返回填充目标序列张量、填充掩码和最大目标长度
    def outputVar(l, voc):
        indexes_batch = [indexesFromSentence(voc, sentence) for sentence in l]
        max_target_len = max([len(indexes) for indexes in indexes_batch])
        padList = zeroPadding(indexes_batch)
        mask = binaryMatrix(padList)
        mask = torch.ByteTensor(mask)
        padVar = torch.LongTensor(padList)
        return padVar, mask, max_target_len
    # 返回给定 batch 对的所有项目
    def batch2TrainData(voc, pair_batch):
        pair_batch.sort(key=lambda x: len(x[0].split(" ")), reverse=True)
        input_batch, output_batch = [], []
        for pair in pair_batch:
            input_batch.append(pair[0])
            output_batch.append(pair[1])
        inp, lengths = inputVar(input_batch, voc)
        output, mask, max_target_len = outputVar(output_batch, voc)
        return inp, lengths, output, mask, max_target_len
    # 验证例子
    small_batch_size = 5
    batches = batch2TrainData(voc,[random.choice(pairs)for _ in range(small_batch_size)])
    input_variable, lengths, target_variable, mask, max_target_len = batches
    print("input_variable:", input_variable)
    print("lengths:", lengths)
    print("target_variable:", target_variable)
    print("mask:", mask)
    print("max_target_len:", max_target_len)
```

11.3.5 定义模型

1. 编码器

聊天机器人是一个序列到序列（Seq2Seq）模型。Seq2Seq 模型的目标是将变长序列作为输入，并使用固定大小的模型返回变长序列作为输出。

研究发现，通过将两个独立的 RNN 循环神经网络结合起来，可以完成这一任务。一个 RNN 充当编码器，它将可变长度的输入序列编码为固定长度的上下文向量。理论上，这个上下文向量（RNN 的最后一个隐含层）将包含输入机器人的查询句子的语义信息。另一个 RNN 是一个解码器，它接收一个输入单词和上下文向量，并返回序列中下一个单词的概率和一个在下一次迭代中使用的隐藏状态。

此编码器的核心是由 Cho 等提出的多层门循环单元（GRU），即 GRU 的双向变体（GRU 为 RNN 的变体），这意味着有两个独立的 RNN：一个以正常的顺序输入输入序列，另一个以相反的顺序输入输入序列。每个网络的输出在每个时间步骤求和。使用双向 GRU 将为我们提供编码过去和未来上下文的优势（注意：embedding 层用于在任意大小的特征空间中对单词索引进行编码。具体而言，此图层会将每个单词映射到大小为 hidden_size 的特征空间。训练后，这些值会被编码成和它们相似的有意义的词语）。

最后，如果将填充的一批序列传递给 RNN 模块，我们必须分别使用 torch.nn.utils.rnn.pack_padded_sequence 和 torch.nn.utils.rnn.pad_packed_sequence 在 RNN 传递时分别进行填充和反填充。

计算流程如下：

（1）将单词索引转换为词嵌入。

（2）为 RNN 模块打包填充 batch 序列。

（3）通过 GRU 进行前向传播。

（4）反填充。

（5）对双向 GRU 输出求和。

（6）返回输出和最终隐藏状态。

输入：

input_seq：一批输入句子；shape =(max_length,batch_size)
input_lengths：batch 中每个句子对应的句子长度列表；shape=(batch_size)
hidden: 隐藏状态；shape =(n_layers x num_directions,batch_size,hidden_size)

输出：

outputs：GRU 最后一个隐藏层的输出特征（双向输出之和）；
shape =(max_length,batch_size,hidden_size)
hidden：从 GRU 更新隐藏状态；shape =(n_layers x num_directions,batch_size,hidden_size)
class EncoderRNN(nn.Module):

代码如下：

```python
def __init__(self, hidden_size, embedding, n_layers=1, dropout=0):
    super(EncoderRNN, self).__init__()
    self.n_layers = n_layers
    self.hidden_size = hidden_size
    self.embedding = embedding
# 初始化 GRU；input_size 和 hidden_size 参数都设置为 'hidden_size'
# 因为我们的输入大小是一个嵌入了多个特征的单词 ==hidden_size
    self.gru = nn.GRU(hidden_size, hidden_size, n_layers,
    dropout=(0 if n_layers == 1 else dropout), bidirectional=True)
    def forward(self, input_seq, input_lengths, hidden=None):
    # 将单词索引转换为词向量
    embedded = self.embedding(input_seq)
    # 为 RNN 模块填充一批 batch 序列
    packed= nn.utils.rnn.pack_padded_sequence(embedded, input_lengths)
    # 正向通过 GRU
    outputs, hidden = self.gru(packed, hidden)
    # 打开填充
    outputs, _ = nn.utils.rnn.pad_packed_sequence(outputs)
    # 双向 GRU 输出总和
    outputs =outputs[:, :, :self.hidden_size] + outputs[:, : ,self.hidden_size:]
    # 返回输出和最终隐藏状态
    return outputs, hidden
```

2. 解码器

解码器 RNN 以令牌传递（token-by-token）的方式生成响应语句。它使用编码器的上下文向量和内部隐藏状态来生成序列中的下一个单词，直到输出是表示句子的结尾的 EOS_token。Seq2Seq 解码器的常见问题是，如果只依赖于上下文向量来编码整个输入序列的含义，那么很可能会丢失信息，尤其是在处理长输入序列时，这极大地限制了解码器的能力。

为了解决这个问题，Bahdanau 等创建了一种 attention mechanism，允许解码器关注输入序列的某些部分，而不是在每一步都使用完全固定的上下文。

在一个高的层级中，用解码器的当前隐藏状态和编码器输出来计算注意力。输出注意力的权重与输入序列具有相同的大小，这使得我们可以将它们与编码器输出相乘，给出一个加权和，表示要注意的编码器输出部分。

Luong 等通过提出 Global attention，改善了 Bahdanau 等的基础工作。关键的区别在于，Global attention 考虑了所有编码器的隐藏状态，而 Bahdanau 等的 Local attention 只考虑了当前步中编码器的隐藏状态。另一个区别在于，通过 Global attention，我们仅使用当前步的解码器的隐藏状态来计算注意力权重。Bahdanau 等的注意力计算需要知道前一步中解码器的状态。此外，Luong 等提供各种方法来计算编码器输出和解码器输出之间的注意权重（能量），称为 score functions。Global attention 机制的核心代码如下。请注意，我们将 Attention Layer 用一个名为 Attn 的 nn.Module 来单独实现。该模块的输出是经过 Softmax 标准化后权重张量的大小 (batch_size,1,max_length)。

```python
# Luong 的 attention layer
class Attn(torch.nn.Module):
    def __init__(self, method, hidden_size):
        super(Attn, self).__init__()
        self.method = method
        if self.method not in ['dot', 'general', 'concat']:
            raise ValueError(self.method, "is not an appropriate attention method.")
        self.hidden_size = hidden_size
        if self.method == 'general':
            self.attn = torch.nn.Linear(self.hidden_size, hidden_size)
        elif self.method == 'concat':
            self.attn = torch.nn.Linear(self.hidden_size * 2, hidden_size)
            self.v = torch.nn.Parameter(torch.FloatTensor(hidden_size))
    def dot_score(self, hidden, encoder_output):
        return torch.sum(hidden * encoder_output, dim=2)
    def general_score(self, hidden, encoder_output):
        energy = self.attn(encoder_output)
        return torch.sum(hidden * energy, dim=2)
    def concat_score(self, hidden, encoder_output):
        energy = self.attn(torch.cat((hidden.expand(encoder_output.size(0), -1, -1), encoder_output), 2)).tanh()
        return torch.sum(self.v * energy, dim=2)
    def forward(self, hidden, encoder_outputs):
        # 根据给定的方法计算注意力（能量）
        if self.method == 'general':
            attn_energies = self.general_score(hidden, encoder_outputs)
        elif self.method == 'concat':
            attn_energies = self.concat_score(hidden, encoder_outputs)
        elif self.method == 'dot':
            attn_energies = self.dot_score(hidden, encoder_outputs)
        # 转置 max_length 和 batch_size
        attn_energies = attn_energies.t()
        # 返回 Softmax 归一化概率得分
        return F.softmax(attn_energies, dim=1).unsqueeze(1)
```

现在我们已经定义了注意力子模块，接下来可以实现真实的解码器模型。对于解码器，我们将每次手动进行一批次的输入。这意味着我们的词嵌入张量和 GRU 输出都将具有相同大小 (1,batch_size,hidden_size)。

计算流程如下：

（1）获取当前输入的词嵌入。

（2）通过单向 GRU 进行前向传播。

（3）通过（2）输出的当前 GRU 计算注意力权重。

（4）将注意力权重乘以编码器输出以获得新的"加权和（weighted sum）"上下文向量。

（5）使用 Minh-Thang Luong（明成隆）公式 5（https://arxiv.org/pdf/1508.04025v3.pdf）连接加权上下文向量和 GRU 输出。

（6）使用 Minh-Thang Luong（明成隆）公式 6 预测下一个单词（没有 Softmax）。

（7）返回输出和最终隐藏状态。

输入：

input_step：每一步输入序列 batch(一个单词);shape =(1,batch_size)
last_hidden：GRU 的最终隐藏层 ;shape =(n_layers x num_directions,batch_size,hidden_size)
encoder_outputs：编码器模型的输出 ;shape =(max_length,batch_size,hidden_size)

输出：

output: 一个 Softmax 标准化后的张量，代表了每个单词在解码序列中是下一个输出单词的概率；
        shape =(batch_size,voc.num_words)
hidden: GRU 的最终隐藏状态；
shape =(n_layers x num_directions,batch_size,hidden_size)

```python
class LuongAttnDecoderRNN(nn.Module):
    def __init__(self,attn_model,embedding,hidden_size,output_size,n_layers=1, dropout=0.1):
        super(LuongAttnDecoderRNN, self).__init__()
        self.attn_model = attn_model
        self.hidden_size = hidden_size
        self.output_size = output_size
        self.n_layers = n_layers
        self.dropout = dropout
        # 定义层
        self.embedding = embedding
        self.embedding_dropout = nn.Dropout(dropout)
        self.gru = nn.GRU(hidden_size, hidden_size, n_layers, dropout=(0 if n_layers == 1 else dropout))
        self.concat = nn.Linear(hidden_size * 2, hidden_size)
        self.out = nn.Linear(hidden_size, output_size)
        self.attn = Attn(attn_model, hidden_size)

    def forward(self, input_step, last_hidden, encoder_outputs):
        # 注意：我们一次运行一个步骤（单词）
        # 获取当前输入字的嵌入
        embedded = self.embedding(input_step)
        embedded = self.embedding_dropout(embedded)
        # 通过单向 GRU 进行前向传播
        rnn_output, hidden = self.gru(embedded, last_hidden)
        # 从当前 GRU 输出计算注意力
        attn_weights = self.attn(rnn_output, encoder_outputs)
        # 将注意力权重乘以编码器输出以获得新的"加权和"上下文向量
        context = attn_weights.bmm(encoder_outputs.transpose(0, 1))
        # 使用 Luong 的公式 5 连接加权上下文向量和 GRU 输出
```

```
rnn_output = rnn_output.squeeze(0)
context = context.squeeze(1)
concat_input = torch.cat((rnn_output, context), 1)
concat_output = torch.tanh(self.concat(concat_input))
# 使用 Luong 的公式 6 预测下一个单词
output = self.out(concat_output)
output = F.softmax(output, dim=1)
# 返回输出和最终隐藏状态
return output, hidden
```

11.3.6　定义训练步骤

由于处理的是批量填充序列，因此在计算损失时不能简单地考虑张量的所有元素。因此，可以通过定义 maskNLLLoss 来根据解码器的输出张量、描述目标张量填充的二元掩码（binary mask）张量来计算损失。该损失函数计算与掩码张量中的 1 对应的元素的平均负对数似然。maskNLLLoss 代码如下：

```
def maskNLLLoss(inp, target, mask):
    nTotal = mask.sum()
    crossEntropy = -torch.log(torch.gather(inp, 1, target.view(-1, 1)).squeeze(1))
    loss = crossEntropy.masked_select(mask).mean()
    loss = loss.to(device)
    return loss, nTotal.item()
```

11.3.7　训练迭代

PyTorch 的 RNN 模块（RNN、LSTM、GRU）可以像任何其他非重复层一样使用，只需将整个输入序列（或一批序列）传递给它们。我们在编码器中使用 GRU 层就是这样的。实际情况是，在计算中有一个迭代过程循环计算隐藏状态的每一步，或者每次只运行一个模块，在这种情况下，我们在训练过程中手动循环遍历序列。只要正确地维护这些模型的模块，就可以非常简单地实现训练模型。训练迭代的代码如下：

```
def train(input_variable,lengths,target_variable,mask,max_target_len,encoder,decoder,
embedding,encoder_optimizer,decoder_optimizer,batch_size,clip,max_length=MAX_LENGTH):
    # 零化梯度
    encoder_optimizer.zero_grad()
    decoder_optimizer.zero_grad()
    # 设置设备选项
    input_variable = input_variable.to(device)
    lengths = lengths.to(device)
    target_variable = target_variable.to(device)
    mask = mask.to(device)
    # 初始化变量
    loss = 0
    print_losses = []
    n_totals = 0
        # 正向传递编码器
        encoder_outputs, encoder_hidden = encoder(input_variable, lengths)
        # 创建初始解码器输入（从每个句子的 SOS 令牌开始）
        decoder_input=torch.LongTensor([[SOS_token for _ in range(batch_size)]])
        decoder_input = decoder_input.to(device)
        # 将初始解码器隐藏状态设置为编码器的最终隐藏状态
```

```
decoder_hidden = encoder_hidden[:decoder.n_layers]
# 确定此次迭代是否使用 teacher forcing
use_teacher_forcing = True if random.random() < teacher_forcing_ratio else False
# 通过解码器一次一步地转发一批次序列
if use_teacher_forcing:
    for t in range(max_target_len):
        decoder_output,decoder_hidden=decoder(decoder_input,decoder_hidden, encoder_outputs)
        # 下一个输入是当前的目标
        decoder_input = target_variable[t].view(1, -1)
        # 计算并累计损失
        mask_loss,nTotal=maskNLLLoss(decoder_output,target_variable[t], mask[t])
        loss += mask_loss
        print_losses.append(mask_loss.item() * nTotal)
        n_totals += nTotal
    else:
        for t in range(max_target_len):
            decoder_output,decoder_hidden=decoder(decoder_input,decoder_hidden, encoder_outputs)
            # 下一个输入是解码器自己的当前输出
            _, topi = decoder_output.topk(1)
            decoder_input = torch.LongTensor([[topi[i][0] for i in range(batch_size)]])
            decoder_input = decoder_input.to(device)
            # 计算并累计损失
mask_loss,nTotal=maskNLLLoss(decoder_output,target_variable[t], mask[t])
        loss += mask_loss
        print_losses.append(mask_loss.item() * nTotal)
        n_totals += nTotal
    # 执行反向传播
    loss.backward()
    # 剪辑梯度：梯度被修改到位
    _ = torch.nn.utils.clip_grad_norm_(encoder.parameters(), clip)
    _ = torch.nn.utils.clip_grad_norm_(decoder.parameters(), clip)
    # 调整模型权重
    encoder_optimizer.step()
    decoder_optimizer.step()
    return sum(print_losses) / n_totals
```

在通过 train 函数完成了繁重工作后,现在终于将完整的训练步骤与数据结合在一起了。接下来通过给定传递的模型、优化器、数据等,使用 trainIters 函数负责运行 n_iteration 的训练。

需要注意的一点是,当保存模型时,会保存一个包含编码器和解码器的 state_dicts(参数)、优化器的 state_dicts、损失、迭代等的压缩包。以这种方式保存模型将为检查点(checkpoint)提供最大的灵活性。加载 checkpoint 后,将能够使用模型参数进行推理,或者可以在中断的地方继续训练。此过程代码如下:

```
def trainIters(model_name, voc, pairs, encoder, decoder, encoder_optimizer, decoder_optimizer, embedding,
        encoder_n_layers, decoder_n_layers, save_dir, n_iteration, batch_size, print_every,
        save_every, clip, corpus_name, loadFilename):
    # 为每次迭代加载 batches
    training_batches = [batch2TrainData(voc, [random.choice(pairs) for _ in range(batch_size)])
for _ in range(n_iteration)]
    # 初始化
    print('Initializing ...')
```

```
    start_iteration = 1
    print_loss = 0
    if loadFilename:
        start_iteration = checkpoint['iteration'] + 1
# 训练循环
    print("Training...")
    for iteration in range(start_iteration, n_iteration + 1):
        training_batch = training_batches[iteration - 1]
        # 从 batch 中提取字段
        input_variable, lengths, target_variable, mask, max_target_len = training_batch
        # 使用 batch 运行训练迭代
        loss = train(input_variable, lengths, target_variable, mask, max_target_len, encoder,
                decoder,embedding,encoder_optimizer, decoder_optimizer, batch_size, clip)
        print_loss += loss
        # 打印进度
        if iteration % print_every == 0:
            print_loss_avg = print_loss / print_every
            print("Iteration: {}; Percent complete: {:.1f}%; Average loss: {:.4f}".format(iteration, iteration /
                    n_iteration * 100, print_loss_avg))
            print_loss = 0
        # 保存 checkpoint
        if (iteration % save_every == 0):
            directory = os.path.join(save_dir, model_name, corpus_name, '{}-{}_{}'.format(encoder_n_layers,
                    decoder_n_layers, hidden_size))
            if not os.path.exists(directory):
                os.makedirs(directory)
            torch.save({
                'iteration': iteration,
                'en': encoder.state_dict(),
                'de': decoder.state_dict(),
                'en_opt': encoder_optimizer.state_dict(),
                'de_opt': decoder_optimizer.state_dict(),
                'loss': loss,
                'voc_dict': voc.__dict__,
                'embedding': embedding.state_dict()
            }, os.path.join(directory, '{}_{}.tar'.format(iteration, 'checkpoint')))
```

11.3.8 评估定义

在训练模型后，我们希望能够与机器人交谈。首先，必须定义模型的解码 / 编码输入方式。

贪婪解码是在不使用 teacher forcing（使用来自先验时间步长的输出作为输入）时在训练期间使用的解码方法。也就是说，对于每一步，我们只需从具有最高 Softmax 值的 decoder_output 中选择单词。该解码方法在单步长级别上是最佳的。

为了便于贪婪解码操作，我们定义了一个 GreedySearchDecoder 类。当运行时，类的实例化对象输入序列 input_seq 的大小是 (input_seq length,1)，标量输入 input_length 长度的张量和 max_length 用来约束响应句子长度。使用以下计算流程来评估输入句子。

（1）通过编码器模型前向计算。

（2）准备编码器的最终隐藏层，作为解码器的第一个隐藏输入。

（3）将解码器的第一个输入初始化为 SOS_token。

（4）将初始化张量追加到解码后的单词中。

（5）一次迭代解码一个单词 token，具体步骤如下：

1）通过解码器进行前向计算。

2）获得最可能的单词 token 及其 Softmax 分数。

3）记录 token 和分数。

4）准备当前 token 作为下一个解码器的输入。

（6）返回收集到的词 tokens 和分数。

此过程代码如下：

```
class GreedySearchDecoder(nn.Module):
    def __init__(self, encoder, decoder):
        super(GreedySearchDecoder, self).__init__()
        self.encoder = encoder
        self.decoder = decoder
    def forward(self, input_seq, input_length, max_length):
        # 通过编码器模型转发输入
        encoder_outputs, encoder_hidden = self.encoder(input_seq, input_length)
        # 将编码器的最终隐藏层准备为解码器的第一个隐藏输入
        decoder_hidden = encoder_hidden[:decoder.n_layers]
        # 使用 SOS_token 初始化解码器输入
        decoder_input = torch.ones(1, 1, device=device, dtype=torch.long) * SOS_token
        # 初始化要附加已解码单词的张量
        all_tokens = torch.zeros([0], device=device, dtype=torch.long)
        all_scores = torch.zeros([0], device=device)
        # 一次迭代解码一个词 tokens
        for _ in range(max_length):
            # 正向通过解码器
            decoder_output,decoder_hidden=self.decoder(decoder_input,decoder_hidden,encoder_outputs)
            # 获得最可能的单词标记及其 Softmax 分数
            decoder_scores, decoder_input = torch.max(decoder_output, dim=1)
            # 记录 token 和分数
            all_tokens = torch.cat((all_tokens, decoder_input), dim=0)
            all_scores = torch.cat((all_scores, decoder_scores), dim=0)
            # 准备当前令牌作为下一个解码器输入（添加维度）
            decoder_input = torch.unsqueeze(decoder_input, 0)
        # 返回收集到的词 tokens 和分数
        return all_tokens, all_scores
```

11.3.9　评估文本

我们已经定义了解码方法，可以编写用于评估字符串输入句子的函数，使用 evaluate 函数管理输入句子的低层级处理过程。首先使用 batch_size == 1 将句子格式化为输入 batch 的单词索引。通过将句子的单词转换为相应的索引，并通过转换维度来为模型准备张量。我们还创建了一个 lengths 张量，其中包含输入句子的长度。在这种情况下，lengths 是标量，因为一次只评估一个句子（batch_size == 1）。接下来，使用 GreedySearchDecoder 实例化后的对象（searcher）获得解码响应句子的张量。最后，将响应的索引转换为单词并返回已解码单词的列表。

在此过程中 evaluateInput 函数充当聊天机器人的用户接口。调用时，将生成一个输入文本字段，我们可以在其中输入查询语句。在输入句子并按 Enter 键后，文本以与训练数据相同的方式标准化，并最终被输入到评估函数以获得解码的输出句子。循环这个过程，这样我们可以继续与机器人聊天直到输入 q 或 quit。

最后，如果输入的句子包含一个不在词汇表中的单词，我们会通过打印错误消息并提示用户输入另一个句子来处理。此过程代码如下：

```python
def evaluate(encoder,decoder,searcher,voc,sentence,max_length=MAX_LENGTH):
    # 格式化输入句子作为 batch
    # words -> indexes
    indexes_batch = [indexesFromSentence(voc, sentence)]
    # 创建 lengths 张量
    lengths = torch.tensor([len(indexes) for indexes in indexes_batch])
    # 转置 batch 的维度以匹配模型的期望
    input_batch = torch.LongTensor(indexes_batch).transpose(0, 1)
    # 使用合适的设备
    input_batch = input_batch.to(device)
    lengths = lengths.to(device)
    # 用 searcher 解码句子
    tokens, scores = searcher(input_batch, lengths, max_length)
    # indexes -> words
    decoded_words = [voc.index2word[token.item()] for token in tokens]
    return decoded_words
def evaluateInput(encoder, decoder, searcher, voc):
    input_sentence = ''
    while(1):
        try:
            # 获取输入句子
            input_sentence = input('> ')
            # 检查是否退出
            if input_sentence == 'q' or input_sentence == 'quit': break
            # 规范化句子
            input_sentence = normalizeString(input_sentence)
            # 评估句子
            output_words = evaluate(encoder, decoder, searcher, voc, input_sentence)
            # 格式化和打印回复句
            output_words[:] = [x for x in output_words if not (x == 'EOS' or x == 'PAD')]
            print('Bot:', ' '.join(output_words))
        except KeyError:
            print("Error: Encountered unknown word.")
```

11.3.10　运行模型

最后，我们开始运行模型。无论我们是否想要训练或测试聊天机器人模型，都必须初始化各个编码器和解码器模型。在接下来的部分，我们设置了所需的配置，选择从头开始，或者设置加载的检查点，并构建和初始化模型。可以随意使用不同的模型配置来优化性能。具体代码如下：

```python
# 配置模型
model_name = 'cb_model'
attn_model = 'dot'
hidden_size = 500
encoder_n_layers = 2
```

```
decoder_n_layers = 2
dropout = 0.1
batch_size = 64
# 设置检查点以加载；如果从头开始，则设置为 None
loadFilename = None
checkpoint_iter = 4000
#loadFilename = os.path.join(save_dir, model_name, corpus_name,
#'{}-{}_{}'.format(encoder_n_layers, decoder_n_layers, hidden_size),
#'{}_checkpoint.tar'.format(checkpoint_iter))
# 如果提供了 loadFilename，则加载模型
if loadFilename:
    # 如果在同一台机器上加载，则对模型进行训练
    checkpoint = torch.load(loadFilename)
    # If loading a model trained on GPU to CPU
    #checkpoint = torch.load(loadFilename, map_location=torch.device('cpu'))
    encoder_sd = checkpoint['en']
    decoder_sd = checkpoint['de']
    encoder_optimizer_sd = checkpoint['en_opt']
    decoder_optimizer_sd = checkpoint['de_opt']
    embedding_sd = checkpoint['embedding']
    voc.__dict__ = checkpoint['voc_dict']
print('Building encoder and decoder ...')
# 初始化词向量
embedding = nn.Embedding(voc.num_words, hidden_size)
if loadFilename:
    embedding.load_state_dict(embedding_sd)
# 初始化编码器 & 解码器模型
encoder = EncoderRNN(hidden_size, embedding, encoder_n_layers, dropout)
decoder = LuongAttnDecoderRNN(attn_model, embedding, hidden_size, voc.num_words,
            decoder_n_layers, dropout)
if loadFilename:
    encoder.load_state_dict(encoder_sd)
    decoder.load_state_dict(decoder_sd)
# 使用合适的设备
encoder = encoder.to(device)
decoder = decoder.to(device)
print('Models built and ready to go!')
```

输出结果：

```
Building encoder and decoder ...
Models built and ready to go!
```

11.3.11 模型训练

训练模型的代码如下。首先设置训练参数，然后初始化优化器，最后调用 trainIters 函数来运行训练迭代。

```
# 配置训练 / 优化
clip = 50.0
teacher_forcing_ratio = 1.0
learning_rate = 0.0001
decoder_learning_ratio = 5.0
n_iteration = 4000
```

```
print_every = 1
save_every = 500
# 确保 dropout layers 在训练模型中
encoder.train()
decoder.train()
# 初始化优化器
print('Building optimizers ...')
encoder_optimizer = optim.Adam(encoder.parameters(), lr=learning_rate)
decoder_optimizer = optim.Adam(decoder.parameters(), lr=learning_rate * decoder_learning_ratio)
if loadFilename:
    encoder_optimizer.load_state_dict(encoder_optimizer_sd)
    decoder_optimizer.load_state_dict(decoder_optimizer_sd)
# 运行训练迭代
print("Starting Training!")
trainIters(model_name, voc, pairs, encoder, decoder, encoder_optimizer, decoder_optimizer,
        embedding, encoder_n_layers, decoder_n_layers, save_dir, n_iteration, batch_size,
        print_every, save_every, clip, corpus_name, loadFilename)
```

输出结果：

```
Building optimizers ...
Starting Training!
Initializing ...
Training...
Iteration: 1; Percent complete: 0.0%; Average loss: 8.9717
Iteration: 2; Percent complete: 0.1%; Average loss: 8.8521
Iteration: 3; Percent complete: 0.1%; Average loss: 8.6360
Iteration: 4; Percent complete: 0.1%; Average loss: 8.4234
Iteration: 5; Percent complete: 0.1%; Average loss: 7.9403
Iteration: 6; Percent complete: 0.1%; Average loss: 7.3892
Iteration: 7; Percent complete: 0.2%; Average loss: 7.0589
Iteration: 8; Percent complete: 0.2%; Average loss: 7.0130
Iteration: 9; Percent complete: 0.2%; Average loss: 6.7383
Iteration: 10; Percent complete: 0.2%; Average loss: 6.5343
...
Iteration: 3993; Percent complete: 99.8%; Average loss: 2.8319
Iteration: 3994; Percent complete: 99.9%; Average loss: 2.5817
Iteration: 3995; Percent complete: 99.9%; Average loss: 2.4979
Iteration: 3996; Percent complete: 99.9%; Average loss: 2.7317
Iteration: 3997; Percent complete: 99.9%; Average loss: 2.5969
Iteration: 3998; Percent complete: 100.0%; Average loss: 2.2275
Iteration: 3999; Percent complete: 100.0%; Average loss: 2.7124
Iteration: 4000; Percent complete: 100.0%; Average loss: 2.5975
```

11.3.12 运行评估

运行如下代码，就开始与模型聊天了。同时，可以尝试通过调整模型和训练参数以及自定义训练模型的数据来定制聊天机器人的行为。

```
# 将 dropout layers 设置为 eval 模式
encoder.eval()
decoder.eval()
# 初始化探索模块
searcher = GreedySearchDecoder(encoder, decoder)
```

```
# 开始聊天
evaluateInput(encoder, decoder, searcher, voc)
```

本章小结

本章主要介绍了模块化方法下的面向任务的对话系统的四个关键部分。

（1）自然语言理解（NLU），用于将用户的语言解析为预定义的语义槽。

（2）对话状态跟踪（DST），用于管理每个回合的输入以及对话历史记录，并输出当前对话状态。

（3）对话策略学习（DPL），用于根据之前的对话状态和用户输入，生成一个系统动作。

（4）自然语言生成（NLG），用于将所选择的动作映射到其表面并产生响应。

然后介绍了检索式对话系统的架构过程，即通常经过问题解析、规则系统、粗排、精排等过程，最后选择语料库中得分最高的回复。

参考文献

[1]   吴军．数学之美 [M]．3 版．北京：人民邮电出版社，2020.

[2]   LUCCI S，KOPEC D．人工智能 [M]．2 版．林赐，译．北京：人民邮电出版社，2018.

[3]   Python 3 教程 [EB/OL]．[2021-3-10]．https://www.runoob.com/python3/python3-tutorial.html.

[4]   嵩天，礼欣，黄天羽．Python 语言程序设计基础 [M]．2 版．北京：高等教育出版社，2017.

[5]   Python 基础教程，Python 入门教程（非常详细）[EB/OL]．[2021-4-2]．http://c.biancheng.net/python/.

[6]   Python 教 程 [EB/OL]．[2021-4-20]．https://www.liaoxuefeng.com/wiki/1016959663602400.

[7]   Pandas documentation[EB/OL]．[2021-5-7]．https://pandas.pydata.org/pandas-docs/stable/index.html.

[8]   PyTorch 中文教程 [EB/OL].[2021-4-27].https://www.w3cschool.cn/pytorch/.

[9]   PyTorch[EB/OL].[2021-5-1].https://pytorch.org/.

[10]   周志华．机器学习 [M]．北京：清华大学出版社，2016.

[11]   DEMSAR J. Statistical Comparison of Classifiers over Multiple Dataset[J]. Journal of Machine Learning Research, 2006, 7:1-30.

[12]   DOMINGOS P. A Unified Bias-Variance Decomposition[C]//Proceedings of the 17th International Conference on Machine Learning (ICML). 2000:231-238.

[13]   DRUMMOND C, HOLTE R C. Cost Vurves:An Improved Method for Visualizing Classifier Performance[J]. Machine Learning, 2006, 65(1):95-130.

[14]   ELKAN C. The Foundations of Cost-Sensitive Learning[C]//Proceeddings of the 17th International Joint Conference on Artifical Intelligence (IJCAI). 2001,17(1):973-978.

[15]   FAWCETT T. An introduction to ROC Analysis[J]. Pattern Recognition Letters, 2006,27(8):861-874.

[16]   HAND D J, TILL R J. A Simple Generalisation of the Area Under the ROC Curve for Multiple Class Classification Problems[J]. Machine Learning, 2001,45(2):171-186.

[17]   ZHOU Z H, LIU X Y. On Multi-Class Cost-Sensitive Learning[J]. Computational Intelligence, 2010, 26(3): 232-257.

[18]   李航．统计学习方法 [M]．北京：清华大学出版社，2012.

[19]   涂铭，刘祥，刘树春．Python 自然语言处理实战：核心技术与算法 [M]．北京：机械工业出版社，2018.

[20]   ALOISE D, DESHPANDE A, HANSEN P, et al. NP-Hardness of Euclidean Sum-of-Sauares Clustering[J]. Machine Learning, 2009,75(2):245-248.

[21] BANERJEE A, MERUGU S, DHILLON I S, et al. Clustering with Bregman divergences[J]. Journal of Machine Learning Research, 2005,6(10).

[22] CHANDOLA V, BANERJEE A, KUMAR V. Anomaly Detection: A survey[J]. ACM Computing Surveys, 2009,41(3):1-58.

[23] 路彦雄. 文本上的算法：深入浅出自然语言处理 [M]. 北京：人民邮电出版社，2018.

[24] SHARP B，SÈDES F，LUBASLEWSKI W. 自然语言处理的认知方法 [M]. 徐金安，译. 北京：机械工业出版社，2019.

[25] GUHA S, RASTOGI R, SHIM K. ROCK: A Robust Clustering Algorithm for Categorical Attributes[J]. Information Systems, 2000,25(5):345-366.

[26] 胡盼盼. 自然语言处理从入门到实战 [M]. 北京：中国铁道出版社，2020.

[27] PAGE L, BRIN S, MOTWANI R, et al. The PageRank Citation Ranking: Bringing Order to the Web[R]. Stanford InfoLab, 1999.

[28] MIHALCEA R, TARAU P. TextRank: Bringing Order into Texts[C]//Proceedings of the 2004 Conference on Empirical Methods in Natural Language Processing. 2004: 404-411.

[29] BLEI D M, NG A Y, JORDAN M I. Latent Dirichlet Allocation [J].Journal of Machine Learning Research, 2003, 3:993-1022.

[30] LANE H, HOWARD C, HAPKE H M. 自然语言处理实战：利用 Python 理解、分析和生成文本 [M]. 史亮，鲁马光，唐可欣，等译. 北京：人民邮电出版社，2020.

[31] PENNINGTON J, SOCHER R, MANNING C D. Glove: Global Vectors for Word Representation[C]//Proceedings of the 2014 Conference on Empirical Methods in Natural Language Processing (EMNLP). 2014:1532-1543.

[32] PETERS M, NEUMANN M, IYYER M, et al. Deep Contextualized Word Representations[J]. 2018.

[33] RADFORD A, NARASIMHAN K, SALIMANS T, et al. Improving Language Understanding by Generative Pre-Training[J]. 2018.

[34] MIKOLOV T, CHEN K, CORRADO G, et al. Efficient Estimation of Word Representations in Vector Space[J]. Computer Science, 2013.

[35] RONG X. Word2vec Parameter Learning Explained[J]. Computer Science, 2014.

[36] UNGERLEIDER S K L G. Mechanisms of Visual Attention in the Human Cortex[J]. Annual Review of Neuroscience, 2000,23(1):315-341.

[37] 深度学习中的注意力机制（2017 版）[EB/OL]. [2021-8-23]. https://blog.csdn.net/malefactor/article/details/78767781.

[38] VASWANI A. Attention is All You Need[J]. Advances in Neural Information Processing Systems. 2017,30.

[39] DEVLIN J, CHANG M W, LEE K, et al. BERT: Pre-training of Deep Bidirectional Transformers for Language Understanding[J]. arXiv preprint arXiv:1810.04805, 2018.

[40] YANG Z, YANG D, DYER C, et al. Hierarchical Attention Networks for Document Classification[C]//Proceedings of the 2016 conference of the North American Chapter of the Association for Computational Linguistics: Human Language Technologies. 2016:1480-1489.

[41] ZHANG H, XU H, LIN T E. Deep Open Intent Classification with Adaptive Decision

Boundary[C]//Proceedings of the AAAI Conference on Artificial Intelligence. 2021, 35(16): 14374-14382.

[42] HUANG Z, XU W, YU K. Bidirectional LSTM-CRF Models for Sequence Tagging[J]. arXiv preprint arXiv:1508.01991, 2015.

[43] PyTorch[EB/OL]. [2001-5-10]. https://pytorch.org/tutorials/beginner/nlp/advanced_tutorial.html.

[44] SHIMAOKA S, STENETORP P, INUI K, et al. Neural Architectures for Fine-Grained Entity Type Classification[J]. arXiv preprint arXiv:1606.01341, 2016.

[45] JIA Y, XU W, QIN P, et al. Fine-Grained Entity Typing for Knowledge Base Completion[C]//2016 IEEE International Conference on Network Infrastructure and Digital Content (IC-NIDC). IEEE, 2016: 361-365.

[46] LIN Y, JI H. An Attentive Fine-Grained Entity Typing Model with Latent Type Representation[C]//Proceedings of the 2019 Conference on Empirical Methods in Natural Language Processing and the 9th International Joint Conference on Natural Language Processing (EMNLP-IJCNLP). 2019: 6197-6202.

[47] XU P, BARBOSA D. Neural Fine-Grained Entity Type Classification with Hierarchy-Aware Loss[J]. arXiv preprint arXiv:1803.03378, 2018.

[48] ZENG D, LIU K, CHEN Y, et al. Distant Supervision for Relation Extraction Via Piecewise Convolutional Neural Networks[C]//Proceedings of the 2015 Conference on Empirical Methods in Natural Language Processing. 2015: 1753-1762.

[49] HASEGAWA T, SEKINE S, GRISHMAN R. Discovering Relations among Named Entities from Large Corpora[C]//Proceedings of the 42nd Annual Meeting of the Association for Computational Linguistics (ACL-04). 2004: 415-422.

[50] ROZENFELD B, FELDMAN R. High-Performance Unsupervised Relation Extraction from Large corpora[C]//Sixth International Conference on Data Mining (ICDM'06). IEEE, 2006: 1032-1037.

[51] GONZALEZ E, TURMO J. Unsupervised Relation Extraction by Massive Clustering[C]//2009 Ninth IEEE International Conference on Data Mining. IEEE, 2009: 782-787.

[52] BRIN S. Extracting Patterns and Relations From the World Wide Web[C]//International Workshop on the World Wide Web and Databases. Springer, Berlin, Heidelberg, 1998: 172-183.

[53] LIU X, YU N. Multi-Type Web Relation Extraction Based on Bootstrapping[C]//2010 WASE International Conference on Information Engineering. IEEE, 2010, 2: 24-27.

[54] KAMBHATLA N. Combining Lexical, Syntactic, and Semantic Features with Maximum Entropy Models for Information Extraction[C]//Proceedings of the ACL Interactive Poster and Demonstration Sessions. 2004: 178-181.

[55] JIANG J, ZHAI C X. A Systematic Exploration of the Feature Space for Relation Extraction[C]//Human Language Technologies 2007: The Conference of the North American Chapter of the Association for Computational Linguistics; Proceedings of the Main Conference. 2007: 113-120.

[56] BUNESCU R C, MOONEY R J. A Shortest Path Dependency Kernel for Relation

Extraction[C]//Proceedings of Human Language Technology Conference and Conference on Empirical Methods in Natural Language Processing. 2005: 724-731.

[57] MINTZ M, BILLS S, SNOW R, et al. Distant Supervision for Relation Extraction without Labeled Data[C]//Proceedings of the Joint Conference of the 47th Annual Meeting of the ACL and the 4th International Joint Conference on Natural Language Processing of the AFNLP. 2009: 1003-1011.

[58] ZHENG S, HAO Y, LU D, et al. Joint Entity and Relation Extraction Based on a Hybrid Neural Network[J]. Neurocomputing, 2017,257:59-66.

[59] YU B, ZHANG Z, SHU X, et al. Joint Extraction of Entities and Relations Based on a Novel Decomposition Strategy[J]. arXiv preprint arXiv:1909.04273, 2019.

[60] AHN D. The Stages of Event Extraction[C]//Proceedings of the Workshop on Annotating and Reasoning about Time and Events. 2006: 1-8.

[61] CHEN Y, XU L, LIU K, et al. Event Extraction via Dynamic Multi-Pooling Convolutional Neural Networks[C]//Proceedings of the 53rd Annual Meeting of the Association for Computational Linguistics and the 7th International Joint Conference on Natural Language Processing (Volume 1: Long Papers). 2015: 167-176.

[62] DU X, CARDIE C. Event Extraction by Answering (Almost) Natural Questions[J]. arXiv preprint arXiv:2004.13625, 2020.

[63] NGUYEN T H, CHO K, GRISHMAN R. Joint Event Extraction via Recurrent Neural Networks[C]//Proceedings of the 2016 Conference of the North American Chapter of the Association for Computational Linguistics: Human Language Technologies. 2016: 300-309.

[64] RILOFF E. Automatically Constructing a Dictionary for Information Extraction Tasks[C]// AAAI. 1993, 1(1): 2.1.

[65] RILOFF E, THELEN, M. Rule-Based Question Answering System for Reading Comprehension Tests[C]//ANLP/NAACL-2000 Workshop on Reading Comprehension Tests as Evaluation for Computer-Based Language Understanding Systems. 2000.

[66] RICHARDSON M, BURGES C J C, RENSHAW E. MCTest: A challenge Dataset for the Open-Domain Machine Comprehension of Text[C]//Proceedirgs of the 2013 Conference on Empirical Methods in Natural Language Processing. 2013:193-203.

[67] NARASIMHAN K, BARZILAY R. Machine Comprehension with Discourse Relations[C]//Proceedings of the 53rd Annual Meeting of the Association for Computational Linguistics and the 7th International Joint Conference on Natural Language Processing (Volume 1: Long Papers). 2015: 1253-1262.

[68] RAJPURKAR P, ZHANG J, LOPYREV K, et al. SQuAD: 100,000+ Questions for Machine Comprehension of Text[J]. arXiv preprint arXiv:1606.05250, 2016.

[69] RAJPURKAR P, JIA R, LIANG P. Know What You Don't Know: Unanswerable Questions for SQuAD[J]. arXiv preprint arXiv:1806.03822, 2018.

[70] CUI Y, LIU T, CHE W, et al. A Span-Extraction Dataset for Chinese Machine Reading Comprehension[J]. arXiv preprint arXiv:1810.07366, 2018.

[71] SEO M, KEMBHAVI A, et al. Bidirectional Attention Flow for Machine Comprehension[J]. arXiv preprint arXiv:1611.01603, 2016.

[72] VASWANI A, SHAZEER N, PARMAR N, et al. Attention Is All You Need[J]. Advances

in Neural Information Processing Systems, 2017, 30.

[73] LAI G, XIE Q, LIU H, et al. RACE: Large-Scale Reading Comprehension Dataset From Examinations[J]. arXiv preprint arXiv:1704.04683, 2017.

[74] YIN W, EBERT S, SCHÜTZE H. Attention-Based Convolutional Neural Network for Machine Comprehension[J]. arXiv preprint arXiv:1602.04341, 2016.

[75] ZHU H, WEI F, QIN B, et al. Hierarchical Attention Flow for Multiplechoice Reading Comprehension[C]//In Proceedings of AAAI Conference on Artificial Intelligence.2018,32(1).

[76] WANG S, YU M, CHANG S, et al. A Co-Matching Model for Multi-Choice Reading Comprehension[J]. arXiv preprint arXiv:1806.04068, 2018.

[77] ZHANG S, ZHAO H, WU Y, et al. DCMN+: Dual Co-Matching Network for Multi-Choice Reading Comprehension[C]//Proceedings of the AAAI Conference on Artificial Intelligence. 2020, 34(05): 9563-9570.

[78] shuohangwang/comatch[EB/OL]. [2021-10-5]. https://github.com/shuohangwang/comatch.

[79] PADMAKUMAR A, SARAN A. Unsupervised Text Summarization Using Sentence Embeddings[J]. Technical Report, University of Texas at Austin, 2016: 1-9.

[80] NARAYAN S, PAPASARANTOPOULOS N, COHEN S B, et al. Neural Extractive Summarization with Side Information[J]. arXiv preprint arXiv:1704.04530, 2017.

[81] ZHANG X, WEI F, ZHOU M. HIBERT: Document Level Pre-Training of Hierarchical Bidirectional Transformers for Document Summarization[J]. arXiv preprint arXiv: 1905.06566, 2019.

[82] LIU Y. Fine-Tune BERT for Extractive Summarization[J]. arXiv preprint arXiv:1903. 10318, 2019.

[83] SEE A, LIU P J, MANNING C D. Get to the Point: Summarization with Pointer-Generator Networks[J]. arXiv preprint arXiv:1704.04368, 2017.

[84] LIU Y, LAPATA M. Text Summarization with Pretrained Encoders[J]. arXiv preprint arXiv:1908.08345, 2019.

[85] DONG L, YANG N, WANG W, et al. Unified Language Model Pre-Training for Natural Language Understanding and Generation[J]. Advances in Neural Information Processing Systems, 2019, 32.

[86] LEWIS M, LIU Y, GOYAL N, et al. BART: Denoising Sequence-to-Sequence Pre-Training for Natural Language Generation, Translation, and Comprehension[J]. arXiv preprint arXiv:1910.13461, 2019.

[87] 李烨秋，唐竑轩，钱锦，等 . 中文机器阅读理解的鲁棒性研究 [J]. 北京大学学报：自然科学版，2021，57（1）：16-22.

[88] 徐霄玲，郑建立，尹梓名 . 机器阅读理解的技术研究综述 [J]. 小型微型计算机系统，2020，41（3）：464-470.

[89] TANG W, JIANG H, XU K. A New Fusion Method on Machine Reading Comprehension[C]//Proceeding of the 2020 2nd International Conference on Big Data Engineering. 2020:113-117.

[90] 阅读理解数据集综述 [EB/OL]. [2021-10-20]. https://zhuanlan.zhihu.com/p/111533021.

[91] 斯坦福大学陈丹琦等人解读机器阅读最新进展：超越局部模式匹配 [EB/OL]. [2021-

11-1]. https://www.leiphone.com/category/ai/QcmBwrYSo8QyWXRb.html.

[92] 葛学志. 基于深度学习的机器阅读理解算法研究 [D]. 成都：电子科技大学，2019.

[93] 姚千鹤. 基于机器阅读理解的问答系统的设计与实现 [D]. 武汉：武汉邮电科学研究院，2019.

[94] 贾欣. 基于机器阅读理解的中文智能问答技术研究与实现 [D]. 成都：电子科技大学，2020.

[95] 邓力，刘祥. 基于深度学习的自然语言处理 [M]. 李轩涯，卢苗苗，赵玺，等译. 北京：清华大学出版社，2020.

[96] 赵臻宇. 基于双向注意力和标签软化的抽取式阅读理解研究 [D]. 哈尔滨：哈尔滨工业大学，2020.

[97] 杨姗姗，姜丽芬，孙华志，等. 基于时间卷积网络的多项选择机器阅读理解 [J]. 计算机工程，2020，46（11）：97-103.

[98] WANG Y, Li R, ZHANG H , et al.Using Sentence-Level Neural Network Models for Multiple-Choice Reading Comprehension Tasks[J]. Wireless Communications and Mobile Computing, 2018, 2018(2):1-8.

[99] NGUYEN K V, TRAN K V, LUU S T, et al. Enhancing Lexical-Based Approach with External Knowledge for Vietnamese Multiple-Choice Machine Reading Comprehension[J]. IEEE Access, 2020, 8: 201404-201417.

[100] ZHANG X, YANG A, LI S, et al. Machine Reading Comprehension: a Literature Review[J]. arXiv preprint arXiv:1907.01686, 2019.

[101] GAO Y, LI J, LYU M R, et al. Open-Retrieval Conversational Machine Reading[J]. arXiv preprint arXiv:2102.08633, 2021.

[102] ZENG J, SUN X, ZHANG Q, et al. Integrate Candidate Answer Extraction with Re-Ranking for Chinese Machine Reading Comprehension[J]. Entropy, 2021, 23(3):322.

[103] 朱晨光. 机器阅读理解：算法与实践 [M]. 北京：机械工业出版社，2020.

[104] HU H, WEI Y, ZHOU Y. Product-Harm Crisis Intelligent Warning System Design Based on Fine-Grained Sentiment Analysis of Automobile Complaints[J]. Complex & Intelligent Systems, 2021:1-8.

[105] 侯圣峦，张书涵，费超群. 文本摘要常用数据集和方法研究综述 [J]. 中文信息学报，2019，33（5）：1-16.

[106] 丁晓菲. 基于文本摘要技术的评论总结生成研究 [D]. 长沙：湖南大学，2019.

[107] 殷明明，史小静，俞鸿飞，等. 基于对比注意力机制的跨语言句子摘要系统 [J]. 计算机工程，2020，46（5）：86-93.

[108] 石磊，阮选敏，魏瑞斌. 基于序列到序列模型的生成式文本摘要研究综述 [J]. 情报学报，2019，38（10）：1102-1116.

[109] 周青宇. 基于深度神经网络的文本自动摘要研究 [D]. 哈尔滨：哈尔滨工业大学，2020.

[110] ROUL R K, SAHOO J K, GOEL R. Deep Learning in the Domain of Multi-Document Text Summarization[C]// International Conference on Pattern Recognition and Machine Intelligence. Springer, Cham, 2017:575-581.

[111] LLORET E, PALOMAR M. Text Summarisation in Progress: a Literature Review[J]. Artificial Intelligence Review, 2012, 37(1):1-41.

[112] 李金鹏，张闯，陈小军，等．自动文本摘要研究综述 [J]．计算机研究与发展，2021，58（1）：1-21．

[113] 刘志强，都云程，施水才．基于改进的隐马尔科夫模型的网页新闻关键信息抽取 [J]．数据分析与知识发现，2019，3（3）：120-128．

[114] 陈鹏．基于对话策略学习技术构建医疗聊天机器人 [D]．南京：南京大学，2020．

[115] 白宇．基于 Transformer 的对话系统模型设计与压缩方法研究 [D]．杭州：浙江大学，2020．

[116] 郑正凯．基于深度学习端到端的对话状态跟踪研究 [D]．济南：山东大学，2021．

[117] 王旭．人机对话中的槽填充关键技术研究 [D]．哈尔滨：哈尔滨工业大学，2020．

[118] 陆兴武．基于深度学习的开放领域多轮对话系统研究 [D]．上海：华东师范大学，2020．

[119] 张杰晖．任务型对话系统的自然语言生成研究 [D]．广州：华南理工大学，2019．

[120] TAN C, WEI F, ZHOU Q, et al. I Know There Is No Answer: Modeling Answer Validation for Machine Reading Comprehension[C]//CCF International Conference on Natural Language Processing and Chinese Computing. Springer, Cham, 2018:85-97.

[121] CHEN H, LIU X, YIN D, et al. A Survey on Dialogue Systems: Recent Advances and New Frontiers[J]. ACM SIGKDD Explorations Newsletter, 2017,19(2):25-35.

[122] ZHANG Z, TAKANOBU R, ZHU Q, et al. Recent Advances and Challenges in Task-Oriented Dialog System[J]. Science China Technological Sciences, 2020, 63(10): 2011-2027.

[123] SAHA T, SAHA S, BHATTACHARYYA P. Towards Sentiment Aided Dialogue Policy Learning for Multi-Intent Conversations Using Hierarchical Reinforcement Learning[J]. PLOS ONE, 2020, 15.

[124] 赵明星．基于深度学习的任务型对话系统的设计与实现 [D]．北京：北京邮电大学，2019．

[125] 刘文静，蔡章利，卢海．基于自然语言处理的旅游景区智能讲解系统研究 [J/OL]．重庆大学学报，2017，2（6）：1-8[2021-07-27]. http://kns.cnki.net/kcms/detail/50.1044.N.20200921.1248.002.html.

[126] 谭孟华，潘晓彦．文本聊天机器人对话回复策略研究 [J]．软件，2020，41（9）：51-55．

[127] 雷书彧．基于深度学习的端到端对话管理技术研究与应用 [D]．北京：北京邮电大学，2020．

[128] 黄毅，冯俊兰，胡珉，等．智能对话系统架构及算法 [J]．北京邮电大学学报，2019，42（6）：10-19．

[129] LI Z, MAIMAITI M, SHENG J, et al. An Empirical Study on Deep Neural Network Models for Chinese Dialogue Generation[J]. Symmetry, 2020, 12(11):1756.

[130] 吴石松，林志达．基于 seq2seq 和 Attention 模型的聊天机器人对话生成机制研究 [J]．自动化与仪器仪表，2020（7）：4．

[131] 张凉，杨燕，陈成才，等．基于多视角对抗学习的开放域对话生成模型 [J]．计算机应用研究，2021，38（2）：372-376．

[132] 王博宇，王中卿，周国栋．基于回复生成的对话意图预测 [J]．计算机科学，2021，48（2）：5．

[133] 秦石磊. 基于 LSTM 神经网络的对话生成方法研究 [D]. 重庆：重庆邮电大学，
      2020.

[134] 沈杰，瞿遂春，任福继，等. 基于 SGAN 的中文问答生成研究 [J]. 计算机应用与软件，
      2019，36（2）：194-199.

[135] 顾秀森. 可控闲聊对话系统的研究 [D]. 北京：北京邮电大学，2019.

[136] 王昊奋，邵浩. 自然语言处理实践：聊天机器人技术原理与应用 [M]. 北京：电子
      工业出版社，2019.

[137] 王洪光. 聊天陪护机器人对话系统设计 [D]. 哈尔滨：哈尔滨理工大学，2020.

[138] 陈晨，朱晴晴，严睿，等. 基于深度学习的开放领域对话系统研究综述 [J]. 计算机
      学报，2019，42（7）：1439-1466.

[139] 凌天放. 检索式对话系统中的主题建模设计与实现 [D]. 南昌：江西师范大学，
      2020.

[140] 李姣. 基于问答库的检索式问答系统研究与实现 [D]. 西安：西北大学，2017.

[141] ZHANG X, YANG Q. Transfer Hierarchical Attention Network for Generative Dialog
      System[J]. International Journal of Automation and Computing, 2019,16(6):720-736.

[142] 徐聪. 基于深度学习和强化学习的对话模型研究 [D]. 北京：北京科技大学，2020.